# DE LA PIERRE À L'ÉTOILE

Du même auteur

*Introduction à la géochimie* (en coll. avec G. Michard),
    PUF.
*L'Écume de la Terre*, Fayard, 1983.
*De la pierre à l'étoile*, Fayard, 1985.
*Douze clefs pour la géologie*, Belin, 1986.
*Les Fureurs de la Terre*, Odile Jacob, 1987.
*Économiser la planète*, Fayard, 1990.
*Introduction à une histoire naturelle*, Fayard, 1992.
*L'Âge des savoirs*, Gallimard, 1993.
*Écologie des villes, Écologie des champs*, Fayard, 1993.
*La Défaite de Platon*, Fayard, 1995.

Claude Allègre

# DE LA PIERRE
# À L'ÉTOILE

Fayard

La première édition de ce livre a paru en 1985 à la Librairie Arthème Fayard.
A l'occasion de la présente réédition dans « Le temps des sciences », le texte a été entièrement revu et corrigé.

Quand le ciel eut été éloigné de la terre
Quand la terre eut été séparée du ciel
Quand le nom de l'homme eut été fixé
Quand An eut emporté le ciel
Quand Enlil eut emporté la terre...

*Épopée de Gilgamesh*

# Préface

Les géologues étudient l'histoire de la Terre, les astronomes, celle de l'Univers. Les uns travaillent avec des marteaux et des boussoles, les autres avec des télescopes. Les uns ont le regard tourné vers le sol, les autres vers le ciel.

Pendant longtemps, ces deux branches de l'histoire naturelle se sont ignorées. Leurs messages sont restés disjoints et, de ce fait, l'écriture de l'histoire du monde est restée morcelée.

Depuis peu, cette dichotomie est en train de disparaître.

La lecture des pierres, terrestres et extra-terrestres, à l'échelle de leurs atomes, de leurs noyaux, nous révèle leurs âges, leurs origines, leurs filiation, leur histoire. Jusques et y compris celle de l'époque archaïque où ces atomes sont nés dans les étoiles.

L'exploration intime de la matière rocheuse fait ainsi éclater les limites de la géologie traditionnelle : les limites spatiales, en appréhendant non plus seulement la croûte terrestre, mais le globe dans son ensemble, et en replaçant ce dernier dans le contexte comparatif de toutes les planètes ; les limites temporelles, en dépassant les temps fossilifères pour étudier les quatre milliards et demi d'années de l'histoire terrestre, et même bien au-delà.

L'histoire du monde trouve une continuité, depuis le big-bang jusqu'à l'apparition de l'homme.

# Préface à la seconde édition

Ce livre est un hybride. Le texte qu'on lira n'est ni celu de 1985, revu pour l'édition américaine en 1992, ni entièrement nouveau.

La trame, la présentation, le plan restent ceux de la première version, mais sans doute donnerais-je à l'ensemble une forme assez différente si j'avais à l'écrire aujourd'hui.

Par ailleurs, je ne pouvais pas conserver tels quels des passages qui étaient exacts il y a dix ans, mais que les progrès scientifiques on infirmés, modifiés ou complétés depuis. Si l'on ajoute à ce travail celui qui avait été effectué pour l'édition américaine, entierement remise à jour en 1996, la refonte de l'iconographie, l'actualisation de la biographie, c'est en définitive un nouveau livre dont il s'agit. La nouvelle couverture donne une idée assez juste du changement intervenu d'une édition à l'autre.

Les hybrides sont biologiquement plus résistants que

les races pure. Espérons que cette règle s'étendra ici à l'écriture.

*Claude J. Allègre,*
*le 17 juin 1996*

# Remerciements

Cet ouvrage est la relation d'une aventure scientifique vécue et qui se poursuit. Il doit donc beaucoup à ceux qui ont accompagné, croisé ou facilité mon cheminement scientifique. Sans oublier mes élèves dont l'enrichissant contact journalier a été la source de bien des joies intellectuelles.

Pourtant, il n'aurait sans doute pas vu le jour sans diverses circonstances. L'encouragement à l'écrire de Vincent Courtillot, Bernard Dupré et Odile Jacob. L'aide que j'ai reçue de Lydia Zerbib, Claude Mercier, Martine Sennegon et Claude Nourry. Les suggestions et corrections offertes par Odile Jacob, Jean-Paul Poirier, Jean-Louis Le Mouël, Gérard Manhès, et Claude, sans qui tout serait tellement plus difficile.

# Avertissements

Un ouvrage scientifique destiné à un public de non-spécialistes nécessite quelques règles simples pour la bibliographie. Le domaine couvert par cet ouvrage est tel qu'il était hors de question d'indiquer pas à pas toutes les références originales. L'ouvrage eût été illisible. Le total des références eût dépassé en volume le livre lui-même.

Toutefois, il nous a paru intéressant de souligner çà et là certains passages clés par des références précises. Ces références sont indiquées par des numéros dans le texte, qui renvoient en bas de page au nom de l'auteur et à l'année. En fin d'ouvrage, l'ensemble de ces références sont regroupées par ordre alphabétique d'auteurs.

Parallèlement à cette pratique somme toute classique, nous avons choisi pour chaque chapitre quelques ouvrages ou articles généraux qui aideront le non-spécialiste à approfondir tel ou tel sujet. Nous avons regroupé ces références sous la rubrique « Notes de lecture ».

Enfin, une Annexe expose rapidement les principes de la structure de l'atome.

# CHAPITRE PREMIER

# Le tabou de la Genèse

L'origine de la Terre, la manière dont elle s'est formée et, par là, s'est située dans l'ensemble des astres de l'Univers, les conditions qui ont permis à cette planète de devenir hospitalière pour la vie d'abord, pour l'homme ensuite, sont des questions sur lesquelles se sont interrogées et s'interrogent toutes les civilisations humaines.

Les façons d'aborder ce problème, de l'intégrer dans l'ensemble des connaissances et des croyances, les scénarios qui sont proposés à la curiosité ou à l'anxiété des hommes, varient d'une société à l'autre, mais ils constituent l'une des bases de la réflexion philosophique, métaphysique, mythique et religieuse de chaque civilisation.

Le problème de l'origine de la Terre concerne certes la Science, mais il la dépasse largement, tout au moins par ses résonances et ses prolongements.

La géologie est la discipline scientifique dont l'objet

est l'étude de la Terre, de sa structure, de son histoire, de son évolution. Pourtant, durant cent cinquante ans, cette science a refusé de s'occuper de la naissance de la Terre. Les manuels ou les cours de géologie n'en parlaient pas. Les colloques ou les congrès de géologie ignoraient ces problèmes. Plus même, il fut une époque où la simple formulation de ces questions dans les cercles géologiques était considérée comme incongrue et suffisait à discréditer le curieux.

Pourquoi ce silence prolongé, cette répulsion avouée pour un sujet qui est au cœur même de la discipline géologique ? Notre ouvrage s'est fixé pour but de pénétrer dans ce domaine « interdit ». N'est-il pas naturel de s'interroger sur son origine ?

Du même coup, cette curiosité va nous obliger à parcourir l'histoire même de la géologie.

## Neptuniens et Plutoniens

Sans méconnaître les travaux de pionniers aussi divers que Nicolas Stenon[1], Léonard de Vinci, Jean-Étienne Guettard, Buffon, Pallas ou de Saussure, il faut dire nettement que la géologie, telle que nous la connaissons, est née en Écosse à la fin du XVIII^e siècle.

La préoccupation majeure des géologues de cette époque était de comprendre l'origine des *roches* qui constituent l'écorce terrestre. Les roches sont de nature, de couleur, de composition chimique variées, les minéraux qui les composent sont divers, les strates sédimen-

---

1. Nicolas Sténon vivait à la fin du XVII^e siècle en Italie.

taires sont tantôt empilées de manière horizontale, tantôt plissées et faillées. Comment une telle variété a-t-elle pu prendre naissance ? L'origine des fossiles, qui avait divisé le monde savant — Voltaire voulait y voir les coquilles d'huîtres jetées par les pèlerins se rendant à Saint-Jacques-de-Compostelle —, n'était plus un objet de débat et chacun s'accordait à y voir des restes d'animaux disparus, sans pour autant s'interroger plus avant sur leur succession. La présence d'anciens dépôts sédimentaires marins sur les continents avait été remarquée depuis longtemps. Ils constituaient, pensait-on, les vestiges de l'épisode biblique du Déluge. Cette interprétation, qui permettait de voir dans la géologie une preuve de la véracité des Écritures, a été le point de départ de la *théorie neptunienne.*

Bien qu'elle ait été proposée sous une forme voisine cinquante ans auparavant par Bertrand de Maillet[1], on attribue la paternité de la synthèse *neptunienne* à Abraham Gottlob Werner, professeur de minéralogie à Freiberg en Saxe. Werner était une sorte de Socrate géologique. On ne trouve nulle trace de publication de sa théorie par lui-même. Elle nous a été transmise par ses disciples, lesquels allaient en Saxe suivre un enseignement qui les subjuguait. Parmi les porteurs de bonne parole, le plus prolixe fut Robert Jamieson, professeur d'histoire naturelle à l'université d'Édimbourg, l'un des

---

1. Bertrand de Maillet, *Telliamed ou entretiens d'un philosophe indien avec un missionnaire français sur la diminution de la Mer, la formation de la Terre, l'origine de l'homme, etc.,* Amsterdam, 1748.

grands centres intellectuels de la Grande-Bretagne de l'époque [1].

Werner professe que minéraux et roches sont des produits de l'eau. Ces matériaux se sont formés dans le grand océan qui à une certaine époque a recouvert toute la surface du globe. Mais tous ces matériaux ne se sont pas formés en même temps, en un seul épisode. Ils se sont déposés successivement — les plus jeunes recouvrant les plus anciens — au cours de l'histoire de la Terre. Werner distingue dans cette histoire cinq épisodes, correspondant chacun à la formation de matériaux bien caractéristiques :

— la première période a vu se déposer dans une mer très chaude les granites, les gneiss et les porphyres ;

— dans une deuxième étape, se sont déposées les roches « de transition », schistes et grauwackes, qui recouvrent donc les granites et les gneiss primitifs. Dans l'océan alors refroidi vivaient des poissons dont on retrouve les restes fossilisés dans les schistes ;

— au cours de la troisième période, la mer a commencé à se retirer des continents qui s'étaient formés. C'est alors que se seraient déposés les calcaires, les grès, la craie et les basaltes (considérés, notons-le, comme une roche sédimentaire). Les mammifères seraient apparus sur Terre ;

— la quatrième période fut caractérisée par l'émergence de continents de taille imposante, sur lesquels agissaient déjà les rivières et le vent, agents d'érosion

---

1. R. Jamieson, 1808.

et de transport qui permettaient le dépôt dans la mer des produits de cette érosion : argiles, sables et graviers ;

— enfin, dans la cinquième période, quand l'eau se fut complètement retirée des continents, il s'établit une activité volcanique intense, dont la source de chaleur était due à la combustion des formations charbonneuses enfouies en profondeur[1].

Pour Werner et ses disciples, ces cinq étapes se sont déroulées en un temps très court, de l'ordre de quelques dizaines de milliers d'années au plus, un temps quasiment biblique.

James Hutton, fondateur de l'école plutonienne, n'avait, à l'inverse de Werner, aucune position universitaire officielle. Son aisance matérielle de gentleman-farmer lui permettait de s'adonner à l'étude de la Nature. De spéculations en excursions géologiques sur le terrain, il a peu à peu échafaudé une théorie du monde géologique dont il a esquissé divers aspects dans plusieurs ouvrages successifs, mais dont l'exposé complet constitue le livre qu'il publia en 1795 sous le titre *Theory of the Earth*.

Pour Hutton, l'origine des matériaux de l'écorce terrestre est double. Certes, un certain nombre de roches, comme les calcaires, les schistes ou les grès, se sont formées à partir de dépôts sous-marins, mais ces roches ne sont pour lui que *secondaires*. Elles résultent de l'action de l'érosion sur d'autres roches beaucoup plus importantes, les *roches primaires*. Les roches primaires

---

1. Notons que, pour Werner, volcanisme et basaltes n'étaient pas liés.

typiques sont le granite et le basalte. Pour Hutton, elles résultent du refroidissement d'un *magma chaud* venant de l'intérieur du globe. Ce sont donc non pas des roches sédimentaires, des produits de l'eau, mais les produits du feu. Hutton les appelle d'ailleurs les *roches ignées*.

Comme Werner, Hutton pense que les roches se sont fabriquées au cours de l'histoire géologique. Mais il refuse à cette histoire géologique le caractère de séquence univoque. Pour Hutton, l'histoire géologique est constituée par des *cycles* qui se succèdent, semblables à eux-mêmes tout au long des temps. Chaque cycle débute par l'action du feu interne. Des magmas incandescents montent des profondeurs vers la surface, injectant çà et là des granites et des basaltes, provoquant à la surface des éruptions volcaniques. La chaleur qu'ils apportent avec eux permet le plissement des couches géologiques, comme le pain dans un four se boursoufle, l'écorce terrestre chauffée se « fripe », créant ainsi les montagnes. Puis l'épisode chaud est suivi par une période froide pendant laquelle l'eau redevient l'acteur principal. Elle érode les reliefs, fabrique, transporte et dépose dans la mer et les lacs les produits secondaires, comme les sables, les graviers, les argiles, les calcaires, bref, les roches sédimentaires. La surrection de nouvelles montagnes sous l'action du feu intérieur chasse l'eau vers l'océan permanent, exonde les sédiments, les dessèche, les transformant du même coup en roches, puis le cycle recommence. Ainsi toutes les variétés de roches sont-elles formées au cours de chaque cycle.

Pour Hutton, le feu intérieur est l'élément créateur, celui qui engendre les matériaux primaires et crée les

Fig. 1. — James Hutton, le fondateur de la géologie moderne, d'après une caricature de 1787.

reliefs ; l'eau est l'élément destructeur, celui qui érode, qui aplanit, qui uniformise, qui ne fabrique que les roches secondaires. Le cycle géologique se déroule inexorablement sous l'action antagoniste de ces deux éléments fondamentaux : le feu et l'eau. Pour Hutton, ce processus se reproduit depuis la nuit des temps. Les cycles indéfiniment répétés voient leurs effets s'accumuler et les petites causes finissent, *avec l'aide du temps*, par produire de grands effets.

A une histoire géologique se déroulant suivant un ordre établi, avec à chaque étape ses roches caractéristiques, telle que la voyait Werner, Hutton substitue une histoire *cyclique*, dans laquelle il est bien difficile de préciser un début et une fin. Conception qu'il résume dans une phrase qui a traversé le temps : *« No vestige of a beginning, no prospect for an end. »* A la conception du temps vectoriel de Werner, Hutton oppose celle de temps cyclique.

Werner appuyait sa théorie sur une logique générale globale des formations géologiques. Le cœur des continents — le massif du Harz en Allemagne, celui de Bohême en République tchèque, le Massif central en France — est composé de granites et de gneiss. Ces formations, à l'aspect cuit et vieilli, sont recouvertes sur leur bord par des schistes à poissons fossiles, avec lesquels ils forment les massifs anciens. Ces massifs sont eux-mêmes surmontés par les strates horizontales des bassins sédimentaires tertiaires, comme les bassins de Paris ou d'Aquitaine, composés de calcaires ou d'argiles. Près de la surface, graviers et sables attestent d'une activité géologique des rivières jeunes. La synthèse de Werner apparaissait donc comme une transcription fidèle de la carte géologique de l'Europe.

Hutton, au contraire, cherche à démontrer ses idées grâce à des observations de terrain minutieuses et précises. Ainsi, il avait observé en Écosse que des strates sédimentaires horizontales étaient recoupées à l'emporte-pièce par un filon de granite. Cherchant à confirmer cette observation, il découvrit bientôt le contact entre une puissante masse de granite et une série de couches qui semblaient la recouvrir. Le contact était souligné par une véritable chevelure de filons de granites qui pénétraient les couches sédimentaires. Il en conclut que le granite s'est mis en place à l'état fondu postérieurement au dépôt des strates, et donc que le granite est bien un produit de l'intérieur du globe, du feu, et non pas de l'eau.

Ailleurs, toujours en Écosse, il remarqua que des couches intensément plissées étaient recouvertes par d'autres couches, horizontales ; on appellera cela une discordance angulaire. Entre le dépôt des premières couches et celui des secondes, il s'était donc produit un événement majeur, à savoir le plissement des premières. Multipliant ses observations de terrain, il observa que cette situation géométrique pouvait se « superposer » (les couches 1 font un angle avec les couches 2 qui, elles-mêmes, en font avec des couches 3, etc.). Il y vit la preuve que l'histoire de la Terre était divisée en deux types d'époques : celles, calmes, où les strates peuvent se déposer horizontalement au fond de la mer, et celles, troublées, où ces strates sont cassées et plissées, épisodes qui se terminent souvent par l'injection de masses

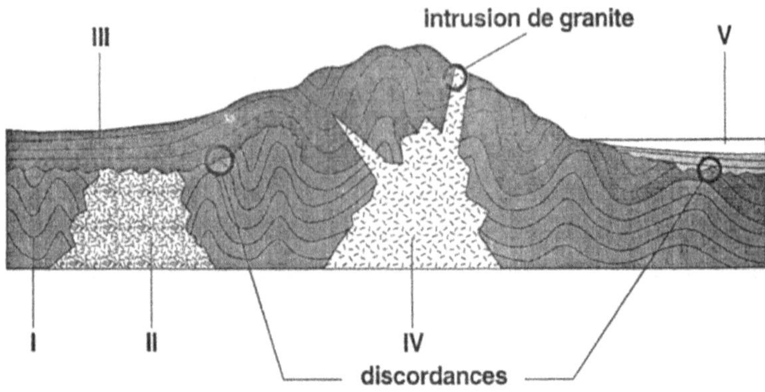


Fig. 2. — Ce schéma extrait du livre de Dott et Batten (1981) modifié, résume l'interprétation des observations géologiques d'après Hutton. Deux relations sont essentielles : la discordance angulaire et la pénétration des corps granitiques. Lorsque l'on combine ces observations avec le principe de superposition des strates, on peut reconstituer la succession des événements suivants : 1) dépôt dans la mer de la série I, 2) plissement de la série I, 3) intrusion du granite II, 4) dépôt de la série des sédiments III, 5) plissement de la série III, 6) intrusion du granite IV, 7) dépôts de la série V.

granitiques. Ces épisodes, l'un dominé par l'eau, l'autre par le feu, alternent. C'est à cette alternance que Hutton va donner le nom de cycles géologiques. Tout cela était cohérent, appuyé par des « études de cas » qu'on pouvait observer à loisir et qu'on retrouvait en de multiples endroits. La théorie de Hutton semblait démontrée, avec la même minutieuse rigueur que pourrait l'être une théorie physique ou astronomique.

Pourtant, vers 1790, c'était la théorie de Werner qui était presque unanimement admise. Comme les théories de Newton en physique, elle semblait en accord à la fois avec les observations scientifiques globales et, chose capitale à l'époque, avec la Bible.

Aussi, dès sa parution, l'ouvrage de Hutton déclenche une tempête d'une rare violence. On l'attaque, on le dénonce, on le critique, on le nie, on le condamne.

Hutton n'aura que peu l'occasion de se défendre lui-même, car il meurt en 1797 ; la bataille qui s'engage va surtout être celle des disciples, notamment des deux principaux, l'un et l'autre professeurs à Édimbourg : Robert Jamieson[1] et John Playfair[2]. L'un est un élève de Werner, le second sera le disciple de Hutton.

La nature de cette dispute va rapidement dépasser le cadre géologique et se concentrer sur des aspects philosophiques et religieux[3, 4, 5].

L'Église anglicane se déchaîne contre la théorie de Hutton et, comme la majorité des enseignants d'histoire naturelle sont pasteurs, elle croit disposer d'une force de persuasion considérable.

Dans l'explication des causes de cette cabale, on a souvent tendance à faire jouer au Déluge le rôle central. Les thèses neptuniennes étant liées au concept de déluges successifs, celle de Hutton ne l'étant pas. Pour important qu'il fût, je crois, pour ma part, que le point central n'était pas là.

Bien plus audacieuse était chez Hutton l'idée de donner au Feu interne, donc au Diable, le rôle géologique primordial. Pour Hutton, le Feu intérieur, donc le Dia-

---

1. R. Jamieson, 1808.
2. J. Playfair, 1802.
3. S. Toulmin et J. Goodfield, 1965.
4. Gillipsie, 1959.
5. A. Hallam, 1983.

ble, a le pouvoir de créer les matériaux, alors que le Ciel et l'eau qu'il dispense n'auraient qu'un rôle destructeur érodeur. Le Créateur était le Diable ! Le Monde à l'envers. Goethe, géologue à ses heures et neptunien convaincu, ne s'y est pas trompé et c'est Méphisto qui, dans son *Faust*, défend les théories huttoniennes.

Bien plus troublant pour un esprit chrétien était de donner aux temps géologiques une dimension infinie... Le temps infini, dont l'action répétée finissait par tout changer, avait plus de pouvoir géologique que Celui qui avait initialement créé le monde. L'évolution dominait la Création. Cela ressemblait à une résurgence des vieilles religions d'Égypte ou de Mésopotamie avec lesquelles la Bible et le Dieu unique marquaient une rupture draconienne. Et puis l'apparition de l'homme était bien tardive dans l'évolution du monde. Avec Werner, tout était tellement plus simple, tout ressemblait tant aux Écritures...

Pourtant, si les aspects religieux des débats étaient, de loin, les plus spectaculaires, ce sont les arguments scientifiques qui vont l'emporter.

Le cas de Portrush est exemplaire. Le géologue irlandais Kirwan[1] défendait les thèses neptuniennes en affirmant avoir découvert à Portrush, en Irlande du Nord, un basalte contenant des fossiles : le basalte n'était donc pas une roche magmatique ! Cette proclamation, en 1799, incita rapidement les huttoniens à se rendre à Portrush, ce qui leur permit de démontrer que ledit basalte

---

1. Kirwan, 1717.

n'était en fait qu'un schiste fossilifère métamorphosé au contact d'une coulée basaltique !

La déroute des thèses wernériennes va être scellée par une série d'observations faites sur le terrain par des wernériens convaincus, comme Jean-François d'Aubuisson de Voisins[1] et Leopold von Buch[2]. Ces auteurs confirmèrent la manière de voir de Hutton tant sur l'origine des granites que sur celle des basaltes.

Pourtant, l'Église anglicane n'abdiqua pas pour autant, et un pasteur comme le révérend William Richardson pouvait dire qu'il était étonné qu'on pût fonder une chose aussi grandiose que la *Théorie de la Terre* sur une observation aussi « triviale » que le contact d'un basalte et d'un schiste[3] !

Pourtant, tout finit par rentrer dans l'ordre de la raison...

L'Église anglicane, lâchée par ses pasteurs géologues plus attachés à la recherche de la vérité qu'à la croyance aveugle, dut à contrecœur se résigner.

## Catastrophes et causes actuelles

En 1820, rien n'indiquait l'imminence d'une nouvelle tempête dans le monde de la géologie. Avec le triomphe du plutonisme, la société des géologues avait retrouvé le calme, l'Église anglicane le silence.

Le développement de l'Angleterre industrielle exi-

---

1. D'Aubuisson de Voisins, 1819.
2. Von Buch, 1802.
3. A. Hallam, *op. cit.*

geait des ingénieurs géologues pour tracer des routes, percer des canaux, trouver des mines de charbon, protéger les sols. L'un d'eux, William Smith, pour effectuer ses travaux de génie civil, avait mis au point petit à petit ce qui devait devenir la méthode de base de la géologie traditionnelle : la stratigraphie. Pour cela, il s'était efforcé de définir, de manière purement objective, une succession type de strates sédimentaires, chacune caractérisée par la nature des fossiles qu'elle contenait, sans se soucier des problèmes posés par l'origine de ces successions et les modifications des faunes ou flores fossiles qu'elles recelaient[1]. Éloignée des débats d'idées, la géologie anglaise s'était engagée dans des activités « sérieuses », appliquées et fructueuses (financièrement surtout).

Pourtant, le débat d'idées allait renaître, tant il est vrai qu'on ne peut confiner les progrès scientifiques hors des interprétations théoriques, tant il est vrai aussi que l'Église anglicane vaincue ne rêvait que d'une revanche et n'avait point abandonné son ancienne chimère : « démontrer » géologiquement le bien-fondé des livres sacrés et, par là, l'existence de Dieu !

La querelle va se déclencher autour de nouvelles théories venues du continent.

Dans les années 1810, Paris était redevenu un centre mondial de la recherche géologique. Les sujets majeurs qui s'y développaient étaient la paléontologie et, liée à elle, la stratigraphie. Le maître qui guidait cette nouvelle avancée des sciences géologiques s'appelait Geor-

---

1. W. Smith, 1817.

ges Cuvier (1769-1832). Né de parents suisses et ayant d'abord étudié en Allemagne, à Stuttgart, Cuvier était professeur au Muséum d'histoire naturelle que la République avait créé en remplacement du Jardin du Roi. Cuvier établit d'abord les principes de ce qui allait devenir l'anatomie comparée, grâce à laquelle il put reconstituer l'apparence des anciens animaux à l'aide de quelques restes d'ossements fossiles. La découverte du squelette complet de la sarigue à Montmartre marqua le triomphe de sa méthode, car il avait anticipé la forme de la bête à l'aide de quelques ossements épars trouvés par ailleurs. Fortement imprégnés par les recherches effectuées en Saxe et en Thuringe par les Allemands Lehman et Füchsel, wernériens convaincus, Cuvier et son assistant Brongniart décidèrent d'explorer systématiquement les strates du Bassin de Paris. Ils décelèrent dans les strates qui se succédaient une série de faunes fossiles qui semblaient apparaître brusquement, puis disparaître quelques strates plus haut. Dans le « Discours préliminaire » qu'il publia en 1812 [1], Cuvier interpréta toutes ces observations en admettant pour le globe une *activité cyclique*, chaque cycle étant séparé par une grande catastrophe qui détruisait l'ensemble des êtres vivants sur les continents. Dieu recréait alors de nouvelles espèces pour les remplacer, et ainsi faunes et flores se succédaient, toutes différentes les unes des autres, car Dieu ne répétait jamais ses créations. L'un des arguments les plus frappants développés par Cuvier en faveur des catastrophes concernait les mammouths, que

---

1. G. Cuvier, 1812.

l'on venait de découvrir gelés dans les glaces de Sibérie et que l'on peut voir encore aujourd'hui empaillés au musée de Saint-Pétersbourg. Si la catastrophe n'avait pas été soudaine, comment ces animaux se seraient-ils laissé geler sur place ?

Adolphe Brongniart, fils de l'assistant de Cuvier, va apporter un argument supplémentaire à la théorie catastrophiste en montrant que les flores fossiles, comme les faunes, changent brutalement de nature au cours de la succession stratigraphique[1]. C'était donc bien l'ensemble des espèces vivantes qui changeaient au cours du temps.

L'interprétation catastrophiste fut bientôt étendue à la tectonique, grâce au travail du disciple le plus brillant de Cuvier, Léonce Élie de Beaumont (1798-1874)[2]. Utilisant la méthode stratigraphique que venait de développer son maître, en même temps que Smith en Angleterre, et prolongeant les déductions de Hutton en Écosse, il montra que les plissements de terrains, si caractéristiques des montagnes, étaient des phénomènes qui s'étaient répétés périodiquement au cours du temps. Chaque montagne était caractérisée par une époque de plissement bien définie. Il situait la période de plissement des Pyrénées entre le Crétacé et le Tertiaire, celle des Alpes au cours du Tertiaire. Généralisant ces observations, Élie de Beaumont développa l'idée que les plissements se produisent au cours de ce qu'on appellera plus tard des *phases tectoniques*, qui sont donc des

---

1. G. Cuvier et A. Brongniart, 1808.
2. C. Saint-Claire Deville, 1878.

périodes catastrophiques, soudaines. Il lia tout naturellement ces pulsions tectoniques aux périodes d'extinction des faunes et des flores, car il remarqua que les limites des étages géologiques fondées sur les disparitions de faune et de flore correspondaient souvent aussi à des périodes de plissements.

Comme on peut le voir, la synthèse géologique de l'école française était impressionnante, tant par sa cohérence que par la multitude de faits d'observation qu'elle englobait. Elle appliquait la méthode géologique d'observations précises, de collectes de faits établis par Hutton. Elle avait intégré toute la théorie de Hutton, et notamment le concept de temps cyclique, de crise tectonique, de genèse des granites et des basaltes par magmatisme, genèse que Beaumont liait à l'orogenèse, mais, en même temps, elle faisait sienne la vision stratigraphique et évolutionniste de Werner. A cela, elle ajoutait le concept de catastrophe pour expliquer les révolutions naturelles successives.

Cuvier, bien que croyant, ne sembla pas avoir été très préoccupé par le souci de réconcilier sa théorie avec les thèses défendues dans les Écritures. Rome avait bien du mal à se faire respecter des princes et évitait les débats théologiques. L'influence de l'Église de France n'était plus ce qu'elle était sous les encyclopédistes, le Muséum ne se souciait guère de la Sorbonne, et ceci explique peut-être cela. Le Déluge, bien décrit dans la Bible, était pour Cuvier non pas l'unique transgression marine comme pour Werner, mais l'une parmi d'autres de ces invasions marines catastrophiques dont il avait scrupuleusement établi l'existence par des observations de terrain minutieuses. Se trouvant confronté au problème de la succession des faunes, il le résolvait en affirmant qu'après chaque désastre, *Dieu avait recréé une série de nouvelles espèces jusqu'à arriver à l'Homme.*

Cette théorie des catastrophes fut rapidement adoptée et défendue en Angleterre par celui qui allait devenir l'un des maîtres de la géologie anglaise : William Buckland[1] (1784-1856). *Reader* puis professeur à Oxford, enseignant sur le terrain en robe et en bonnet de professeur, Buckland avait acquis la réputation d'un enseignant de légende. Dès sa leçon inaugurale, il annonce que *le but de la recherche géologique est de retrouver les traces de ce qui est écrit dans la Bible et de démontrer l'existence de Dieu.* Parmi les preuves de l'action de Dieu, il cite la sollicitude qu'a eue ce dernier à répartir harmonieusement les mines de charbon et à faire en sorte que l'on soit à même d'en déceler l'existence depuis la surface. Pour lui, le rôle géologique du Déluge ne fait pas de doute et, sur cette voie, il adopte la *théorie des catastrophes de Cuvier,* lui donne un prolongement religieux et s'en fait l'ardent propagandiste. Son influence est telle qu'il va imposer sa vision à tous les grands géologues anglais de l'époque : à Sedgwick, titulaire de la chaire de Cambridge[2], mais aussi à Murchison, Conybeare et Phillips, artisans de la première carte géologique d'Angleterre[3,4].

---

1. W. Buckland, 1820.
2. Voir Toulmin et Goodfield, *op. cit.*
3. Voir Gillipsie, 1959.
4. Voir Dott et Batten, 1981.

La contradiction aux thèses catastrophistes va être portée par un ancien étudiant d'Oxford, disciple de Buckland, conquis à la géologie par les cours de ce dernier, Charles Lyell (1797-1875). Il publie en 1830 son ouvrage aujourd'hui classique, *Principes de géologie*[1]. Lyell se place résolument dans l'optique de Hutton et réfute toute idée de catastrophe. Il affirme que tous les phénomènes géologiques qui ont eu lieu dans le passé et dont nous observons les vestiges aujourd'hui étaient des phénomènes identiques en nature et en *intensité* à ceux que nous avons sous nos yeux : érosion, sédimentation, volcanisme, séismes, etc. Reprenant une thèse chère à Hutton, Lyell affirme que les longues durées peuvent réaliser ce que nous considérons comme impossible avec notre vision raccourcie du temps. Si l'on apprécie correctement l'action du temps, il n'est pas nécessaire d'évoquer des catastrophes : il suffit d'additionner, de répéter à l'infini les phénomènes que nous observons tous les jours. Allant plus loin encore, Lyell combat l'idée que l'on puisse tester les croyances religieuses sur l'origine de la Terre et de l'Univers à l'aide des observations géologiques. « La géologie s'est éloignée de la cosmogonie, écrit-il, et elle y a gagné en sérieux et en crédibilité. Elle a pu accumuler une série de faits objectifs, développer des méthodes comme l'expérimentation sur la formation des roches ou l'établissement de la succession des strates. Il faut maintenir la géologie dans cette voie. L'origine de la Terre et de l'Univers [concepts qui, à cette époque, paraissent étroi-

---

1. C. Lyell, 1830.

tement liés] relève de la métaphysique, non de la géologie ! » Cela rappelle le « *no vestige of a beginning* » de Hutton. Hutton croyait l'étude de la Genèse impossible, Lyell va plus loin et la juge dangereuse et novice pour la géologie. La naissance du tabou est là !

Le débat entre uniformitaristes et catastrophistes semblait porter sur le temps. Pourtant, les deux conceptions étaient finalement moins éloignées qu'on ne le croit. L'une et l'autre admettent des cycles répétitifs, s'étendant sur une très longue durée des temps géologiques. Les cycles se terminent par une catastrophe dans un cas, sans catastrophe radicale dans l'autre. Aucune ne laisse entrevoir les moyens ni même la possibilité d'étudier la formation de la Terre et ses premiers instants par les méthodes géologiques, ni même une quelconque évolution historique, une histoire géologique des longues durées. En ce sens, on peut dire qu'elles sont toutes deux huttoniennes.

Le résultat de cette convergence dans la vision des temps géologiques a été l'élimination du territoire des géologues de la formation de la Terre.

La théorie huttonienne prolongée par Cuvier et Lyell offrait aux géologues une panoplie de *techniques extrêmement efficaces*. Au principe de superposition des strates élaboré par Nicolas Sténon au XVIIe siècle[1] s'ajoutaient la chronologie par les fossiles, les concepts de discordance angulaire et d'intrusion magmatique. L'observation sur le terrain des relations géométriques

---

1. N. Sténon, 1671.

entre formations rocheuses se traduisait en schéma évolutif, la notion de cycles géologiques intégrait la quasi-totalité des faits géologiques connus.

Accueillant avec enthousiasme cet arsenal méthodologique qui donnait à leur discipline des assises scientifiques solides, les géologues acceptèrent du même coup la vision uniformitariste de Hutton reprise par Lyell : « *No vestige of a beginning...* »

Ce triomphe rapide de l'*attitude uniformitariste* a sans nul doute été facilité par plusieurs facteurs.

Le développement du monde industriel demandait des ingénieurs géologues capables de trouver des mines de charbon ou de construire des canaux, et non pas des théoriciens de l'origine du monde.

Une autre raison, plus religieuse, peut sembler paradoxale : l'Église anglicane (plus que l'Église catholique, d'ailleurs) avait beaucoup investi dans la géologie : la majorité des professeurs de géologie anglais, de John Playfair à Buckland, étaient, ne l'oublions pas, pasteurs. Elle avait caressé l'espoir que les progrès rapides de cette nouvelle science permettraient la démonstration de la véracité de la Bible et, partant, de l'existence de Dieu. Or, à l'inverse, les découvertes géologiques ne faisaient que contredire le mot à mot des Écritures et remettre en question des points de dogme. On comprend donc que le pouvoir religieux ne fut pas fâché de voir la géologie abandonner un thème de recherche finalement si dangereux pour elle.

## La géologie uniformitariste

L'analyse précédente nous a permis de comprendre comment l'étude de la Genèse a été évacuée des préoccupations géologiques dès 1850, et comment la géologie s'est concentrée sur l'étude des périodes récentes. Il nous faut, à présent, comprendre comment cet état de fait a pu se perpétuer jusqu'à, disons, 1970...

Cherchons d'abord du côté des développements « internes » de la géologie.

La fin du XIX<sup>e</sup> siècle va être occupée totalement par deux préoccupations majeures :

— la première, qui concerne essentiellement les paléontologistes et les géologues s'occupant des terrains sédimentaires, est le débat considérable provoqué par Charles Darwin autour de sa théorie de l'*évolution des espèces*[1]. On sait le rôle central que les fossiles tiennent dans ces joutes. Le débat sur l'origine de l'homme, sous-jacent ou exprimé, va occulter complètement celui sur l'origine de la Terre ;

— le second problème est celui, lancé par Élie de Beaumont, de la *genèse des montagnes*. Après s'être occupé de l'origine des roches, de l'origine des terrains non plissés et de leurs fossiles, les géologues s'intéressaient à l'étude des reliefs et des zones plissées. Or les Alpes sont des montagnes jeunes, les Pyrénées et les Andes aussi. Ce sont là que l'on trouve les pics, les monts, les grands reliefs, mais aussi souvent les mines métalliques. On comprend qu'accrochés par ce pro-

---

1. C. Darwin, 1859.

blème grandiose de l'origine des reliefs, les géologues d'alors n'aient pas cherché à remonter très avant dans le temps.

Les débuts du xxᵉ siècle vont rapidement être occupés par la théorie de la *dérive des continents*. Le débat autour des propositions de Wegener va occuper la communauté des sciences de la Terre de 1910 à 1930[1]. Rappelons que, dans le schéma de Wegener, l'histoire de la Terre « intéressante » *commence au Permien*, il y a environ 250 MA, lorsque le continent unique, la Pangée, qui rassemblait alors toutes les terres émergées, commence à se fragmenter, chaque morceau partant à la dérive pour son propre compte. La période antérieure n'intéresse pas plus Wegener que ses contemporains ; l'Américain Chamberlain, au début du xxᵉ siècle, a beau proposer une théorie sur l'origine de la Terre, elle n'intéressera guère que quelques astronomes.

La théorie wegenérienne abandonnée prématurément, la géologie continue à se développer en revenant au concept huttonien de *cycle géologique*. L'évolution du globe est gouvernée par le *cycle de l'éternel retour* : formation des montagnes associée à des épisodes de magmatisme copieux, suivie de l'érosion des reliefs ainsi créés, accumulation des sédiments dans les fosses géosynclinales, enfouissement de ces derniers, plissements dus à la lente contraction thermique du globe, surrection et formation d'une nouvelle chaîne de montagnes... Les temps géologiques cycliques et infinis ne

---

1. A. Wegener, 1912.

laissent aucun espoir de déchiffrer une quelconque histoire primitive, depuis longtemps déjà effacée.

Pour ce qui est de la géologie classique *stricto sensu*, on peut donc dire qu'elle est restée profondément uniformitariste. Il faut ajouter que l'attitude qui consiste à restreindre la géologie aux 500 derniers millions d'années présente des facilités techniques non négligeables. C'est au cours de cette période que l'on trouve des fossiles, donc que l'on peut pratiquer rigoureusement et commodément la méthode de base de la géologie, à savoir la stratigraphie. C'est-à-dire, grâce aux fossiles, retrouver l'âge des roches et reconstituer la nature de l'environnement (continental, côtier ou marin) où elles se sont formées. C'est dans cette tranche de temps que se sont aussi édifiés les grands reliefs terrestres qui seuls permettent, grâce à leurs vallées profondes, une vision tridimensionnelle des structures tectoniques. S'aventurer vers les terrains anciens, vers les boucliers comme ceux du Canada, du Brésil ou de l'Inde, c'est s'aventurer dans les terrains métamorphiques anciens où les méthodes de la géologie classique sont difficiles d'emploi. C'est donc, du même coup, affaiblir la méthode géologique et risquer de lui faire perdre de sa rigueur.

Dans la période de l'après-guerre et jusqu'en 1970, la situation ne changera pas fondamentalement. L'avènement de la théorie de *l'expansion des fonds océaniques* et de la *tectonique des plaques*[1, 2, 3], résurgence

---

1. A. Holmes, 1945.
2. H. Hesser, 1962.
3. J. Morgan, 1968.

tardive de la théorie de Wegener, va au contraire renforcer la tendance uniformitariste. La majorité des géologues reste confinée dans ce que l'on sait alors être les cinq cents derniers millions d'années de l'histoire de la Terre. Comprendre ce qui s'y est passé paraît suffisant pour comprendre la totalité de l'histoire de la Terre. La conception cyclique du temps a triomphé. La géologie s'est éloignée de l'histoire évolutive, celle des longues durées. La perspective historique est inutile, puisqu'on est dans un éternel recommencement.

Nous intéressant aux causes externes à la discipline géologique elle-même, nous pouvons sans doute replacer cet état de fait dans le cadre plus général de l'opposition science-histoire :

La physique a longtemps refusé d'entendre Boltzmann et s'est confinée à la physique de l'équilibre, de l'ordre, des conditions géométriques simples, des systèmes linéaires.

L'astronomie, enfermée pendant des siècles entre ses lunettes et ses calculs de mécanique céleste, a longtemps refusé l'intrusion de l'astrophysique, jugée trop spéculative et où régnait un *espace-temps* de dimension vertigineuse. Par ce refus, c'était la géométrie qui refusait l'histoire et qui, du même coup, maintenait l'astronomie hors du débat cosmogonique. Le temps cyclique, jaugé par le mouvement répétitif des planètes et des astres, évacuait l'histoire.

La biologie, dont le caractère historique est, pourrait-on dire, congénital, a elle aussi « tenté » d'éliminer l'histoire. Claude Bernard, avec sa méthode expérimentale, a donné naissance à une nouvelle manière d'étudier la vie, non plus en observant des évolutions longues et les dispersions géographiques, comme le faisait Darwin, mais en expérimentant au laboratoire. Cette volonté d'éliminer toute approche historique s'est traduite par la lutte des biologistes pour évacuer le vocable d'*histoire naturelle* dont on affublait leur discipline et pour le remplacer par celui de *sciences naturelles*, puis de *biologie*. Ils ont insisté sur l'expérience et considéré l'observation comme archaïque.

Il était naturel que les géologues, eux aussi à la recherche d'une légitimité scientifique, évacuent un peu du contenu « historique » de leur discipline. Fabriquer des roches en laboratoire, mesurer des propagations d'ondes à travers la Terre, lever une carte ou une coupe stratigraphique, c'est là une série d'opérations solides, bien définies, dont le caractère scientifique est indiscutable et qui éloigne des sujets philosophiques ou théologiques, toujours dangereux.

Le maintien de cette attitude a permis à la géologie de gagner en calme, en sérieux, en rigueur, c'est un fait. C'est aussi autour du concept d'équilibre qu'une grande partie de la physique s'est développée, c'est grâce à la méthode expérimentale que la biologie a fait son formidable bond en avant. C'est incontestablement grâce à l'uniformitarisme (Hutton, Lyell) que la géologie scientifique s'est construite. Elle a évité la tentation facile de faire appel à tout propos à des forces géologiques mystérieuses, inconnues, voire inconcevables pour expliquer telle ou telle observation. Mais, comme le concept d'équilibre en physique, elle n'a été qu'une étape dans le développement historique de la discipline.

La géologie huttonienne, traditionnelle, restreint son champ de recherches dans le temps et dans l'espace : dans le temps, en se limitant aux époques récentes ; dans l'espace, en ne s'intéressant qu'à la surface de la Terre. L'avènement d'une nouvelle géologie passait donc par l'exploration de nouveaux domaines par l'élargissement du « champ ». La détermination de la structure interne du globe, l'établissement d'un calendrier des temps géologiques vont être les étapes décisives dans l'entreprise de dépassement, de conquête de nouveaux territoires de la géologie et la construction d'une géologie « totale ».

# CHAPITRE II

# Voyage au centre de la Terre

L'observation de la surface du globe permet de décrire les structures géologiques horizontales ou plissées, d'y prélever des roches pour l'étude en laboratoire sur une épaisseur qui ne dépasse pas 8 kilomètres, altitude des plus hautes montagnes. Les forages artificiels réalisés à des fins industrielles ou scientifiques n'aboutissent qu'à 12 kilomètres. Mis bout à bout, ces deux moyens n'atteignent même pas la vingtaine de kilomètres. Or le rayon de la Terre est de 6 400 kilomètres. La connaissance directe du sous-sol de notre planète ne nous est donc accessible que pour une mince pellicule de sa surface.

Pourtant, tout nous indique que les profondeurs terrestres ont une existence passionnante. Ce sont elles qui, de temps à autre, font brusquement bouger le fin épiderme que constitue la croûte terrestre et déclenchent des tremblements de terre souvent meurtriers. Ce sont elles qui expulsent à la surface des magmas incandescents, formant ces étranges « montagnes ardentes » que l'on nomme volcans. Ce sont elles dont les lents mouvements finissent par déplacer les continents. C'est de ces entrailles de la Terre que jaillissent les eaux chaudes et d'où proviennent les gisements de métaux ou de gemmes précieux, si beaux et si rares qu'ils constituent depuis l'Antiquité la mesure de la richesse de l'homme ou des nations.

Les profondeurs terrestres constituent donc un monde que l'on voudrait connaître, un monde mystérieux et qui nous apparaît a priori comme un monde interdit, inaccessible à tout jamais à l'observateur humain. Pourtant, comme nous avons appris à connaître l'atome sans le voir ni le toucher, nous allons apprendre à déchiffrer la structure de l'intérieur de la Terre sans y pénétrer autrement que par nos moyens physiques indirects et notre raisonnement déductif.

C'est à ce « voyage au centre de la Terre » que nous convions le lecteur. De cette « descente aux enfers » nous tirerons une connaissance de notre planète, qui à son tour nous permettra de poser des questions fondamentales sur son origine.

## Cavités souterraines et feu central

Pendant longtemps, on s'est imaginé que l'intérieur de notre globe était un solide percé de cavités. Ces cavités étaient, pensait-on, de deux types : les unes étaient vides ou partiellement remplies d'eau ; reliées entre elles en un immense réseau, elles permettaient l'écoulement de vastes fleuves souterrains et l'existence de véri-

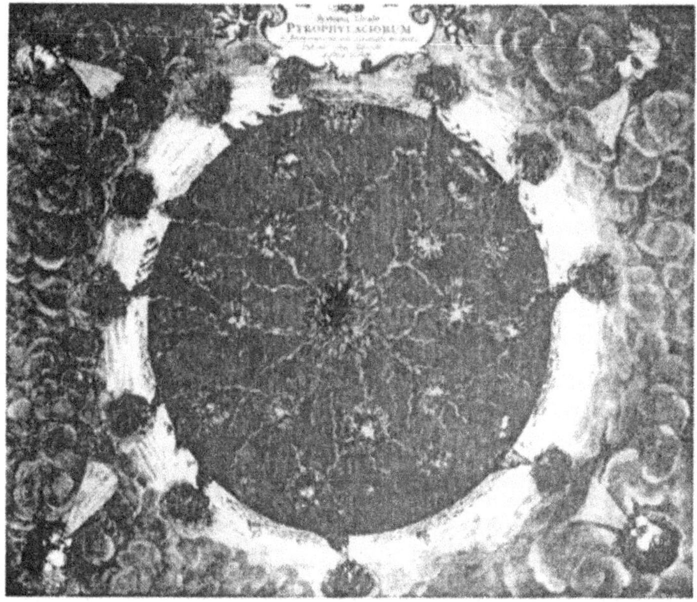

Fig. 3. — Voilà une vision des profondeurs de la Terre datant de 1800. La Terre est conçue avec son feu central et ses poches de magma et de gaz.

tables mers intérieures ; les autres étaient au contraire remplies de laves volcaniques chaudes et incandescentes de magmas.

La répartition relative de ces deux types de cavités définissait les caractères géologiques de diverses régions. Certaines provinces étaient riches en poches magmatiques, donc en volcans ; c'était le cas de l'Italie du Sud, du Japon ou de l'Islande. D'autres étaient au contraire réputées pour leurs cavernes souterraines ; telles étaient la Grèce, la Yougoslavie, l'Asie Mineure.

La présence de ces deux types de cavités souterraines, froides ou chaudes, leur alternance, leur combinai-

son, leurs communications éventuelles, sont fort bie
décrites par Jules Verne dans son *Voyage au centre d
la Terre*. Les conceptions qui y sont développées résu
ment bien les idées de son temps.

A ce modèle d'un intérieur du globe poreux, tout a
moins pour ce qui est de la croûte, se superposait l
croyance en l'existence d'un Feu central. Les mineur
de l'Antiquité avaient déjà noté que plus on s'enfonc
dans le globe, plus la chaleur augmente. L'intérieur d
globe semblait contenir une source thermique, le Fe
central. Cette idée, commune vers la fin du xvii$^e$ sièclᴇ
était appuyée par diverses théories comme celle de Des
cartes qui postulait que la Terre était une étoile avortéᴇ
Selon ce philosophe, après une phase incandescente, l
Terre se serait refroidie et aurait laissé se constituer un
pellicule superficielle solide, la croûte terrestre ; mai
le refroidissement se poursuivant, l'intérieur du glob
serait resté pâteux et chaud, laissant subsister vers l
centre une boule de feu, témoignage de l'époque pr
mitive.

Cette idée de Feu central et d'un refroidissement pro
gressif de notre planète n'était pas pour autant admis
par tous. Des savants aussi éminents qu'Ampère o
Poisson l'avaient niée, proposant des hypothèses d
substitution qui font aujourd'hui sourire. Pourtant, ma
gré quelques vicissitudes, cette théorie était très généra
lement admise : Hutton avait utilisé ce concept po
expliquer la fabrication des granites, des basaltes et de
montagnes.

Au total donc, de 1600 à la fin du xviii$^e$ siècle, not
vision sur l'intérieur du globe ne changea guère : un

boule de feu central, feu résiduel des premiers jours, entourée d'une enveloppe solide lardée de cavités, notamment vers la surface.

## Le poids de la Terre et l'énigme du trésor enfoui

Conscient du caractère très théorique de ce schéma, et notant l'absence de données objectives sur les propriétés physiques du globe, Buffon déplorait déjà en 1747 que l'on ne puisse contraindre de tels modèles par des mesures de densité [1] :

« On sait que, volume pour volume, la Terre pèse quatre fois plus que le Soleil. On a aussi le rapport de sa pesanteur avec les autres planètes ; mais ce n'est qu'une estimation relative, l'unité de mesure nous manque, le poids réel de la matière nous étant inconnu : en sorte que l'intérieur de la Terre pourrait être ou vide ou rempli d'une matière mille fois plus pesante que l'or. »

Comme le soulignaient ces remarques, la détermination de la masse d'un corps est un bon paramètre pour en déterminer la nature. Un morceau de plomb est plus lourd qu'un morceau de craie, un morceau de fer plus lourd qu'une pierre, l'eau est plus lourde que l'huile. Connaître la masse de la Terre, et, à travers son volume, calculer sa densité, est un bon moyen pour se faire une idée de la nature des matériaux qui forment son intérieur. Mais comment peser la Terre ? Il n'existe pas de balance capable d'une telle performance !

Pourtant, la première détermination de la masse de la

---

1. G. L. Leclerc, comte de Buffon, 1747.

Terre a été réalisée au milieu du XVIIIe siècle[1]. Le Français Bouguer, envoyé dans les Andes en 1748 pour y étudier le champ de pesanteur terrestre, avait noté que les montagnes attiraient le fil à plomb et le faisaient dévier de la verticale[2]. Cette observation fut mise à profit par l'astronome anglais Nevil Maskelyne pour déterminer la masse de la Terre. Il remarqua que la déviation du fil à plomb résulte de la compétition entre l'attraction exercée par la Terre et par la montagne, l'angle traduisant quantitativement les influences respectives. Estimant sommairement le poids de la montagne, il en déduisit celui de la Terre. Le volume de la Terre étant connu, puisque son rayon l'était, il calcula pour cette dernière une densité de 4,5 grammes au centimètre cube, 4,5 fois plus lourde que l'eau !

Quelques années plus tard, Lord Cavendish améliora cette détermination. Ayant mesuré la constante de gravitation grâce à une balance de torsion, il utilisa la formule établie par Huygens, donnant la période de balancement du pendule, pour déterminer la masse de la Terre. Il trouva une densité de 5,45 grammes par centimètre cube[3].

Dès que ces déterminations furent admises, un fait fondamental émergea : les roches communément trouvées à la surface de la Terre ayant des densités variant entre 2,5 et 3, la Terre « pèse » deux fois plus lourd que

---

1. Voir A. H. Cook, 1969.

2. B. Bolt, 1983.

3. Pratiquement identique à la densité, admise aujourd'hui, de 5,52 grammes par centimètre cube. Ceci est noté g/cm$^3$.

les roches de surface. Il doit donc exister en profondeur un « composant lourd », une région, un domaine qui contient des matériaux dont la densité doit être très supérieure aux roches usuelles de surface.

Petit à petit s'établit l'idée que l'intérieur du globe est constitué de deux parties : un *noyau* central, constitué par des matériaux, très dense, entouré d'une enveloppe, d'un *manteau,* comme on dira rapidement en termes de métier, dont les densités sont analogues aux roches de surface. La densité des roches de surface étant de 2 à 3 g/cm$^3$, pour expliquer la densité moyenne de 5,4 de la Terre, il fallait donc admettre que le noyau avait une densité de 7,8 à 10 g/cm$^3$ suivant sa taille.

Quel était donc le constituant de ce noyau si dense ? Le cuivre, l'étain ou le nickel semblaient beaucoup trop légers : il suffit pour s'en convaincre de se reporter à la table de densités. Le plomb, l'argent ou, mieux encore, l'or apparaissaient comme des candidats possibles. Ne trouvait-on pas des gisements d'or ou d'argent associés à des roches d'origine profonde, comme le montrait à l'évidence l'exploration scientifique et économique du Nouveau Monde ? Aux volcans péruviens et mexicains ne correspondait-il pas les provinces riches en or et en argent ? Le centre du globe renfermait donc des richesses considérables et ne les délivrait qu'au compte-gouttes en envoyant vers la surface ces « jus » métallifères que l'on retrouvait figés sous forme de filons. Le centre de la Terre apparaissait comme un réservoir infini de richesses qu'il ne dispensait vers la surface qu'avec une grande parcimonie. L'or et l'argent du Potos, mine péruvienne que les premiers colons espagnols avaient exploitée sans vergogne au prix de la vie de nombreux exclaves incas, en était l'exemple.

Pourtant, cette idée de trésor enfoui ne faisait pas l'unanimité. Pour ceux qui n'étaient pas favorables à l'hypothèse de l'or, l'existence d'un intérieur solide ou liquide paraissait difficile à admettre. A cette époque, les solides et les liquides étaient considérés comme incompressibles. On ne pouvait espérer augmenter la densité des corps solides connus en les enfouissant vers l'intérieur ! Il restait donc les gaz qui, eux, sont compressibles, et dont on peut aisément augmenter la densité en augmentant la pression exercée sur eux. Pour ceux-là, l'intérieur du globe était constitué de gaz comprimés : cette théorie, qui, sur nombre de points, ressuscitait les idées de Descartes pour qui la Terre était une ancienne étoile, était défendue notamment par le célèbre Américain Benjamin Franklin.

Mais si la nature du noyau était débattue, son existence en tant que noyau dense situé au centre de la Terre était admise quasi unanimement dès cette époque.

Cette hypothèse allait être renforcée vers la fin du XIXe siècle par un raisonnement fondé sur les propriétés des corps en rotation. Lorsqu'un corps sphérique tourne autour d'un axe, les points situés à l'équateur effectuent en un tour une distance beaucoup plus grande que ceux situés près des pôles. Ils tournent donc plus vite. La force centrifuge y est plus élevée et le corps a donc tendance à s'aplatir ou, si l'on veut, à se « gonfler » près de l'équateur. Ce renflement est important si la masse est uniformément répartie, moins important si la

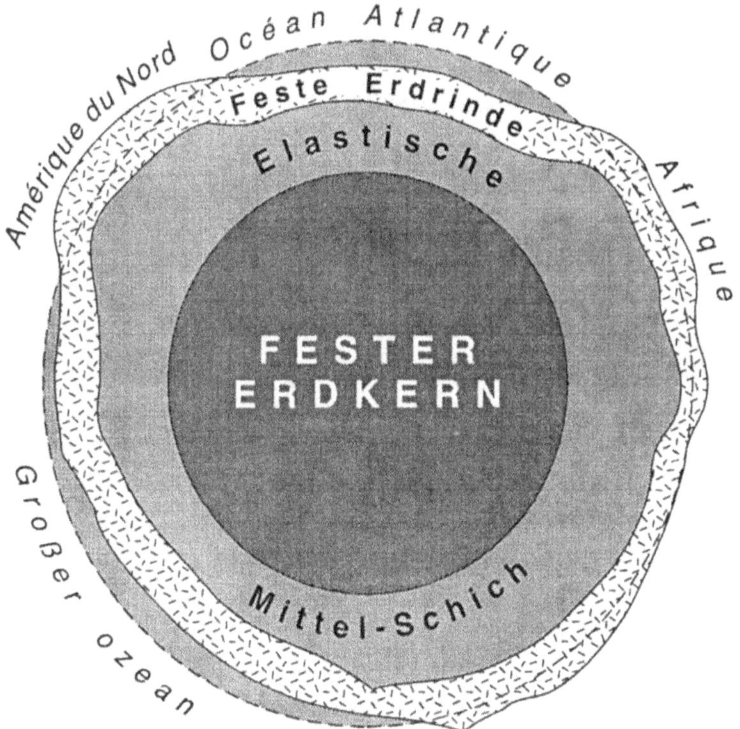


Fig. 4. — Coupe de l'intérieur de la Terre, publiée à Berlin par H. Kraemer en 1902. La Terre est divisée en trois couches : la croûte recouvrant un manteau élastique, lui-même entourant un noyau solide. Cette vision prédate le développement de la sismologie et est pourtant étonnamment prédictive.

masse est concentrée vers le centre. Cette propriété est traduite par ce que l'on appelle le *moment d'inertie*. Observant alors la forme de la Terre et son renflement modeste à l'Équateur[1], divers mécaniciens en conclu-

_________

1. Le diamètre de la Terre à l'Équateur n'est supérieur que de 1/300 à celui passant par les pôles.

rent qu'une partie importante de la masse devait être concentrée vers le centre.

Allant plus loin et utilisant à la fois le moment d'inertie et la densité moyenne, ils purent calculer les dimensions du noyau dense situé vers le centre et en conclurent qu'il avait pour rayon la moitié du rayon terrestre, et que sa densité devait être d'environ 11 grammes par centimètre cube. Comme on peut le voir, des considérations mécaniques assez simples conduisaient déjà à un modèle de structure interne assez élaboré.

Tel était donc le schéma à la fin du XIX$^e$ siècle. Pourtant, il n'a vraiment été considéré comme établi que grâce à une discipline dont l'avènement ne date que du XX$^e$ siècle : la séismologie.

## La séismologie

La séismologie est au géologue ce que l'échographie est au médecin. L'étude de la propagation des ondes émises par les tremblements de terre à travers le globe fournit les mêmes informations sur la structure interne de ce dernier que peut le faire la propagation des ultrasons dans le corps humain. Pourtant, ce n'est que progressivement que l'on réalisa que l'étude des séismes fournissait au géologue un moyen d'investigation aussi puissant.

Longtemps, la séismologie a consisté à répertorier, classer, localiser, cartographier les tremblements de terre que l'on caractérisait par les dégâts matériels et humains qu'ils causaient. Toutefois, en 1883, alors qu'il se trouvait au Japon pour enquêter sur les divers tremblements de terre ayant affecté ce pays, l'Anglais John Milne fit une prédiction étonnante : « Compte tenu de l'énergie qui est mise en jeu dans un gros tremblement de terre, il ne serait pas étonnant que les vibrations qu'il génère puissent être détectées en n'importe quel point du globe. »

Il fallut attendre six ans pour qu'un Allemand, von Reben Paschwitz, confirme la prédiction de Milne. Il avait construit à Potsdam et Wilhelmshaven des pendules extrêmement précis pour détecter les variations de l'horizontale, c'est-à-dire les mouvements locaux de terrain. Or, ces pendules enregistrèrent en l'année 1889 de curieux trains d'ondes. En ce jour du 18 avril avait eu lieu à Tokyo, à 2 h 07, un gros tremblement de terre. Von Reben Paschwitz conclut que les vibrations enregistrées par ses pendules avaient leur source à Tokyo. Frappé par cette découverte, Oldham, qui travaillait au Service géologique des Indes, se mit lui aussi à fabriquer des pendules et enregistra une série de gros tremblements de terre ayant eu lieu en divers endroits du globe. En 1897, il put ainsi mettre en évidence des lois auxquelles semblaient obéir tous les enregistrements d'ondes sismiques [1]. Chaque sismogramme paraissait montrer l'arrivée de deux paquets d'ondes de faible amplitude, suivis plus tard de vagues d'ondes de très forte amplitude (Fig. 6).

Milne utilisa ces enregistrements pour étudier la relation existant entre le temps d'arrivée de chaque train

---

1. R. D. Oldham, 1900.

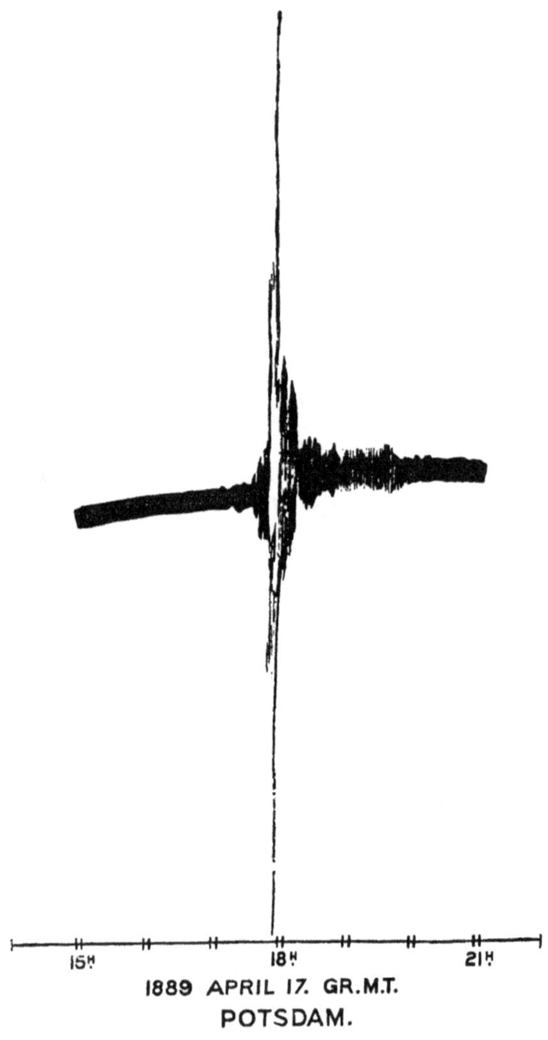



Fig. 5. — Premier enregistrement d'un tremblement de terre, le 17 avril 1889, p
von Reben Paschwitz (le 18 avril à 2 h 07 du matin avait eu lieu un trembleme
de terre à Tokyo, qui est à 9 heures de décalage horaire).

d'ondes et la distance séparant la station d'enregistrement de la source du tremblement de terre. Il remarqua que cette distance pouvait être estimée en mesurant l'intervalle de temps séparant sur les enregistrements l'arrivée des petites ondes de celle des grandes ondes. A partir de là, il était facile de localiser le tremblement de terre par l'intersection des trois cercles de distance [1]. Cette méthode, encore utilisée aujourd'hui, permet de dresser une carte mondiale des séismes sans se déplacer, sans enquêter, simplement en dépouillant les enregistrements dans au moins trois observatoires.

Oldham, poursuivant de son côté ses patientes recherches sur la signification des séismogrammes, donna en 1900 l'interprétation physique de ses observations. Il montra par une analyse fine des temps de transit que les petites ondes qui arrivent les premières à une station, et qu'il appela (P) et (S) (Premières et Secondes), traversent l'intérieur du globe, alors que les grandes vagues arrivant ultérieurement cheminent, guidées par la surface (on les appelle ondes de surface).

Cette identification des trajets suivis par les divers types d'ondes sismiques marque réellement le point de départ de l'utilisation de la séismologie pour déterminer la structure interne du globe. Exploitant sa connaissance des types d'ondes sismiques, Oldham découvre en 1906 l'existence de deux unités dans l'intérieur de la Terre : au centre, le noyau, de rayon voisin de 0,4 rayon terrestre (2 550 km), enveloppé par le manteau. Chaque milieu est caractérisé par des vitesses de propagation

---

1. Voir B. Bolt, 1983.

très différentes, et le passage manteau-noyau par une brusque discontinuité de vitesse. Cette découverte fait beaucoup plus que confirmer le modèle hypothétique des gravimétristes. Elle valide l'idée de deux milieux séparés par une *transition brutale*. Alors que les mesures de gravité et de moment d'inertie pouvaient en toute rigueur s'interpréter par une variation lente, graduelle, continue des propriétés internes, allant d'une enveloppe externe légère jusqu'à un centre extrêmement lourd. La transition sismique brutale découverte par Oldham évoque celle entre deux milieux de natures différentes[1].

Les travaux d'Oldham et de Milne ont immédiatement suscité un enthousiasme considérable chez les scientifiques s'intéressant à la Terre. La méthode des temps de transit des ondes sismiques est simple à mettre en œuvre, et extrêmement puissante. On porte sur un graphique les temps d'arrivée des diverses ondes en fonction de la distance au foyer du séisme, cette distance n'étant pas exprimée en kilomètres, mais en degrés d'angle, pour simplifier les calculs. La pente d'une telle courbe est directement liée à la vitesse de propagation des ondes. En fait, cette méthode fut utilisée pendant plus de cinquante ans et elle a été à la base de toutes les découvertes importantes sur la structure interne du globe. L'intérêt soudain de la communauté scientifique de l'époque pour la séismologie s'est aussitôt traduit par la multiplication soudaine des observatoires sismologiques et par l'accroissement du nombre de scientifiques s'intéressant à la nouvelle discipline. A

---

1. R. D. Oldham, 1906.

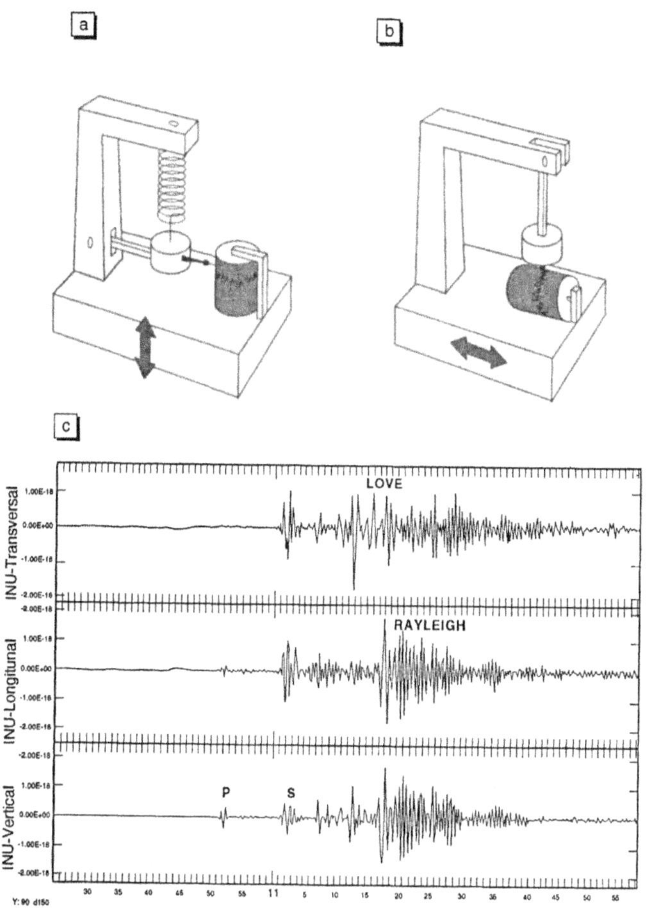



Fig. 6. — Voici le schéma de principe du sismographe et des enregistrements correspondants.
a) il s'agit d'un sismographe qui enregistre les vibrations verticales, celles qui vont de
bas en haut ou de haut en bas ;
b) sismographe dit horizontal qui enregistre les vibrations latérales. En fait, on dispose
de deux sismographes horizontaux pour avoir les trois composantes de la vibration ;
c) sismogrammes, c'est-à-dire enregistrements des vibrations. Les deux premières concernent les deux sismographes horizontaux, celui du bas le sismographe vertical (a).
On pourra distinguer les divers trains d'ondes tels qu'on les a décrits dans le texte.
(Enregistrements issus du réseau Geoscope.)

partir des observations qui s'accumulaient très vite, tous cherchaient alors à mettre en évidence des anomalies, des discontinuités de vitesse de propagation et, par là, à déterminer des structures. Les résultats ne se firent pas attendre.

En 1909, Andreja Mohorovicic, travaillant à l'observatoire de Zagreb en Yougoslavie, a montré que la partie superficielle de la Terre, la croûte, est séparée du manteau par une brutale discontinuité de propagation des ondes sismiques[1]. Très rapidement, la petite communauté sismologique répartie de par le monde confirma l'observation de Mohorovicic tout en lui conférant un caractère général. Cette discontinuité qui sépare la croûte du manteau est appelée depuis lors discontinuité de Mohorovicic ou, plus familièrement, le Moho. Elle se situe sous les continents à 30 ou 40 kilomètres de profondeur.

En 1914, Beno Gutenberg, travaillant alors en Allemagne, affina la détermination de la limite noyau-manteau faite par Oldham, et porta le rayon du noyau à 0,545 R (soit à 2 900 km de profondeur), valeur qui est celle encore admise aujourd'hui[2].

Ainsi, dès avant la Première Guerre mondiale, les grandes structures internes du globe étaient déjà bien établies. Cette aventure extraordinaire avait duré à peine plus de dix ans ! Elle n'avait mis en jeu ni mathématiques complexes ni théorie compliquée, elle n'avait été qu'une application à la Terre de la méthode expérimen-

---

1. A. Mohorovicic, 1909.
2. Voir B. Gutenberg, 1959, ou B. Bolt, 1983.

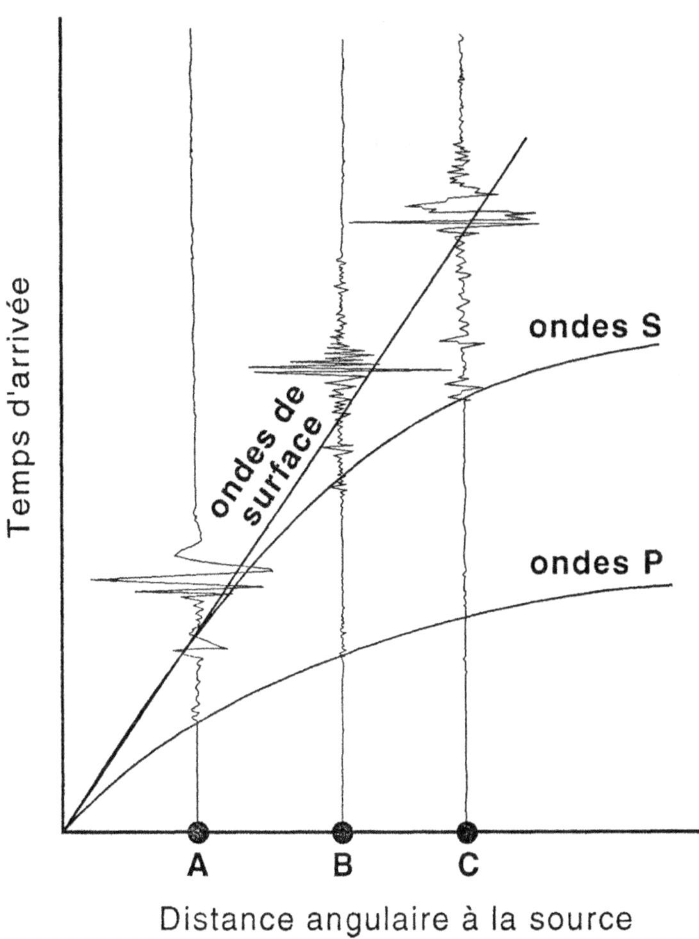



Fig. 7. — Graphique sismique à partir duquel on détermine la structure de la Terre. On porte les sismogrammes en fonction d'une part de coordonnées angulaires des stations et des temps d'arrivée, puis on joint les points correspondants à l'arrivée des diverses ondes.

tale, d'une technique simple de dépouillement et de calculs géométriques élémentaires. Il ne fait pas de doute que cet épisode serait plus connu et reconnu s'il n'avait coïncidé avec l'explosion de la microphysique, de la radioactivité, et de la théorie des quanta, qui l'ont occultée.

## Symétrie sphérique et perte de symétrie

La seconde période de développement de la séismologie a été consacrée à expliquer les sismogrammes observés à l'aide de la théorie de la propagation des ondes acoustiques en milieu solide. Bien que les résultats obtenus soient le fruit d'une communauté importante, deux figures ont dominé cette période : Harold Jeffreys, mathématicien anglais, virtuose dans la manipulation des équations de la physique classique, adversaire résolu de la dérive des continents, ayant pour les observateurs sismiques l'attitude distante du théoricien, et Beno Gutenberg, Allemand émigré aux États-Unis où il fondera avec Richter le Seismological Laboratory du California Institute of Technology (Caltech). Son talent s'exprimait d'abord à partir de la lecture minutieuse des sismogrammes, puis de calculs très simples où le sens physique suppléait la lourdeur des développements mathématiques. Les deux hommes se détestaient, ne s'adressant la parole qu'au cours de réunions scientifiques, malgré les efforts d'intermédiaires qui cherchèrent en vain à les faire communiquer autrement que lors de leurs célèbres affrontements publics.

On va identifier les divers types d'ondes, leur mode

de propagation, leurs trajets, leur « allure » et leurs positions sur les sismogrammes. Cette période est en somme celle de la lecture du code sismique. On va comprendre que les ondes (P) (celles qui arrivent les premières) sont des ondes de compression, alors que les ondes (S) (secondes) sont des ondes de cisaillement, dont la propriété essentielle est de ne pas pouvoir traverser les liquides. Les ondes de surface se divisent en ondes de Love et de Rayleigh, dont le mode de vibration est différent. Un sismogramme est une combinaison complexe de toutes ces ondes qui se superposent, se détruisent, se renforcent, transformant la lecture des enregistrements en véritable art ou, plus exactement, en véritable déchiffrement d'un langage codé. Ces théoriciens de la sismologie ont établi les éléments essentiels permettant de décoder ces messages complexes.

Ce long et minutieux travail de sismologie fondamentale va déboucher petit à petit sur une série de découvertes importantes pour notre connaissance de l'intérieur de la Terre. Le pas le plus fondamental par rapport à l'approche « géométrique » de Milne et d'Oldham va consister à établir une relation entre la vitesse de propagation des ondes sismiques et les propriétés physiques du milieu traversé. Ainsi, le fait que les ondes (S) ne peuvent se propager à travers un liquide permet à Inge Lehman, travaillant alors à l'observatoire de Copenhague, d'affirmer que le noyau externe est en fait liquide[1], alors que le noyau interne est solide. Jeffreys et Gutenberg confirment rapidement

---

1. I. Lehman, 1936.

cette découverte. A contrario, le fait que des ondes (S) peuvent se propager librement dans le manteau met fin au mythe du magma incandescent sous-jacent occupant tout ce que nous avons sous nos pieds, prêt à surgir à la moindre faille. Insistons bien sur ce fait, l'intérieur du globe est à l'état solide ; pour faire naître un volcan, il faut d'abord que le manteau fonde, ce qui se produit rarement. C'est un phénomène spécifique et localisé.

Milne et Oldham, utilisant leurs courbes de temps d'arrivée des paquets d'ondes, avaient divisé l'intérieur du globe en un noyau dense, entouré d'un manteau moins dense. La sismologie théorique va, notamment grâce à l'étude des ondes de surface, préciser ce schéma et dessiner un véritable profil de *densité* et de vitesse de propagation pour l'intérieur du globe. La sismologie géométrique a cédé sa place à une sismologie physique. Les profils de vitesse sismique font apparaître un double caractère : d'une part, une augmentation régulière des vitesses avec la profondeur ; d'autre part, superposés à cette loi générale, des changements soudains de vitesses. Ces brusques discontinuités de vitesses sismiques sont limitées à certaines zones : à la base de la croûte (le fameux Moho), aux environs de 450 kilomètres, de 650 kilomètres et, surtout, à l'interface noyau-manteau où la vitesse des ondes (P) passe de 9 km/s à 13,2 km/s (de 34 400 à 47 000 kilomètres à l'heure, le tour de la Terre en une heure !).

Ces discontinuités de vitesse sismique sont aussi des discontinuités de densité. Si l'on se souvient que la pression tend à rapprocher les atomes, donc à augmenter la densité, la tendance générale — l'augmentation

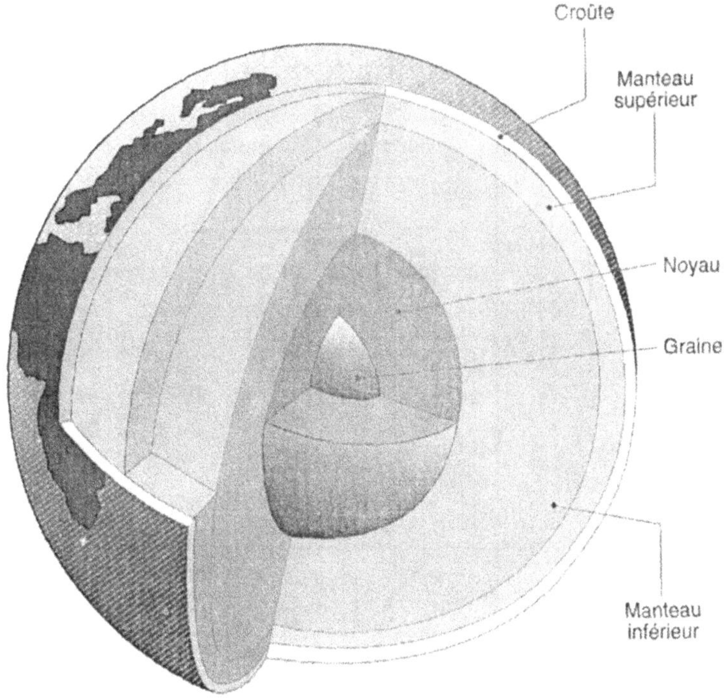


Fig. 8 a. — Modèle de la structure interne de la Terre dit "modèle en œuf dur". On y distingue les diverses unités du noyau à la croûte emboîtés les uns dans les autres.

lente de la densité, lorsqu'on s'enfonce dans le globe — paraît normale. Les discontinuités sismiques, zones où la vitesse sismique et la densité augmentent brutalement sur quelques kilomètres, posent des problèmes plus complexes. Chacune représente-t-elle une discontinuité dans la composition chimique ? Le globe serait alors constitué d'une série de « couches » de compositions chimiques différentes. S'agit-il simplement d'un changement brutal dans les propriétés physiques, ayant lieu

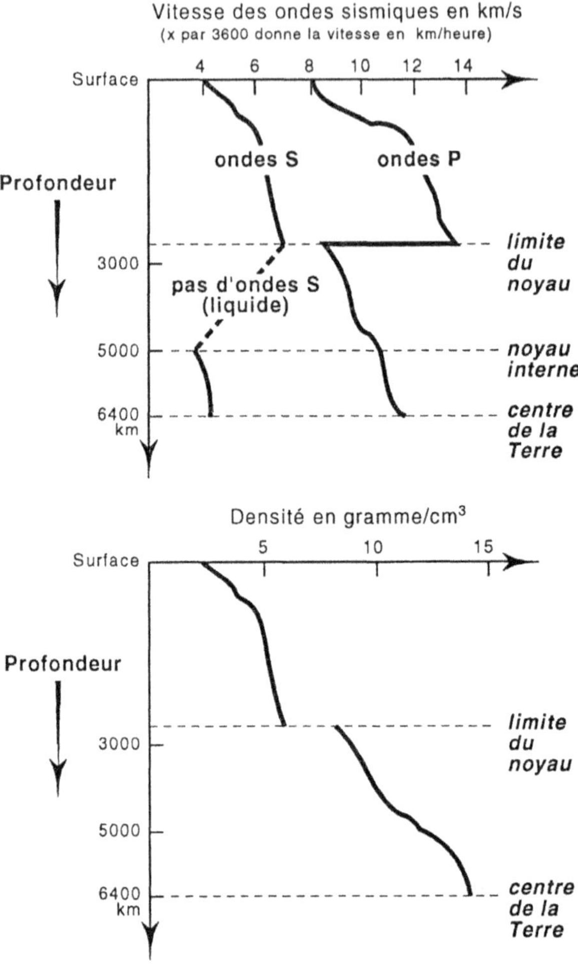



Fig. 8 b. — Profils de la Terre, de la surface vers le centre montrant la variation :
— en haut, des ondes sismiques ;
— en bas, la densité.
On notera deux tendances nettes. D'une part l'augmentation graduelle de ces paramètres avec la profondeur, d'autre part une discontinuité au passage manteau-noyau.

à composition chimique constante et que l'on appelle changement de phase ? Le globe serait chimiquement homogène, mais la physique de la matière aux très hautes pressions serait alors à explorer soigneusement, avec la promesse de découvertes intéressantes, puisque à une augmentation *continue* de pression et de température correspondraient pour la matière des variations de propriétés physiques *discontinues*. Ce débat va occuper les géophysiciens pendant cinquante ans.

Pourtant, tous ces progrès, tous ces développements ont été réalisés autour d'une hypothèse centrale simplificatrice suivant laquelle la Terre a, en profondeur, une symétrie sphérique. Dans ce modèle, la composition chimique et les propriétés physiques d'une région de l'intérieur du globe ne dépendent que de sa localisation en profondeur, non de sa position géographique. Les propriétés du globe à 100 kilomètres de profondeur seraient les mêmes au-dessous de Hawaii, de Londres ou de Pékin. Les variations géographiques, si bien illustrées par la carte de répartition des océans et des continents, n'existeraient qu'en surface !

L'hypothèse d'une symétrie sphérique en profondeur était commode, car elle permettait une simplification extraordinaire des calculs — qui, ne l'oublions pas, ne bénéficiaient pas encore des ordinateurs... Mais ce n'était pas qu'une commodité technique. A l'idée de symétrie sphérique parfaite était confusément liée celle de l'intérieur du globe chaud, donc uniforme (la chaleur « unit » tout). La croûte était hétérogène parce que froide. Les structures superficielles ne pouvaient se mélanger, s'uniformiser, puisqu'elles étaient figées.

Pourtant, l'étude de la répartition des séismes sur le globe, préoccupation qui avait été à l'origine de la séismologie et que les sismologues continuaient d'étudier, montrait une répartition très hétérogène. On savait depuis longtemps que certaines zones sont sujettes aux tremblements de terre, d'autres non. Le Japon, l'Indonésie, la Chine sont des pays sismiques, le centre de l'Afrique ou la Sibérie ne le sont pas. On pouvait toujours dire, pour la majorité d'entre eux, que c'étaient là des phénomènes de surface, donc sensibles à l'hétérogénéité de l'épiderme terrestre. Cette explication n'était plus valable dès lors qu'on découvrit l'existence de séismes vers 500 et même 700 km de profondeur, n'existant que dans des zones bien précises, bien localisées, celles où se trouvent les grandes fosses marines, comme le Japon, l'Indonésie, l'Alaska, le Pérou ou le Chili. Cette découverte, faite par le Japonais Wadati en 1935, confirmée l'année suivante par Gutenberg, puis précisée plus tard par Benioff, va marquer le premier pas d'une lente évolution dans les esprits, celle qui conduit à penser que l'intérieur du globe a une structure tridimensionnelle, une « géographie ».

Dans ce cadre, le travail le plus fructueux va être l'étude comparée des structures profondes existant sous les océans et les continents. Maurice Ewing, le fondateur du Lamont Geological Observatory, montre dès l'après-guerre que le Moho[1] sous les océans est à 5 km de profondeur (10 km si l'on comptabilise l'épaisseur

---

1. Le Moho est la discontinuité de vitesse sismique où l'on passe, pour les ondes P, de 7,5 km/s à 8,2 km/s.

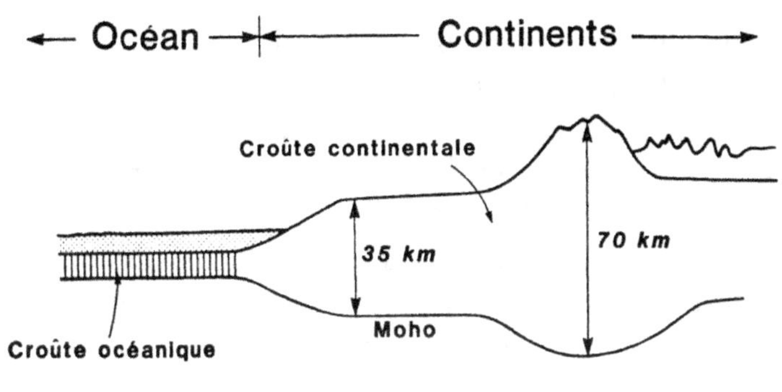



## Allure de la croûte

Fig. 9. — Coupe schématique de la croûte montrant la différence d'épaisseur entre croûte océanique et continentale, et, dans cette dernière, entre montagnes et boucliers érodés.

d'eau), alors qu'il est à 35 km sous les continents. Son ancien élève, Frank Press, travaillant alors au Caltech, montre que le Moho a des profondeurs variables sous les continents et qu'on peut donc parler d'une véritable géographie du Moho. Ainsi, la croûte tout entière paraît avoir une géographie, une structure.

En fait, ces études ne faisaient qu'apporter la confirmation de ce que les spécialistes du champ de gravité avaient affirmé cinquante ans plus tôt. A la suite des mesures de Bouguer dans les Andes, Pratt, accompagnant le colonel Everest dans l'Himalaya, avait noté que les montagnes étaient plus légères que l'intérieur du globe. Son travail avait été repris en Angleterre par l'astronome royal Airy, qui avait établi les fondements de ce que l'on appellera l'isostasie, laquelle n'est ni plus ni moins que l'application du principe d'Archimède aux matériaux de la croûte. Dans ce modèle, on admet que la croûte, plus légère, flotte sur un manteau plus dense en suivant les principes de l'équilibre hydrostatique. Ainsi, s'il existe un relief en surface, il doit être compensé par une « racine » en profondeur. Connaissant la densité de la croûte et du manteau, il est alors facile de calculer la profondeur de la croûte en fonction de l'allure de la topographie de surface. Franck Press constate que chaque fois que le champ de gravité est normal, la profondeur du Moho correspond aux prédictions de la théorie d'Airy.

En ce qui concerne l'étude « géographique » du manteau, les progrès ont été beaucoup plus lents, car le milieu à étudier est plus éloigné de la surface et les contrastes y sont plus faibles. Ce n'est que depuis peu, grâce aux moyens de calcul que nous donnent les ordinateurs modernes, qu'on est capable de faire une véritable tomographie sismique, c'est-à-dire de faire une cartographie à 3 dimensions (3D) des vitesses sismiques, comme le fait un scanner à ultrasons pour le corps humain. Nous en verrons l'utilité plus loin.

## Le modèle de l'œuf

Si l'on veut résumer très grossièrement la structure du globe telle que nous l'apprend la sismologie, on peut dire que la Terre est en première approximation formée d'une série de calottes sphériques emboîtées.

Au centre le noyau, dense, à vitesse de propagation rapide, dont la partie interne, la graine, est solide ; la partie externe, l'enveloppe, est liquide. Son rayon est de 3 500 kilomètres. Entourant le noyau sur 2 900 kilomètres, le manteau, beaucoup moins dense, solide, dont les capacités de transmission des ondes sont moindres que celles du noyau. Vers la surface, la croûte, mince pellicule solide, rigide, formée de matériaux légers. On distingue dans cette croûte deux domaines clairement distincts : les océans, dont la croûte a 5 kilomètres d'épaisseur, et les continents, dont la croûte varie en épaisseur avec les reliefs, mais dont la profondeur moyenne est située vers 35 kilomètres. Si l'on veut prendre une analogie frappante, la structure de la Terre ressemble à celle d'un œuf dur, la croûte étant la coquille, le blanc correspondant au manteau, le jaune au noyau (les proportions sont presque respectées).

Quelle que soit la précision avec laquelle la sismologie a permis de déterminer la structure interne du globe, nous sommes obligés de reconnaître que les techniques fondées sur les mesures de gravité et de moment d'inertie avaient permis d'en obtenir une image globale déjà extrêmement précise.

La confirmation du modèle gravimétrique par la sismologie nous encouragera plus tard à spéculer sur les structures internes des planètes, alors même que nous ne posséderons dans la plupart des cas que la densité moyenne et le moment d'inertie.

## Traduire le message des ondes en langage minéralogique

Donner une carte des vitesses sismiques ou des densités de l'intérieur du globe constitue certes une étape importante pour qui veut comprendre sa structure. Elle ne satisfait pourtant pas pleinement les géologues.

Ceux-ci veulent savoir si l'intérieur du globe est constitué de granite, de basalte, de fer ou d'hélium comprimé. Ils veulent une connaissance en termes de matériaux. Même exigence pour le géochimiste, qui s'est donné pour but de connaître la composition chimique précise de notre globe. Il faut donc trouver une traduction, un code pour transformer les « indices » fournis par les sismologues en termes de matériaux, de chimie.

Comme on va le voir, la démarche n'est ni simple ni unique. Elle va nécessiter des approches multiples, des recoupements nombreux, des controverses fréquentes, avant de parvenir à l'image assez complète et cohérente que nous avons aujourd'hui de l'intérieur de notre globe.

Il a d'abord fallu du temps pour comprendre que les solides soumis aux pressions colossales qui règnent au centre de la Terre sont eux aussi compressibles, c'est-à-dire qu'ils peuvent diminuer de volume, donc augmenter de densité. Le bon sens et la physique élémentaire nous disent que seuls les gaz sont compressibles, et c'est cette erreur de raisonnement qui avait poussé Benjamin Franklin au XVIII$^e$ siècle vers l'hypothèse du noyau gazeux. Il faudra, après les calculs de Lamé et de Cauchy au début du XIX$^e$ siècle, attendre les expériences de physique des hautes pressions — expériences auxquelles le nom de Percy Bridgman reste à jamais attaché — pour réaliser pleinement le phénomène. Cette physique expérimentale est difficile, car obtenir des pressions de plusieurs kilobars, puis de dizaines de kilobars, puis de centaines de kilobars (et aujourd'hui de quelques mégabars !) est une opération extrêmement inhabituelle pour le monde des laboratoires : les matériaux se brisent, les joints fuient, les appareils de mesure ne sont plus fiables ; et lorsqu'on obtient ces hautes pressions, on ne sait plus les mesurer, pas plus que la température à laquelle on se trouve, etc. Pourtant, grâce à quelques pionniers, cette nouvelle branche de la physique a pu se développer dès les années 1930 pour s'épanouir vraiment à partir des années 1980.

Les sismologues comme Gutenberg ont rapidement compris l'intérêt de cette physique des hautes pressions pour la sismologie. Pourtant, on en restera à un intérêt formel tant qu'on n'aura pas trouvé l'homme capable d'assurer le lien entre les deux disciplines. Cet homme s'appelle Francis Birch. Élève de Bridgman à Harvard où il fera toute sa carrière, en contact étroit avec les sismologues, Birch va chercher dans les années 1950-1970 à mesurer les vitesses de propagation en divers matériaux, dans des conditions de température et de pression variées. Il va établir les relations existant entre vitesse sismique et densité, entre pression, température, vitesse sismique et teneur en divers éléments chimiques. Travail systématique, fastidieux, ingrat, mais qui va éclairer les résultats sismiques d'une vive lumière. Ces résultats, illustrés par la figure 10, montrent que le manteau est sans doute un milieu riche en silicium, alors que le noyau est sans doute riche en fer — car le fer, sous de très hautes pressions, voit sa densité augmenter très vite et atteindre 11 ou 13 g/cm$^3$. Il n'est donc pas nécessaire de recourir à des métaux rares comme l'or ou le platine pour expliquer le noyau dense : le fer, ce métal bien connu, suffit. L'identification du noyau à du fer comprimé est sans conteste l'une des découvertes

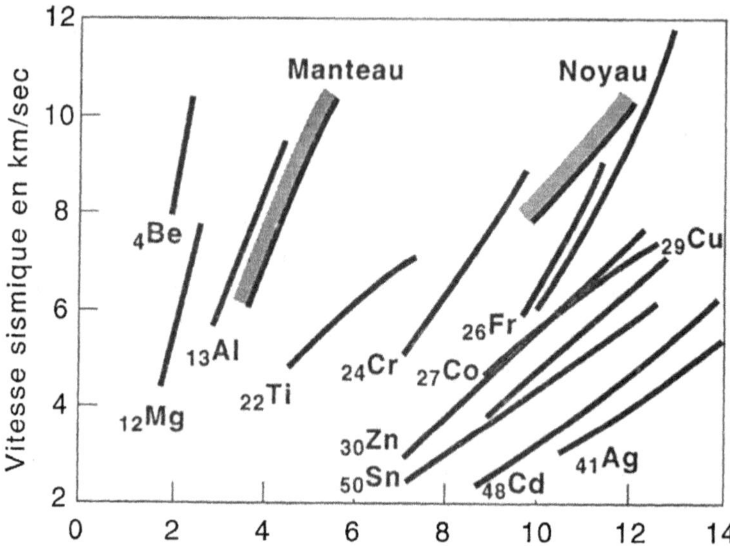



Fig. 10. — Cette figure traduit les expériences de laboratoire de Francis Birch. Chaque courbe est la variation de vitesse sismique selon l'augmentation de la densité. Cette dernière variation est obtenue en augmentant la pression. Les domaines mesurés par les sismologues pour le manteau et le noyau sont représentés en grisé. On verra donc qu'il existe une progression selon le numéro atomique ; tel sera le fondement de l'interprétation de Birch que nous pouvons résumer ainsi : manteau = silicates ; noyau = fer-nickel.

majeures en géophysique, dont nous comprendrons la signification et la portée tout au long de ce livre[1]. Les études ultérieures montreront que pour avoir un accord vraiment précis entre mesures séismologiques et expériences de laboratoire, il faut en fait considérer que le noyau est composé d'un alliage de fer et de nickel. C'est le fameux *NiFe*, cher aux géophysiciens de l'avant-guerre.

---

1. F. Birch, 1961.

La nature exacte de la croûte terrestre a fait l'objet de peu de débats : les roches de surface sont en effet observables, et les accidents tectoniques et les grandes vallées des montagnes remontent des morceaux de croûte de plusieurs kilomètres de profondeur. On a rapidement compris qu'il existait une différence fondamentale entre la croûte océanique et celle des continents. La croûte océanique — dont l'épaisseur est, rappelons-le, de 5 km — est faite de basaltes, donc de roches volcaniques. La croûte continentale supérieure est faite de roches riches en silice, dont le type le plus répandu est le granite. On a admis que les zones profondes de la croûte continentale devaient être constituées d'un mélange de basaltes et de granites. La croûte terrestre dans son ensemble est donc composée de matériaux plus légers que le manteau, la croûte continentale étant elle-même plus légère que la croûte océanique. Tout cela en accord avec ce que les mesures du champ de gravitation avaient pu prédire.

## Éclogite ou péridotite ?

Parce qu'il est plus profond, donc plus lointain, la nature du manteau est plus difficile à déterminer que celle de la croûte. Les expériences de Birch nous apprennent que le manteau est, comme la croûte, formé de minéraux silicatés à l'état solide. Le manteau est en somme un milieu rocheux. La question est : quel type de roche ? Le « candidat rocheux » doit répondre à deux impératifs :

— d'une part, avoir des propriétés physiques sous pression compatibles avec les observations géophysiques : une densité de 3,2 g/cm³ ; une vitesse de propagation des ondes (P) de 8,1 kilomètres/seconde ;

— d'autres part, produire par fusion un magma basaltique, le basalte étant la roche volcanique la plus répandue sur la Terre.

A partir de ces conditions, deux hypothèses ont rapidement émergé, chacune symbolisée par un constituant, une roche.

Éclogite ou péridotite ?

L'éclogite est une belle roche verte et rouge que l'on trouve assez rarement à la surface de la Terre. Sa composition chimique est celle du basalte. Sa composition minéralogique différente traduit le fait qu'elle ne se forme que dans des conditions de haute pression, là où les minéraux du basalte sont instables et remplacés par ceux de l'éclogite. Si on la fond, elle fournit un magma basaltique.

La péridotite est une roche vert bouteille. Elle est formée du minéral olivine et des minéraux pyroxène. Si on la fond, elle donne naissance elle aussi à un magma basaltique, mais uniquement lorsque sa fusion n'est pas totale, quand le degré de fusion ne dépasse pas 25 % de la roche.

Entre les deux écoles, la bataille a été violente, mais finalement de courte durée. La péridotite l'emporta très vite, grâce surtout à sa propriété étrange de propager le son à des vitesses différentes, suivant l'orientation de ses cristaux [1,2].

---

1. H. Yoder, 1976.
2. A. E. Ringwood, 1975.

L'éclogite, elle, ne présente pas cette propriété. Or, dans la nature, dans le manteau, juste sous la croûte, les vitesses de propagation des ondes sismiques varient avec l'azimut. Par exemple, dans le Pacifique, la vitesse dans la direction Est-Ouest est supérieure à ce qu'elle est dans la direction Nord-Sud.

Cet argument, fort pour les sismologues, venait s'ajouter aux observations de terrain :

Le long des grandes failles, dans les chaînes de montagnes, lorsque des terrains profonds sont ramenés vers la surface, ce sont toujours de grands massifs de péridotites, jamais d'éclogites. Ces massifs sont connus à Lanzo, dans les Alpes, à Lherz, dans les Pyrénées, à Ronda en Espagne ou à Beni Bouizera au Maroc, et en quelques autres endroits de par le monde. Dans les volcans, parmi les morceaux des roches ramenées vers la surface, que l'on appelle xénolithes, les péridotites dominent largement les éclogites.

Aujourd'hui, plus personne ne doute que la grande majorité du manteau supérieur est constituée de péridotite, et que si l'éclogite existe, elle est seconde. La transition croûte-manteau, le Moho, est donc une « transition chimique », elle correspond à un changement dans la composition chimique des roches. Le granite surmontait la péridotite, retenons le nom de *péridotite*, nous le rencontrerons souvent dans la suite. Il mérite d'être connu à l'égal du basalte ou du granite !

La nature du manteau profond et des discontinuités de vitesse sismique qui ont pu être observées à 450 et 650 kilomètres est plus difficile à établir.

On s'oriente aujourd'hui vers l'idée que le manteau dans sa totalité aurait une composition chimique — en particulier une richesse en silicium et magnésium — analogue à celle du manteau supérieur. Par contre, sa composition minéralogique serait très différente. Les minéraux qui le constituent seraient plus denses, plus compacts que l'olivine et les pyroxènes, ces changements traduisant l'effet de l'augmentation de la pression. Dans ce cadre, les deux discontinuités sismiques correspondraient aux zones de profondeur (donc de pression) où ces deux changements minéralogiques ont lieu[1].

Nous sommes entrés là dans un chapitre de la science active qu'il ne faut peut-être pas figer par des conclusions trop assurées.

Toutefois, on a aujourd'hui l'espoir de résoudre bientôt tous ces problèmes, grâce à la mise au point des nouvelles techniques expérimentales permettant de reproduire en laboratoire les très hautes pressions. En serrant deux petites enclumes à diamants à l'aide d'une vis et d'un levier, on est capable d'atteindre, entre les petites mâchoires, des pressions de l'ordre de plusieurs mégabars : plusieurs millions de fois la pression atmosphérique ! Comme on peut chauffer l'objet ainsi pressé par un rayon laser que laissent passer les diamants, il est possible d'atteindre, en même temps que les méga-

---

1. Vers 400-450 km, il s'agirait de la transformation de l'olivine en spinelle. Vers 670 km de profondeur, il se produit une transformation beaucoup plus importante et le spinelle se transforme en perowskite.

bars, les milliers de degrés qui assurent à l'expérience les conditions régnant à l'intérieur du globe. Prouesse technique inimaginable il y a vingt ans : les conditions de pression et de température régnant au centre de la Terre peuvent être aujourd'hui reproduites en laboratoire !

## La température des profondeurs

Les travaux expérimentaux sur les matériaux de l'intérieur du globe permettent de préciser les températures qui y règnent, l'état de ce fameux Feu central qui avait tant intrigué les Anciens. Insistons bien encore une fois. Le globe est jusqu'au noyau à l'état solide, sinon les ondes sismiques transversales (S) ne s'y propageraient pas. La température y est donc toujours inférieure à la température de fusion des silicates. Toutefois, vers 120 km, la forte atténuation des ondes (S) nous indique que le milieu doit être partiellement fondu, donc que température et courbe de fusion doivent y être voisines. Lorsqu'on franchit l'interface manteau-noyau, passant des silicates au fer métallique, on passe aussi dans l'état liquide. Ce n'est que vers le centre de la Terre, dans la graine, que la pression est suffisante pour faire apparaître à nouveau l'état solide.

La courbe de fusion des silicates en fonction de la pression est assez bien connue jusque vers 600 km. Elle nous indique qu'à 100 km, la température est voisine de 1 300 °C. Celle des alliages fer-nickel est connue jusque vers 300 kbar, mais on est alors loin des conditions du noyau. Aux alentours du mégabar, elle est moins bien connue. Les expériences réalisées par T. Ahrens et R. Böhler suggèrent que la température de l'interface noyau-manteau doit être voisine de 5 000 °C.

A partir de ces quelques points de repère, on peut donc tracer un profil thermique de la Terre qui commence à être précis.

Résumant les résultats de ce dialogue entre les observations séismologiques et les expériences de laboratoire, on peut ainsi décrire la structure chimique de la Terre[1] : au centre, un noyau de nickel-fer (NiFe) de densité 13 g/cm$^3$ ; ce noyau est entouré par un manteau silicaté (Sima) de 2 900 km d'épaisseur, de composition chimique assez homogène, avec une teneur moyenne en silicium de 20 %, en oxygène de 24 %, de densité allant de 4,5 à 3,2 g/cm$^3$, et comprenant du magnésium (Mg), du calcium (Ca), un peu de fer (Fe) ; surmontant le tout, la croûte terrestre est divisée en deux types de province : la croûte océanique, de composition basaltique, de teneur en $SiO_2$ de 15 %, de densité 3 g/cm$^3$, composée de silicate de calcium et de magnésium ; la croûte continentale, plus riche en silicium (plus de 30 %), plus légère. Cette croûte continentale concentre, outre le silicium (Si), l'aluminium (Al), le potassium (K) et le sodium (Na).

Le globe serait donc bien une sorte d'œuf dont les couches seraient de nature chimique différente. En outre, cette terre solide est entourée d'une enveloppe gazeuse, l'atmosphère, et recouverte d'une pellicule d'eau, les océans. L'atmosphère est composée d'azote

---

1. A. E. Ringwood, 1975.

et d'oxygène, les océans d'hydrogène et d'oxygène. La loi de densité décroissante vers l'extérieur ne s'applique pas seulement aux couches internes, mais également aux enveloppes externes !

## La structure en enveloppes et la formation de la Terre

La découverte que la Terre est formée d'enveloppes successives aux compositions chimiques différentes les unes des autres pose d'une manière aveuglante le problème de la formation et de l'évolution de notre planète.

Une Terre de composition chimique uniforme, homogène, n'appellerait pas d'autres questions que celle de savoir comment ces matériaux se seraient accumulés pour donner naissance à une « grosse boule ».

La structure en enveloppes, la présence d'un noyau lourd entouré d'un manteau et d'une croûte plus légère, l'existence d'une atmosphère gazeuse et d'une couche d'eau superficielle, demandent que l'on explique le pourquoi et le comment de cette différenciation chimique en couches. A quelle époque l'atmosphère s'est-elle formée ? et les océans ? A quel moment le noyau s'est-il différencié ? et les continents ? Sous quelles influences de telles différenciations ont-elles eu lieu ? Quelles sont les sources d'énergie mises en jeu ? Toute structure interroge sur sa genèse ; la Terre plus que toute autre.

Dès que la structure interne de la Terre a été connue avec un degré de vraisemblance acceptable, les géophysiciens ont commencé à s'interroger sur la manière dont la Terre s'était formée et avait évolué. Cela était d'autant plus naturel pour certains qu'ils étaient astronomes de formation, comme le célèbre Harold Jeffreys. Petit à petit, ces interrogations ont débouché sur la proposition de deux scénarios antagonistes, dont nous aurons l'occasion de reparler : le scénario dit de l'*accrétion hétérogène* et le scénario dit de l'*accrétion homogène*.

## Le scénario de l'accrétion hétérogène

Dans ce modèle, on considère que lorsque les matériaux solides qui constituent la Terre, poussières ou roches, se sont assemblés — on dit accrétés — pour donner naissance à notre planète, ils l'ont fait suivant l'ordre de leur densité. Ceux qui étaient les plus lourds, comme le fer, se sont rassemblés les premiers, formant ainsi le noyau. Des matériaux un peu plus légers, bien que toujours solides, comme les silicates, sont venus s'accoler autour du noyau de fer pour donner manteau et croûte. Enfin, les matériaux gazeux comme l'air et l'eau ont été capturés par cette grosse masse rocheuse et sont venus constituer les océans et l'atmosphère.

Dans le scénario de l'accrétion hétérogène, la structure en couches de la Terre est aussi âgée que la Terre elle-même. Elle est intimement liée à son modèle de formation, elle en résulte directement, elle est donc d'origine cosmogonique et non géologique. La géologie peut considérer la structure globale de la Terre comme une donnée de base et raisonner avec elle sans chercher à la comprendre, puisque sa compréhension est située hors de son champ d'investigation. Ce scénario évacue

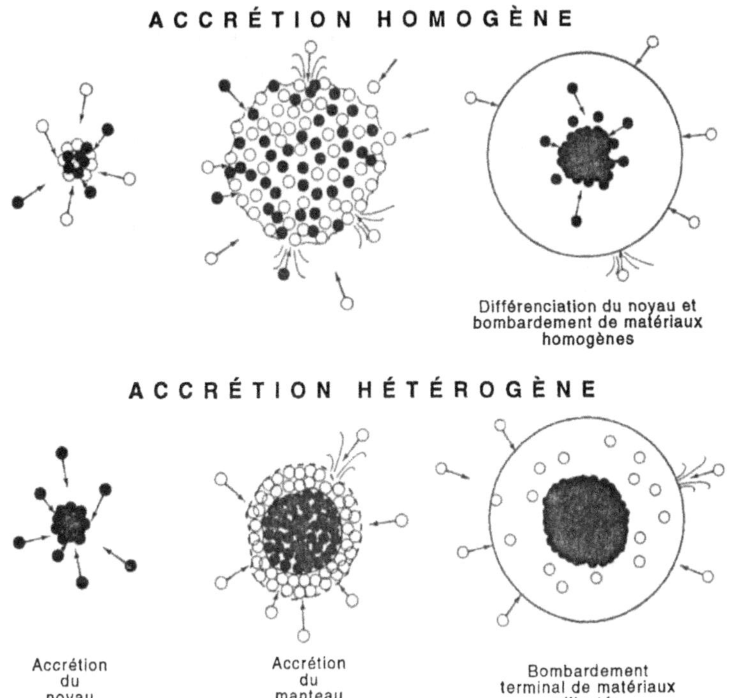


Fig. 11. — Schéma montrant les deux scénarios de l'accrétion homogène et hétérogène.

donc hors de la géologie l'explication de la structure de la Terre, donc son mode de genèse.

## Le scénario de l'accrétion homogène

Dans une seconde vision, l'accrétion des matériaux terrestres est supposée s'être faite à partir d'un nuage de poussières de composition homogène. La Terre des premiers jours était donc une boule homogène contenant partout — aussi bien au centre que sur les bords — la même proportion de fer que de silicates, de silicates que d'eau. A la suite de cette accrétion, la Terre s'est différenciée — la différenciation est un concept fondamental en géologie — et a engendré les diverses enveloppes que nous connaissons aujourd'hui. Elle est sans doute passée par une phase chaude fondue. Le fer, plus lourd, est alors tombé au centre, les silicates restant sur les bords. Les produits volatils se sont échappés vers la surface, formant l'atmosphère et les océans, et ainsi s'est élaborée la structure en couches que nous connaissons aujourd'hui.

L'observation des opérations métallurgiques fournit à ce modèle un support expérimental frappant. Lors de la fusion des minerais, effectuée en présence de charbon pour maintenir une atmosphère réductrice, on voit le fer métallique lourd tomber au fond, alors que la masse silicatée flotte et qu'un abondant dégagement gazeux accompagne le processus. Comme le note le géochimiste norvégien Vicktor Goldschmidt en 1940, on a là l'image en réduction de ce qui s'est passé au moment de la formation de notre planète.

Dans le scénario de l'accrétion hétérogène, accrétion et différenciation sont simultanées. Dans le scénario de l'accrétion homogène, ils sont successifs. Dans le cas de l'accrétion hétérogène, l'accrétion a créé un globe à froid à peu près identique à ce qu'il est aujourd'hui. Dans le cas de l'accrétion homogène, il faut admettre pour la Terre une phase initiale chaude, et l'établissement progressif des conditions actuelles par refroidissement.

L'origine de l'atmosphère et de l'océan est totalement différente dans l'un et l'autre scénarios. Dans le scénario de l'accrétion hétérogène, océan et atmosphère ont été capturés par la Terre, soit à l'état de glaces ultérieurement réchauffées, soit à l'état de nuages denses. Ils n'ont jamais été en contact avec le manteau ou le noyau. Pour les tenants de l'accrétion homogène, l'atmosphère et l'océan proviennent du dégazage du manteau, leur formation est partie intégrante du processus de différenciation primaire, au même titre que la formation du noyau et de manière en quelque sorte symétrique.

Comment choisir entre ces deux modèles aux conséquences pourtant fondamentalement différentes ?

La physique, interrogée longuement, répond que les deux scénarios sont tout aussi plausibles et qu'aucun ne viole ses lois. L'astronomie n'apporte à peu près aucune information.

Il va donc falloir se tourner vers d'autres méthodes pour tenter de tester ces scénarios. Cette démarche va nous obliger à regarder un peu autour de nous, hors de la Terre, vers d'autres objets planétaires, mais aussi à examiner la Terre avec un peu plus d'attention et selon des méthodes plus pénétrantes. Mais on ne peut s'attendre à une réponse simple, par oui ou par non, comme dans les expériences dites critiques qu'a glorifiées Karl Popper. « Quand on interroge la Nature, disait Einstein, elle répond le plus souvent peut-être. » Nous pourrions ajouter que non seulement elle ne répond pas clairement à la question posée, mais que, le plus souvent, elle pose de nouvelles questions tout aussi fascinantes et embarrassantes. C'est l'essence même de la démarche scientifique.

CHAPITRE III

# Le calendrier géologique

Il n'est d'histoire sérieuse sans chronologie minutieuse, en géologie comme ailleurs. La géologie a donc cherché, dès son émergence, à établir une chronologie et donc des méthodes pour cela. Pourtant, ce n'est que beaucoup plus tard qu'elle a pu se doter de moyens permettant de mesurer les temps géologiques de manière absolue, avec des chiffres.

Nous allons suivre la démarche historique qui, petit à petit, a permis d'établir un calendrier géologique, l'une des grandes conquêtes de la science moderne. En parcourant les étapes principales de ces recherches, nous allons du même coup comprendre l'évolution conceptuelle qui est au cœur de cet ouvrage.

La première chronologie géologique était directement issue des Livres sacrés. D'après la Genèse, le monde avait été créé en six jours, l'Homme apparaissant au sixième jour. L'histoire des hommes se mesurant en milliers d'années, l'histoire de la Terre devait elle aussi se mesurer en milliers d'années.

Vers 1540, l'archevêque Ussher[1] établit une chronologie « géologique » suivant laquelle la Terre avait été créée le 26 octobre de l'an 4004 avant Jésus-Christ à 9 heures du matin ! Ce calendrier était considéré comme très rigoureux pour l'époque, car il résultait d'une étude approfondie des textes grecs, égyptiens et chrétiens. La création de la Terre, confondue naturellement avec la création de l'Univers, avait été suivie six jours plus tard par la création de l'Homme.

C'est dans une telle ambiance chronobiblique que l'on doit replacer la théorie neptunienne de Werner et ses six étapes du développement géologique. Nous savons que Hutton, Playfair, puis Lyell vont s'opposer radicalement à cette vision du temps géologique court et *fini*. Leur théorie de l'uniformitarisme donne au temps géologique une durée *infinie* : comme le mouvement des planètes dont on ne sait ni quand il a commencé ni quand il s'arrêtera, les phénomènes géologiques se répètent, semblables à eux-mêmes, depuis l'infinité des temps jusqu'à l'infinité du futur ; tous ces phénomènes sont des permanences de la nature. L'infinité du temps est une hypothèse extrêmement commode en géologie, car elle évacue totalement le concept de début, d'âge de la Terre, et, par là même, de mesure absolue des temps géologiques. Les phénomènes se répétant semblables à eux-mêmes, il n'est ni nécessaire ni important

---

1. Voir H. Faul, 1978, et A. Hallam, 1983.

d'établir une chronologie qui, de toute façon, se perdra dans l'infini !

Si Hutton avait raison contre Werner dans son analyse de la causalité géologique, ses vues ont longtemps faussé notre appréhension du temps. A une époque antérieure, nous savons que Buffon[1] avait mieux appréhendé l'ensemble du problème. Tout en défendant des thèses actualistes, avant même Hutton, il avait compris la nécessité d'être évolutionniste comme Werner, et il avait fixé un âge de la Terre (200 000 ans). Car tel est bien le débat : entre le temps infini, cyclique, répétitif, et le temps orienté, fini, mesurable. Transposition géologique de ce débat légendaire entre le temps cyclique des Égyptiens ou des taoïstes chinois et le temps que Pierre Chaunu appelle vectoriel, cher aux judéo-chrétiens.

S'avancer sur de tels chemins, c'est prendre le risque de provoquer à nouveau des débats religieux et donc de troubler les consciences. La science géologique ne pouvait pourtant pas refuser de s'engager dans le problème de l'estimation des temps géologiques, au risque de stagner définitivement dans la chronologie relative !

## La stratigraphie et l'échelle des temps géologiques[2]

La stratigraphie est, comme son nom l'indique, l'étude des *strates*, autrement dit des couches géologi-

---

1. Georges Louis Leclerc, comte de Buffon, œuvre de 1749-1783.
2. Toulmin et Goodfield, 1965, et A. Hallam, 1983.

ques. Déposées les unes au-dessus des autres, les strates sédimentaires constituent un ensemble feuilleté dont chaque page relate un épisode de l'histoire de la Terre.

Depuis la Renaissance, grâce aux efforts d'hommes comme Léonard de Vinci[1] et surtout, à partir de 1650, comme le Danois Nicolas Sténon, déjà cité, on avait bien compris que les strates s'étaient déposées au fond de la mer et que leur ordre de dépôt devait se lire du bas vers le haut. Par là même, ces auteurs avaient compris, bien que de manière confuse, qu'une épaisseur de terrain correspondait à un intervalle de temps, celui qu'avait duré le dépôt. Pourtant, on n'avait alors aucun moyen de faire correspondre une série géologique d'un lieu donné avec une autre série étudiée en un autre lieu, la série géologique du Bassin de Paris avec la série du Bassin de Londres par exemple. Pour aller plus loin dans l'exploration des temps géologiques, il fallut attendre que la *notion de fossile* fût bien comprise. L'utilisation géologique des fossiles débuta dans la seconde moitié du XVIIIe siècle. Il semble que le premier mémoire établissant les principes de corrélation entre strates sédimentaires soit dû à Antoine Lavoisier[2], qui deviendra célèbre comme chimiste, et Jean Étienne Guetard. En 1789, soit cinq ans avant son exécution par la Convention, Lavoisier publie avec son maître Guetard une série d'articles où, à l'aide de diagrammes très clairs, il note que chaque série de couches géologiques contient des fossiles caractéristiques et que l'on peut

---

1. N. Sténon, 1671. Voir aussi Toulmin et Goodfield, 1965.
2. Voir Dott et Batten, 1981.

ainsi identifier les diverses couches géologiques. Pourtant, on a tendance à attribuer la paternité de la science stratigraphique à Georges Cuvier et à Alexandre Brongniart[1], d'une part, à William Smith[2], d'autre part, dont nous avons déjà évoqué les œuvres.

Les faunes fossiles changent au cours du temps. En les étudiant en un même endroit, on peut en établir la succession. Une fois ces successions « repérées » en plusieurs lieux, on peut faire correspondre, « corréler », les diverses séries sédimentaires. A l'aide de ce principe, Smith pour l'Angleterre centrale, Cuvier pour le Bassin de Paris, dressent une remarquable série de cartes géologiques.

Cuvier cherche alors à interpréter ses observations sur le changement des faunes et propose, nous l'avons vu, la *théorie* des catastrophes, source d'une violente controverse avec les uniformitaristes.

Pourtant, cette dispute de « théoriciens » ne va pas empêcher la stratigraphie de continuer à se développer. En Angleterre, Sedgwick, Conybear, Murchison établissent la stratigraphie de terrains que l'on commence à appeler primaires. Il s'agit des premiers terrains sédimentaires qui surmontent les terrains cristallins d'Écosse. Les géologues français et allemands vont développer la stratigraphie des terrains secondaires et tertiaires, représentés par des strates situées au-dessus des terrains primaires. Dès 1860, on peut raccorder, corréler les terrains sédimentaires de l'ensemble de l'Eu-

---

1. G. Cuvier et A. Brongniart, 1808.
2. W. Smith, 1817.

rope. A partir de 1880, grâce notamment aux efforts de Walcott, les terrains américains pourront eux aussi entrer dans ce que l'on commence à appeler *l'échelle des terrains géologiques*. Il est maintenant admis que cette échelle, dont chaque unité correspond à une certaine épaisseur de roche sédimentaire, traduit en fait une division temporelle. Cette transposition *épaisseur de terrain = temps* va petit à petit amener les géologues à substituer au mot « terrain » celui d'*ère géologique* : on parle indifféremment de terrain primaire ou d'ère primaire, de terrain secondaire ou d'ère secondaire, etc. Pour subdiviser les ères, on parlera d'étages, auquel on attribue une connotation temporelle. L'échelle des terrains va d'ailleurs s'appeler rapidement *échelle des temps géologiques*, glissement sémantique significatif s'il en fut. Pourtant, l'échelle reste purement relative et personne ne se hasarde à chiffrer la durée des diverses périodes. Combien a duré l'ère primaire ? L'ère secondaire est-elle plus longue que l'ère tertiaire ? Nul n'ose dire non plus si l'échelle ainsi définie est bornée vers le bas, ou n'est qu'une petite tranche d'un temps géologique infini !

## Lord Kelvin et la chronologie courte

Pourtant, en cette fin du XIXe siècle, la nécessité de calibrer l'échelle géologique, de la graduer en unité de temps, commence à apparaître. On en parle dans les milieux scientifiques, preuve que les esprits ont évolué, y compris chez les tenants des théories huttoniennes. Apparaît alors, petit à petit, le concept d'une durée des temps géologiques divisée en deux grands épisodes : les temps anciens (où se sont formées les roches sans fossiles, situées sous les strates du Cambrien, donc antérieures au Cambrien, classées dans l'ère appelée  pour cela « précambrienne »), et les temps « géologiques », ceux dont les terrains contiennent des fossiles (et qui sont divisés en ères primaire, secondaire, tertiaire et quaternaire). Seule cette période est géologiquement « intéressante », car c'est seulement pour elle que l'on peut pratiquer la géologie rigoureuse fondée à la fois sur la géométrie et la paléontologie, sur les strates et les fossiles.

Répondant aux interrogations ambiantes, divers géologues vont néanmoins chercher à « calculer » des durées pour la période géologique, en calibrer l'échelle stratigraphique. En 1859, Charles Darwin, géologue aussi bien que biologiste, fait un calcul rapide (et faux) et estime que pour creuser la Wealden Valley dans le sud-est de l'Angleterre, il a fallu 300 millions d'années. L'échelle des temps « géologiques » est donc longue.

L'Irlandais Joly calcule « l'âge de l'océan » par un moyen ingénieux. Selon une croyance répandue, la salinité de l'océan est due à l'évaporation qui concentre les sels apportés par les fleuves et les rivières [1]. Calculant le flux de sel apporté annuellement et le stock contenu dans l'océan, Joly conclut qu'il a fallu au moins 100 millions d'années pour obtenir la salinité actuelle. Il en conclut que l'âge de la Terre est de 100 millions d'an-

---

1. Voir Toulmin et J. Goodfield, 1965.

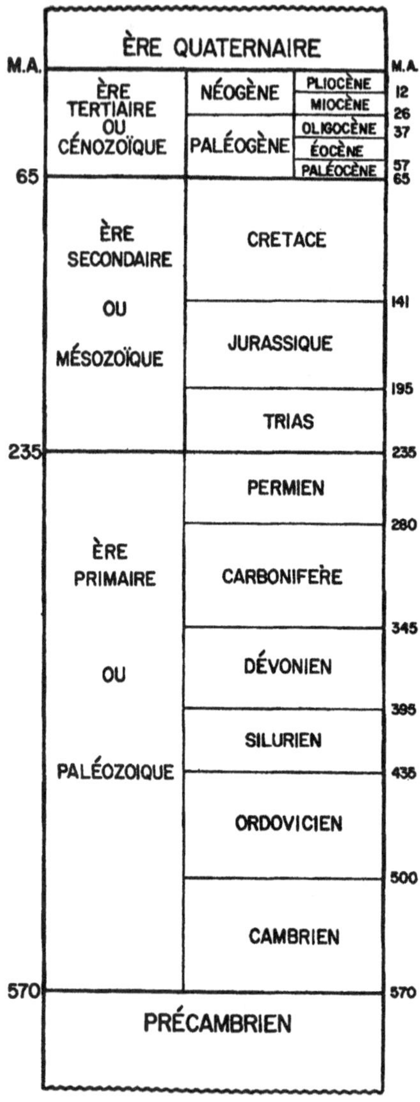



Fig. 12. — Échelle stratigraphique *(L'Écume de la Terre)*. Les chiffres sont en millions d'années.

nées, et donc que l'échelle des ères correspond à une durée importante.

Comme on peut le voir, ces modes de calcul sont des applications strictes du principe des causes actuelles de Lyell, puisqu'ils utilisent des durées de phénomènes actuels pour les extrapoler ! Ils n'en tournaient pas moins le dos au concept de temps infini.

Il faut noter que les chiffres avancés sont tous supérieurs à 10 millions d'années. Le *million d'années* comme unité de durée entre ainsi dans le vocabulaire géologique. Pourtant, la majorité des géologues, suivant en cela l'intuition de Lyell, concluent que tous ces chiffres sont des *minima* valables tout au plus pour l'estimation d'un cycle géologique, et que la durée réelle des temps géologiques est beaucoup plus grande encore. Ils parlent alors de plusieurs centaines, milliers, voire de plusieurs milliards d'années ! Pour eux, les temps géologiques ne sont peut-être pas infinis, mais ils sont très très grands.

Pour s'opposer à cette vision des temps géologiques quasi infinis, Lord Kelvin engagea en 1846 une lutte qui dura plus de cinquante ans, cela au nom des principes fondamentaux de la physique, et d'abord du principe de conservation de l'énergie. L'énergie d'un système est finie ; s'il en perd, son « activité » doit décroître avec le temps. Or, la Terre perd de la chaleur, dit-il. En effet, lorsqu'on s'enfonce dans les profondeurs terrestres, dans les mines, la température augmente. D'après les lois de propagation de la chaleur établies par Fourier, la chaleur se propage du chaud vers le froid, donc de l'intérieur de la Terre vers la surface. La Terre se refroidit donc constamment, et son activité interne doit donc décroître au cours des temps. L'idée d'une activité géologique cyclique est absurde [1,2,3], dit-il. L'activité géologique décroît obligatoirement avec le temps.

Passant à l'expression quantitative de ses déductions, Lord Kelvin décide de calculer un âge pour la Terre. Il estime le temps qu'il a fallu pour refroidir la surface terrestre de 2 000 ou 1 000 degrés (températures supposées « aux origines ») jusqu'aux 25 degrés actuels. Il trouve un chiffre de 100 millions d'années, qui coïncide avec le résultat d'un calcul semblable qu'il avait fait pour le Soleil. Pour Lord Kelvin, la Terre et le Soleil se sont donc formés en même temps, il y a 100 millions d'années.

Revenant quelques années plus tard sur ses calculs et prenant en compte les incertitudes que ces hypothèses impliquent, il agrandit la marge d'erreur et admet que l'âge de la Terre est compris entre 25 et 400 millions d'années.

Vers 1880, les premières mesures précises de conductivité thermique des roches réalisées par Krieg et Barus les amènent à pencher en faveur de la chronologie courte. Ils donnent à la Terre un âge de *25 millions d'années*, et Lord Kelvin s'y rallie.

Conscient de ce que les critiques et les calculs de Lord Kelvin risquent de ruiner sa théorie uniformitariste, Lyell cherche à y répondre. Il invoque pour cela

---

1. W. Kelvin, 1899.
2. J. Burchfield, 1975.
3. Voir aussi A. Hallam, 1983.

la création d'énergie à l'intérieur de la Terre (et du Soleil) grâce à des réactions chimiques. Imperméable à cette géniale intuition[1], Kelvin répond que c'est là le genre d'arguments que l'on avance pour justifier les recherches sur le mouvement perpétuel !

Comme Lord Kelvin était devenu le grand physicien de son temps, personne dans le monde des sciences physiques n'osa critiquer ni son argumentaire ni son chiffre. Seuls les géologues continuèrent à croire aux longues durées, mais sur des bases tellement subjectives qu'elles ne pouvaient guère convaincre les esprits rigoureux du temps. Pour le spectateur attentif de la science se trouvaient donc face à face un argumentaire scientifique et une conviction, une démonstration rigoureuse et une impression qualitative : l'orgueilleuse science physique, science pleine de ses succès dus à Newton, Maxwell, Fourier ou Carnot, et la géologie, discipline que ses écrits, depuis Buffon, localisaient au confluent de la science, de la littérature et de la philosophie !

Comme souvent en science, la lumière allait venir de loin, très loin... Engagé par Werner et Hutton à la fin du XVIIIe siècle, le débat entre chronologie courte et chronologie longue n'était pas réglé un quart de siècle plus tard. Pourtant, la nécessité de quantifier la mesure des temps géologiques s'était imposée à tous. Au choix entre le million d'années et l'infini s'était substitué celui entre le million et le milliard d'années.

---

1. La Terre est bien chauffée de l'intérieur par les désintégrations radioactives.

## La révolution radioactive

Dans un appentis du fond du Jardin des Plantes, Becquerel découvre en 1896 que les minerais d'uranium émettent de curieux rayonnements qui voilent la plaque photographique [1]. Il ne faudra que quelques années à un groupe de pionniers, au premier rang desquels Pierre et Marie Curie, Ernest Rutherford, William Soddy et quelques autres, pour découvrir la clef de ce mystérieux phénomène.

Certains atomes se désintègrent spontanément et se transforment en d'autres atomes. Autrement dit, le vieux rêve de l'alchimie de transmuter un élément en un autre élément chimique se réalise spontanément dans la nature. Mais ce phénomène ne se produit pas sur commande. Seuls certains atomes, comme l'uranium ou le radium, ont cette propriété. Cette propriété semble intrinsèque à l'atome, elle se produit immuablement, quels que soient l'environnement, les conditions physiques qui entourent cet atome, qu'il soit libre ou engagé dans une combinaison chimique, soumis à des hautes ou à des basses températures.

Nous sommes ici en plein domaine de la physique fondamentale, et en apparence fort éloignés des préoccupations géologiques. Il faut toutefois se souvenir que les esprits de ce début de $XX^e$ siècle sont encore très encyclopédiques, ou tout au moins très curieux des grands problèmes existant dans les autres sciences. De fait, avec une célérité surprenante, le « transfert » de

---

1. H. Becquerel, 1896.

connaissance va s'opérer entre cette nouvelle physique et la géologie traditionnelle, transfert qui va remettre en cause les conclusions de Lord Kelvin, et cela par deux voies totalement différentes, toutes deux issues de la radioactivité.

Dès que Pierre Curie et Laborde découvrent en 1903 que les désintégrations radioactives s'accompagnent d'un dégagement de chaleur, Rutherford pense immédiatement à en tirer les conséquences pour l'histoire thermique de la Terre[1]. L'intérieur du globe, comme les roches de surface, contient des éléments radioactifs, en particulier de l'uranium. Les fondements mêmes des calculs de Lord Kelvin — à savoir que la Terre, initialement chaude, se refroidit inexorablement — doivent donc être remis en question, puisqu'elle possède en son sein une source thermique. L'âge de la Terre calculé par Lord Kelvin n'est donc qu'un minimum sans réelle signification.

En invalidant les estimations de Lord Kelvin, la découverte de la radioactivité détruit la méthode de mesure du temps par « calcul de refroidissement ». Pourtant, elle va permettre de proposer une méthode de substitution plus puissante et plus rigoureuse.

C'est encore Ernest Rutherford, jeune physicien néozélandais, émigré au Canada puis en Angleterre, qui tient le rôle central dans ces développements. C'est lui qui, le premier, propose l'hypothèse hardie suivant laquelle la proportion d'atomes radioactifs qui se désintègrent par unité de temps est une constante immuable,

---

1. Voir E. Rutherford, 1906.

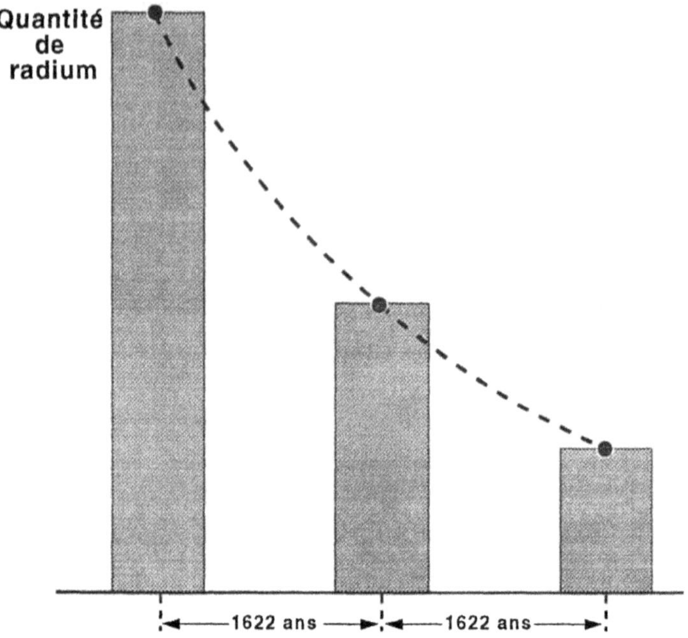


Fig. 13. — Graphique illustrant la notion de période de désintégration radioactive. Chaque 1622 ans, la moitié du radium disparaît, c'est ce qu'on appelle la loi exponentielle.

donc une horloge potentielle[1]. Ainsi, si l'on a 10 milliards d'atomes de radium, dans 1 622 ans il n'en restera plus que la moitié, dans 3 244 ans que le quart ; ainsi, tous les 1 622 ans, la masse de radium est détruite de moitié. La désintégration du radium suit une loi dite exponentielle. La quantité de radium (ou de tout élément radioactif) diminue d'une manière simple, sa mesure permet donc celle du temps, c'est donc une hor-

---

1. E. Rutherford, *op. cit.*

loge. Comme la vitesse de décroissance de certains éléments comme l'uranium se mesure en *centaines de millions d'années*, on a là un phénomène qui peut servir de base pour mesurer les *temps géologiques*.

Pourtant, avant de pouvoir exploiter ce principe, il reste à résoudre un problème. Il est certes possible de prendre un minéral ou une roche et de mesurer la quantité d'uranium qu'elle contient. Mais comment connaître la quantité qui s'y trouvait lorsque ce minéral ou cette roche se sont formés, donnée indispensable si l'on veut connaître par différence celle qui s'est désintégrée ? Rutherford propose de résoudre ce problème en utilisant la méthode des *résidus*. Lorsqu'on veut mesurer l'intervalle de temps qui nous sépare du retournement d'un sablier, l'examen du compartiment supérieur ne suffit pas, car on ne connaît pas a priori la quantité de sable qu'il contient. Par contre, si l'on observe à la fois la quantité de sable contenue dans la partie supérieure et dans la partie inférieure, on peut en déduire le temps qui s'est écoulé depuis le retournement. Rutherford applique le même principe aux désintégrations de l'uranium. Lorsque l'uranium se désintègre, se transmute, il fabrique des rayons $\alpha$, autrement dit des atomes d'*hélium*, gaz que Ramsay vient de découvrir dans l'atmosphère. Chaque désintégration d'uranium et de ses descendants radioactifs produisant 8 atomes d'hélium, il suffit de comptabiliser le nombre d'atomes d'hélium pour connaître le nombre d'atomes d'uranium désintégrés. Comme on peut mesurer la quantité d'uranium encore présent, on accède à la proportion qui a disparu, donc à la mesure du temps. En mesurant donc simulta-

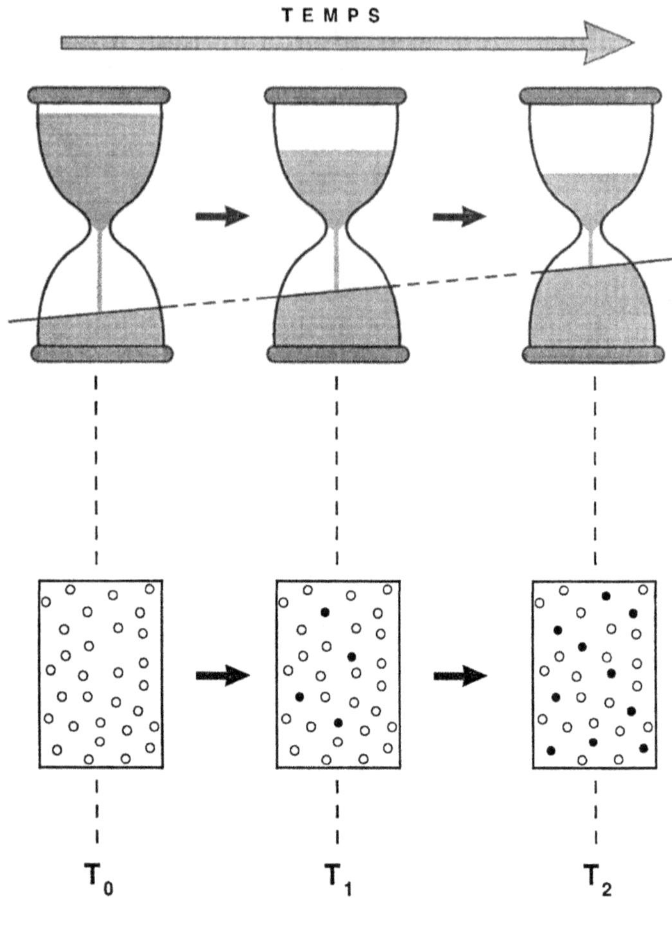



Fig. 14. — Principe de la chronologie radioactive.
En haut, l'analogie du sablier. Le compartiment du haut se vide dans ce compartiment du bas qui se remplit. La comparaison de la masse en haut et en bas donne
la même du temps.
En bas à l'intérieur d'un minéral, on voit le rubidium 87 (en blanc) se désintégrer
et créer aussi du strontium 87 (en noir).

nément les quantités d'uranium et d'hélium présents dans un minéral, on peut appliquer la méthode du sablier (fig. 14) et calculer l'âge de ce minéral.

Rutherford applique sa nouvelle méthode à une série de minerais d'uranium dont Ramsay a mesuré l'hélium. Le résultat obtenu donne 1 000 millions d'années, puis 1 500 millions d'années. Pour la première fois, on mesure *directement* l'âge d'un minéral, et cet âge, qui est évidemment un minimum pour l'âge de la Terre, donne tort à Lord Kelvin. Le milliard d'années l'emporte sur le million d'années ! On raconte que Rutherford, croisant son collègue le géologue Sedgwick sur les gazons d'un collège de Cambridge, lui montre une pierre sortie de sa poche en ajoutant : « Savez-vous que son âge est supérieur au milliard d'années ? »

A la même époque, le chimiste Boltwood[1] travaille à l'université de Yale. Intéressé par l'« alchimie radio-active » qui permet à un élément de se transformer en un autre élément, ce chercheur fait l'analyse chimique systématique des minerais d'uranium pour repérer si certains éléments chimiques y sont présents en abondance anormale. Il remarque vite que le plomb semble anormalement riche dans les minerais d'uranium, et fait l'hypothèse que cet élément est le produit ultime de la chaîne de désintégration de la famille de l'uranium dont certains éléments « intermédiaires » ont été découverts par Pierre et Marie Curie. Boltwood, vivement intéressé par la méthode proposée par Rutherford, lui fait part de ses conjectures, et ce dernier lui suggère de tester son

----

1. B. Boltwood, 1907.

hypothèse par une méthode que l'on peut qualifier de géologique. Si l'hypothèse du plomb « radiogénique » (c'est-à-dire « généré » par la radioactivité) est vraie, il doit s'accumuler comme l'hélium. La quantité de plomb doit donc être plus importante dans les minerais d'uranium anciens que dans les minerais jeunes. Boltwood, coopérant avec le département de géologie de Yale, vérifie rapidement la suggestion de Rutherford et, utilisant le principe en retour, détermine l'âge de nombreux minerais d'uranium. Il trouve, suivant les minerais, des âges variant de 200 à 2 000 millions d'années, et, chose plus importante, ces âges ne posent aucun problème aux géologues. Ils sont élevés lorsque le minerai est dans un terrain profond situé sous les sédiments primaires, moins élevés au contraire lorsque le minerai est dans des formations géologiques situées au-dessus du primaire. Ces découvertes, qui placent pour la première fois la géologie dans un contexte historique quantitatif, suscitent d'emblée intérêt et sympathie parmi les géologues.

Les déterminations d'âge au plomb ou à l'hélium se multiplient si bien qu'en 1917, on se trouve en possession d'une collection d'âges géologiques en quantité non négligeable.

Le géologue Joseph Barrell, professeur à l'université de Yale, entreprend alors de réaliser la première synthèse de toutes ces déterminations d'*âges absolus*[1].

---

1. Absolus car ils s'expriment en chiffres, par opposition aux âges *relatifs* des stratigraphies, qui s'expriment par des noms d'étages.

Pour ce faire, il se livre d'abord à une analyse critique de tous les résultats publiés, en les replaçant dans leur contexte géologique et en ne retenant que ceux qui ne violent pas les principes géologiques fondamentaux. Nanti de cet outil, il estime pour divers étages géologiques à quelle durée correspondent 100 ou 1 000 mètres de strates sédimentaires. Autrement dit, il calibre en temps le processus de sédimentation générateur des séries sédimentaires. A partir de là, il entreprend de dresser une échelle absolue des ères géologiques[1], la première du genre. Arrêtons-nous un instant pour en apprécier les caractères généraux.

Barrell place le début des temps fossilifères, les premiers terrains où l'on trouve des fossiles et que l'on appelle cambriens, entre 550 et 200 millions d'années (on sait aujourd'hui que cette époque remonte en fait à 550 millions d'années), la fin de l'ère primaire vers 215 millions d'années (on retient aujourd'hui 230), et il fixe la durée du quaternaire à 1,5 million d'années (on dira aujourd'hui 3 millions d'années). La comparaison de cette étude avec celle que l'on a patiemment établie depuis lors, à l'aide de recoupements multiples, est étonnante. Bien que peu de géologues en soient conscients, force nous est de reconnaître que Barrell a réalisé le pas décisif dans l'établissement du calendrier géologique, et cela dès 1917 !

Pourtant, si cette échelle recèle des potentialités considérables pour la géologie, on est obligé de constater deux choses : d'abord, qu'elle ne sera vraiment admise

_______________

1. J. Barrell, 1917. Voir aussi A. Hallam, 1983.

et surtout utilisée par les géologues qu'à partir de 1955, soit trente ans plus tard ; puis — et c'est ce qui nous concerne ici — qu'elle n'indique rien sur l'âge de la Terre... L'échelle des temps géologiques établie par Barrell règle certes la querelle entre chronologie longue et chronologie courte, mais elle n'apporte rien au débat sur la nature des temps géologiques : cycliques et infinis, ou bien vectoriels à durée limitée ?

## Arthur Holmes et l'âge de la Terre

La première tentative réelle pour déterminer directement l'âge de la Terre sera réalisée par Arthur Holmes, dont le nom restera attaché à l'épanouissement de la géologie moderne dans sa dimension historique. L'approche de Holmes est double [1].

Comme Barrell, il établit une échelle des temps géologiques fossilifères, mais il pousse plus loin l'exercice. Ayant estimé les durées nécessaires pour déposer une épaisseur donnée de strates, il extrapole — entreprise autrement plus périlleuse que les interpolations de Barrell — vers les temps anciens pour obtenir un âge des plus vieux terrains. Il corrobore ces calculs grâce aux âges obtenus par Boltwood ou lui-même sur les terrains anciens sans fossiles. Il conclut alors que la Terre est sûrement plus vieille que 1 400 millions d'années et plus jeune que 3 000 millions d'années.

On touche là du doigt la difficulté principale pour déterminer l'âge de la planète. L'âge d'une roche ou

---

1. A. Holmes, 1911.

d'un minéral est un concept bien défini. C'est l'époque où cette roche (ou ce minéral) s'est formée, a cristallisé, s'est consolidée. Pour le déterminer, il suffit de mesurer les quantités d'uranium et de plomb contenues dans la roche. Mais l'âge de la Terre ? Peut-on espérer mesurer la quantité globale d'uranium et de plomb contenue dans la Terre ? La Terre s'est-elle formée si rapidement qu'on puisse lui attribuer un âge ?

La seule méthode qui paraisse a priori possible consiste à restreindre nos ambitions et à nous contenter d'indiquer pour l'âge de la Terre une limite inférieure : si la plus vieille roche date de 2 000 millions d'années, la Terre est plus vieille que 2 000 millions d'années. Arthur Holmes, lui, cherche à obtenir mieux. Pour cela, il fait l'hypothèse que tout le plomb terrestre est d'origine radiogénique, c'est-à-dire a été produit par la désintégration de l'uranium. Il suppose donc qu'à l'origine, la Terre ne possédait pas de plomb. Estimant alors l'abondance du plomb et de l'uranium dans les roches courantes de la croûte terrestre, il estime l'âge de la Terre à 3 000 millions d'années, 3 milliards d'années ! Les deux méthodes employées fournissant des chiffres comparables, Holmes en conclut que 3 milliards d'années est sans doute la bonne valeur pour l'âge de la Terre [1].

La question reste en l'état jusqu'à la période de la Première Guerre mondiale.

---

1. A. Holmes, 1927.

## La mémoire du plomb

Le langage commun n'attribue pas au plomb la qualité de l'éléphant. On parle d'un soleil de plomb, d'objets lourds comme du plomb, jamais de mémoire de plomb — et pourtant...

C'est grâce à la mémoire du plomb que les progrès décisifs sur l'âge de la Terre vont être rendus possibles. On savait, depuis Boltwood, que l'uranium donne naissance, après une série de désintégrations en cascade, à du plomb. En vérité, la réalité est un peu plus complexe. D'abord, il n'existe pas un seul type d'uranium, mais deux. Ces deux uraniums ont les mêmes propriétés chimiques, mais ils diffèrent par la structure de leur noyau, donc par leur masse. C'est par leur masse qu'on les nomme : on parle d'uranium 238 et d'uranium 235. Ils sont tous deux radioactifs, mais ils se désintègrent à des vitesses différentes. La vitesse de désintégration de l'uranium 238 est vingt fois plus lente que celle de l'uranium 235. A l'autre bout de la chaîne de désintégration, la situation se complique aussi. Il n'existe pas un plomb, mais plusieurs plombs de masses différentes. En fait, il en existe quatre : plomb 204, plomb 206, plomb 207 et plomb 208. De patientes recherches ont permis de relier correctement les deux bouts de la chaîne de désintégration radioactive. L'uranium 238, en se désintégrant, donne finalement naissance au plomb 206 ; l'uranium 235 donne naissance au plomb 207. Le plomb 208 est, lui, produit par la désintégration d'un autre élément radioactif voisin de l'uranium, le thorium.

Quant au plomb 204, il n'est le résultat d'aucune désintégration connue.

La situation est donc infiniment plus complexe — mais aussi plus riche de promesses — que ce qu'avait entrevu Boltwood. Lorsqu'on parle d'uranium naturel, il s'agit en fait d'un mélange de deux uraniums ayant des propriétés radioactives différentes. Lorsqu'on considère un plomb naturel, il s'agit du mélange de quatre plombs différents, dont deux sont liés à l'uranium par des relations de filiation.

Les relations uranium-plomb ne contiennent donc pas un chronomètre radioactif, comme le pensait Boltwood, mais deux, étroitement associés dans la nature.

Avant de tirer toutes les conséquences de cette propriété particulière des systèmes uranium-plomb, il est bon d'indiquer comment une telle complexité a pu être décelée. Toutes ces découvertes tiennent à la mise au point d'un instrument nouveau, le *spectromètre de masse*. Ses inventeurs s'appellent Thomson et Aston et ils sont anglais[1]. Le spectromètre de masse est un instrument qui permet de peser les atomes, c'est en quelque sorte une balance atomique. Pour ce faire, il utilise l'effet d'un champ magnétique sur un faisceau d'atomes ionisés. Par ce moyen, on peut séparer les atomes de masses diverses. Thomson et Aston découvrent alors que non seulement on peut séparer les divers éléments les uns des autres, mais que, pour un même élément, on peut distinguer plusieurs variétés, variétés chimiquement identiques mais qui diffèrent par leurs masses. Le

---

1. F. Aston, 1919.

spectromètre de masse permet non seulement de mettre en évidence cette propriété, mais il permet de déterminer pour chaque élément la proportion de chaque variété. Ainsi, il détermine la proportion de plomb 204, 206, 207 et 208 contenue dans un échantillon de plomb. En langage scientifique, on appelle ces diverses variétés d'un même élément des *isotopes de l'élément*. Ainsi, uranium 235 et uranium 238 sont les deux isotopes de l'élément uranium, les plombs 204, 206, 207, 208 sont les quatre isotopes du plomb. Restant dans la même terminologie, on dit que le spectromètre de masse permet de déterminer la composition isotopique du plomb (ou de l'uranium). Grâce à cet instrument, on peut donc déterminer la composition isotopique de n'importe quel élément présent dans la nature. Sans lui, aucune des étapes décisives de notre connaissance de l'Univers n'aurait pu être franchie.

Cherchons maintenant à tirer parti de toutes ces propriétés nouvelles pour améliorer la vieille méthode chronologique de Boltwood. C'est le travail qu'a réalisé Alfred Nier entre 1936 et 1937, alors qu'il effectuait un séjour post-doctoral à l'université de Harvard.

Dans un minerai d'uranium, on peut, à l'aide du spectromètre de masse et de l'analyse chimique, connaî-tre la quantité de chaque isotope d'uranium et de chaque isotope de plomb présents. Par la méthode des résidus, on peut donc calculer deux âges géologiques, l'un par la filiation uranium 238-plomb 206, l'autre par la filiation uranium 235-plomb 207. Il est bien naturel de comparer ces deux âges et de considérer que chacun est un test sur la fiabilité de l'autre. Mais on peut faire encore davantage. Si nous avons deux sabliers se vidant à deux vitesses connues différentes, l'examen de la proportion de sable dans les deux réservoirs inférieurs suffit pour mesurer le temps. Il va en être de même pour le plomb. On peut montrer en effet que le rapport entre les deux isotopes 206 et 207 suffit pour mesurer le temps. Quelle économie dans la technique ! Plus besoin de mesurer la quantité d'uranium ou celle de plomb : une mesure de la composition isotopique du plomb au spectromètre de masse suffit.

L'analyse interne, isotopique de l'élément plomb est donc capable de révéler l'âge du minerai d'uranium qui le contient. Afin de démontrer la validité de la méthode qu'il vient d'inventer, Nier mesure les âges de divers minerais d'uranium par les trois méthodes chronologiques qu'il a désormais à sa disposition (la méthode uranium 238-plomb 206, la méthode uranium 235-plomb 207, et la nouvelle méthode interne au plomb qu'on appellera bientôt plomb-plomb). Dans la plupart des cas, les âges obtenus par ces trois méthodes différentes coïncident. La chronologie radioactive est donc une horloge fiable et les âges les plus anciens obtenus, de 2 000 millions d'années, doivent être considérés comme des minima pour l'âge de la Terre[1].

On voudrait appliquer la même méthode à la Terre entière. Mais comment estimer l'abondance isotopique du plomb et de l'uranium dans toute la Terre ? On songe à analyser une suite de roches bien choisies et à faire la moyenne des résultats obtenus. Malheureuse-

---

1. A. O. Nier, 1938-1939.

ment, à l'époque où Nier songe à un tel programme, la technique le lui interdit. On ne sait pas encore analyser des très faibles quantités de plomb au spectromètre de masse. Or, dans les roches courantes, le plomb est à des concentrations très ténues. Nier doit se contenter d'analyser les galènes, minerais de plomb que l'on trouve dans des terrains d'âges variés. Ces minerais constituent une concentration naturelle exceptionnelle et rare du plomb, habituellement dispersés dans les roches. La mesure isotopique d'un plomb si concentré ne pose pas de problèmes techniques, mais on ne sait pas très bien ce que cela représente géologiquement, car l'origine des galènes est mal connue. Pourtant, Nier montre que la composition isotopique du plomb des galènes varie avec l'âge de la région où il se trouve [1]. Il n'en tire encore aucune conséquence pour l'âge de la Terre. Son effort est interrompu par la guerre. Mobilisé, il va mettre son expérience au service du monde libre à séparer les isotopes de l'uranium et va ainsi jouer un rôle essentiel dans la préparation de la bombe atomique américaine.

## L'âge des planétoïdes

Dès l'après-guerre, divers chercheurs, dont le Soviétique Gerling, l'Écossais Holmes, encore lui, et le Russo-Suisse Houtermans, vont chercher à utiliser les résultats obtenus par Nier sur les minerais de plomb pour calculer un âge de la Terre. Leurs efforts, pour

---

1. A. O. Nier *et al.*, 1941.

importants qu'ils aient été sur bien des plans, n'ont guère modifié la situation : l'âge estimé reste situé autour de 3 milliards d'années. Avec le recul du temps, force nous est de dire que l'approche décisive a été celle de Clair Patterson, vers 1950.

Le premier progrès réalisé par Patterson est d'ordre analytique. Aidé de George Tilton, il met au point une technique qui permet l'analyse isotopique de plomb sur des microquantités. Il est donc capable de déterminer la composition isotopique du plomb des roches courantes et, à partir de la méthode de Nier, de calculer les âges géologiques de ces roches.

A partir de cet exploit analytique — il a multiplié l'efficacité de la technique expérimentale de Nier par un facteur 1 000 —, il détermine la composition isotopique des plombs des sédiments marins actuels, qu'il considère comme une « moyenne naturelle » de la croûte terrestre. Admettant alors que tout le plomb 206 et tout le plomb 207 ont été créés par désintégration des uraniums — autrement dit qu'il n'y avait ni plomb 206 ni plomb 207 à l'origine de la Terre, ce qui est certainement une approximation —, il calcule pour la Terre un âge maximal : il obtient 5 milliards d'années. Les plus vieilles roches terrestres ayant 2,7 milliards d'années, il en déduit que la Terre doit s'être formée entre 2,7 et 5 milliards d'années. Il « encadre » donc l'âge de la Terre. Jusque-là, rien de bien révolutionnaire. Mais ce n'est là qu'une étape.

Sur la suggestion de Harold Urey, Clair Patterson entreprend alors d'analyser une série de roches bien particulières : les météorites. Ce sont des pierres qui tombent du ciel et dont l'origine extra-terrestre est bien prouvée.

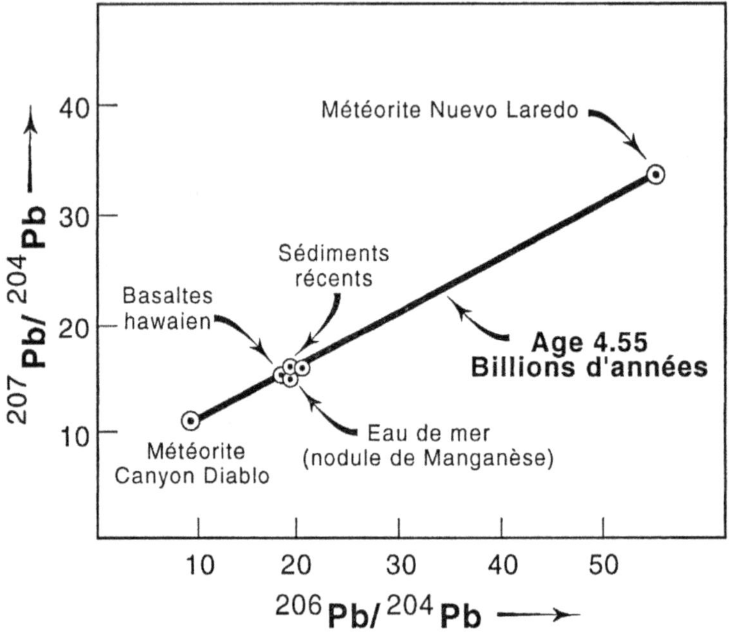


Fig. 15. — Diagramme qui a permis à Patterson de déterminer l'âge de la Terre par comparaison avec celui des météorites.

Patterson montre alors que la composition isotopique du plomb de diverses météorites suit une relation linéaire (fig. 15). Cette relation peut être interprétée simplement si l'on admet que ces roches se sont formées : 1) à la même époque, 2) à partir d'un réservoir qui avait alors la même composition isotopique, 3) ont évolué depuis lors dans des milieux dont la richesse en uranium est différente.

Patterson détermine ainsi un âge commun à toutes les

météorites, de 4,55 milliards d'années. Trouvant alors un minéral de météorite (le sulfure) qui ne contient pas d'uranium, il détermine la composition isotopique du plomb qu'il considère comme primordial. Puis Patterson analyse des nodules de manganèse et des sédiments marins — censés représenter la moyenne de la croûte terrestre — et des basaltes provenant d'Hawaii — censés représenter le manteau terrestre. Il constate que leurs compositions isotopiques se placent sur la droite météoritique. Il en conclut donc que météorites et réservoirs terrestres se sont formés en même temps, il y a 4,55 milliards d'années, à partir d'une composition isotopique commune [1], celle qu'avait le système solaire au moment de sa formation. Il ne doute pas d'avoir daté l'époque de formation des planètes du système solaire.

Le calendrier géologique a enfin trouvé son 1er janvier. La durée des temps géologiques n'est pas infinie. L'âge de la Terre est un concept bien défini ! La géologie n'est pas éternelle.

## Le calendrier géologique

Le travail de Patterson, s'il domine en importance toutes les recherches consacrées à la chronologie géologique, doit être replacé dans un contexte scientifique beaucoup plus général.

Juste avant la guerre de 1940, on avait découvert l'existence d'autres radioactivités naturelles de longue période : le potassium 40, isotope de l'élément potas-

---

1. C. C. Patterson, 1956.

sium, qui se décompose en argon 40, gaz rare de l'atmosphère bien connu ; le rubidium 87, isotope d'un élément en faible abondance dans l'écorce terrestre, qui, lui, donne naissance au strontium 87, autre isotope-trace ; sans parler du carbone 14 qui est produit dans la haute atmosphère et qui se désintègre avec une période beaucoup plus courte, de quelques milliers d'années, dont l'utilisation est restreinte à l'archéologie. Chaque radioactivité de longue période peut être utilisée à des fins de datations géologiques. Effectivement, toutes ces méthodes vont être utilisées géologiquement dès l'après-guerre, grâce à la mise au point de techniques de mesure très délicates. Elles vont permettre d'établir un véritable calendrier des temps géologiques. Plus qu'un long discours, la figure 16 parle d'elle-même. Ajoutons-y deux commentaires.

Il semble exister un intervalle considérable — 4 milliards d'années — entre l'âge de la Terre et l'apparition des premiers fossiles au début du Cambrien. Un intervalle de 550 millions d'années sépare l'apparition des premiers fossiles de l'émergence des premiers Hominidés. Si l'on considère que les ouvrages classiques de géologie sont consacrés pour les trois quarts aux 200 derniers millions d'années, et pour 5 % seulement aux 2,5 milliards d'années que représentent les terrains protérozoïques et archéens, on a là une mesure de l'extraordinaire myopie de la géologie classique.

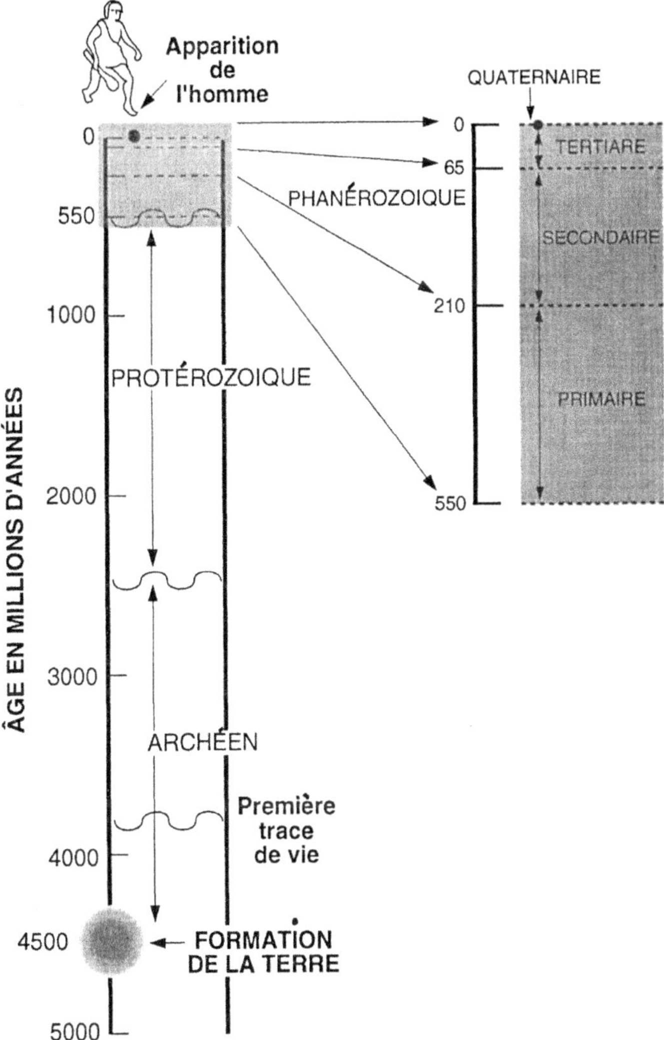


Fig. 16. — Échelles des temps géologiques avec les principales divisions. La partie droite est un agrandissement des temps fossilifères.

CHAPITRE IV

# Les pierres du ciel

Dès l'Antiquité, Pline l'Ancien nous en donne le récit, les hommes ont observé les chutes célestes de pierres. Elles traversent l'atmosphère en l'éclairant d'une vive lueur, et viennent s'écraser sur le sol en se brisant en mille morceaux, laissant la trace de leur impact sous forme d'excavations auxquelles fut donné le nom de cratères. Certaines sont très grosses et pèsent plusieurs tonnes, d'autres sont plus modestes et leur poids ne se mesure qu'en kilos. Ces pierres qui tombent du ciel s'appellent les *météorites*.

Comme on peut s'en douter, depuis leur découverte, ces aérolithes ont intrigué les hommes et attiré la curiosité des scientifiques. Leur origine a donné lieu, à la fin du XVIII<sup>e</sup> siècle, à des débats passionnés et houleux. Leur origine extra-terrestre était niée par la plupart des esprits sages de ce temps. Ainsi, le sudiste Thomas Jefferson, futur président des Etats-Unis, pouvait-il déclarer, alors qu'une météorite était tombée à New York et avait été décrite comme telle, qu'il lui était plus facile d'admettre que des savants yankees pussent mentir que d'admettre que des pierres tombassent du ciel ! Le phénomène semblait absurde. Le ciel est formé de gaz : comment des pierres, objets solides par excellence, pourrait-elle provenir d'un gaz ? Ce n'est qu'à la suite de l'observation minutieuse, par le Français Biot, de la chute de la météorite de L'Aigle, que l'origine « extraterrestre » des météorites fut admise par la communauté scientifique. Pourtant, il faudra attendre les trente dernières années pour que leur véritable nature soit bien comprise et leur importance appréciée. Il faudra, en fait, attendre que les progrès de l'analyse chimique et la détermination de leur âge géologique par les méthodes radioactives permettent de situer ces roches dans un contexte plus vaste. Nous savons aujourd'hui que ce sont des *messagers de l'Univers*, plus exactement des témoins de l'histoire primitive du système solaire qui, après un voyage à travers l'espace et les temps cosmiques, nous apportent des informations décisives sur des époques pour lesquelles les signatures terrestres ont été presque totalement effacées. Les météorites sont des reliques, des fossiles des origines du système solaire, de nos origines.

## L'âge et la composition chimique des météorites

Grâce au travail de Patterson, nous savons que les météorites sont les plus vieilles roches que l'on ait jamais datées par les méthodes radioactives, et qu'elles ont à peu près le même âge que la Terre. Les mesures de Patterson avaient été faites par la seule méthode isotopique plomb-plomb sur un nombre restreint d'objets, et on pouvait dès lors s'interroger sur le caractère général de ses conclusions. Depuis la guerre, les progrès des techniques analytiques aidant, on a été en mesure de dater une grande variété de météorites aussi bien par la méthode uranium-plomb que rubidium-strontium ou potassium-argon. On a pu confirmer les conclusions initiales de Patterson, à savoir que toutes les météorites sont des roches qui se sont formées dans l'intervalle 4,57 à 4,50 milliards d'années [1, 2, 3].

La seconde observation qui établit avec force l'importance irremplaçable des météorites est leur composition chimique. 80 % d'entre elles ont une composition chimique très voisine de celle de la couronne solaire [4].

Le Soleil brille et émet des radiations lumineuses. On peut analyser ce rayonnement en décomposant, à l'aide d'un prisme, cette lumière blanche en ses composants principaux. Chaque raie du spectre optique peut être attribuée à un élément chimique qui, excité dans l'atmosphère chaude du Soleil, émet des rayonnements caractéristiques. L'intensité de chaque raie correspond à l'abondance de l'élément. Les astronomes ont ainsi pu déterminer la composition chimique du Soleil.

Les météorites, quant à elles, peuvent être analysées chimiquement au laboratoire.

---

1. J. F. Minster *et al.*, 1981.
2. M. Tatsumoto *et al.*, 1973.
3. G. Turner, 1977.
4. J. Wood, 1968.

Si l'on excepte l'hydrogène et l'hélium, qui sont les éléments les plus abondants dans le Soleil mais dont le caractère gazeux, volatil, interdit l'abondante présence dans un morceau de roche solide, les deux fiches d'analyse du Soleil et des météorites sont remarquablement similaires (voir figure 17).

Une telle analogie est très exceptionnelle. En effet, si l'on compare l'analyse d'une roche terrestre prise au hasard — calcaire, schiste, granite ou basalte — avec celle du Soleil, on constate qu'il n'existe entre les fiches d'analyse aucune correspondance.

Les météorites apparaissent ainsi comme des objets rocheux exceptionnels. Ils sont primitifs par leur âge, aussi vieux que la Terre elle-même ; ils sont primitifs par leur composition chimique, semblable au Soleil dont la composition est sans doute très proche de celle qui constituait le « nuage primitif ».

De cette double constatation à l'idée que les météorites sont des échantillons du produit primitif à partir duquel les planètes « solides » et la Terre se sont formées, il n'y a qu'un pas. Cela explique que chaque météorite qui tombe sur Terre soit traitée avec grand respect. On lui donne un nom, celui de la localité où elle est tombée. On la répertorie dans des catalogues comme un objet d'art, on la conserve et l'expose dans les musées. Il existe actuellement plusieurs milliers d'échantillons ainsi répertoriés et soigneusement conservés : les reliques de nos origines !

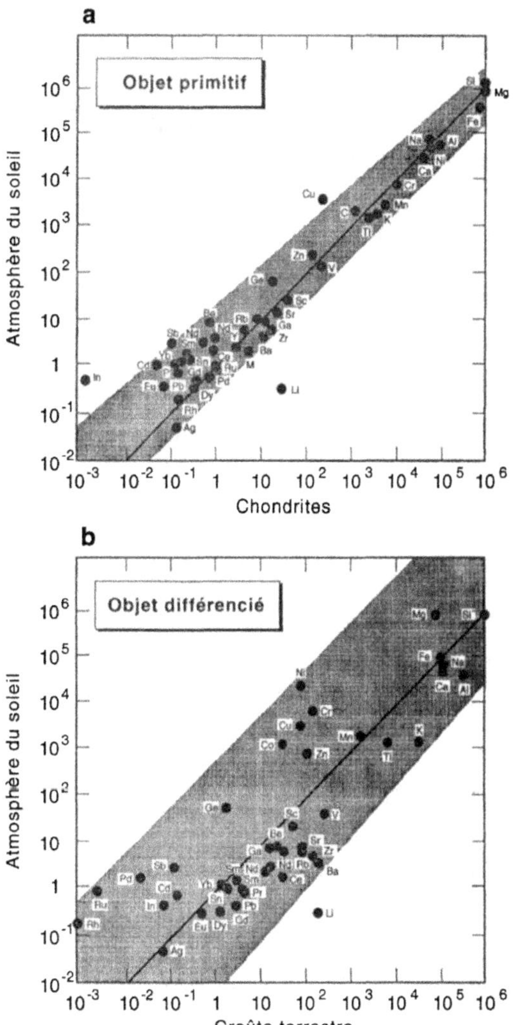



Fig. 17. — Diagramme comparant les abondances chimiques de deux objets cosmiques par rapport au soleil.
En haut, une météorite. En bas, la Terre.
On voit immédiatement que la dispersion pour la Terre est beaucoup plus importante que pour les météorites.

# Les chondrites

Sur cent météorites qui tombent sur Terre, quatre-vingts appartiennent à la même catégorie que l'on appelle les *chondrites*. Ce qualificatif traduit l'existence au sein de ces roches, et comme constituant important, de petites sphérules silicatées que l'on nomme des chondres. Une telle structure est inconnue parmi les roches terrestres.

Si l'on fait abstraction de ce caractère particulier et que l'on s'intéresse à la minéralogie de ces chondrites, on constate qu'elles sont formées de minéraux silicatés analogues à ceux qui constituent les péridotites terrestres[1], auxquels il faut pourtant ajouter un minéral très particulier, à savoir du fer natif. Ces cristaux de fer sont dispersés parmi les minéraux silicatés avec lesquels ils coexistent.

Faisons une petite expérience. Après avoir broyé une chondrite, extrayons avec un aimant les petites particules de fer. Le résidu examiné minéralogiquement et analysé chimiquement ressemble alors étonnamment à une péridotite terrestre qu'on aurait broyée. Et si les chondrites étaient les reliques d'une matière terrestre précoce avant toute différenciation, toute ségrégation ? Les particules de fer agglomérées pourraient constituer les éléments potentiels d'un futur noyau, les silicates, les ancêtres du manteau.

Poussant plus avant l'analogie, on constate que la

---

1. Rappelons que la péridotite est le principal constituant du manteau supérieur terrestre.

proportion entre fer natif et silicates existant dans les chondrites correspond à peu près à celle qui existe entre noyau et manteau terrestre.

L'idée que le matériel qui constitue les chondrites représente le solide à partir duquel la Terre s'est agglomérée puis différenciée prend donc du poids. Un scénario simple peut être alors proposé :

L'embryon terrestre s'est accrété à partir d'un matériel chondritique. A partir de là, s'est produite une différenciation chimique qui a séparé le fer, concentré en noyau, des silicates disposés en couronne, en manteau. Les gaz inclus dans les silicates se sont échappés pour former l'atmosphère.

Nous retrouvons là le scénario de l'accrétion homogène auquel la structure intime des chondrites semble apporter un argument décisif. On comprend pourquoi les géologues vont souvent se référer au modèle chondritique pour parler de la composition chimique de la Terre. L'étude des chondrites prend ainsi un intérêt supplémentaire. Elles constituent le matériaux primitif, transmis intact, tel quel à travers le temps : l'étude détaillée de ce matériel va nous apprendre comment il s'est formé, comment il s'est aggloméré, d'où il vient.

Les chondrites sont bien les pierres de la Genèse envoyées à travers le Ciel à travers le temps !

## Les météorites différenciées

Pourtant, toutes les météorites ne sont pas des chondrites. Certaines, bien que formées aussi de minéraux silicatés, ne contiennent pas de chondres et leur compo-

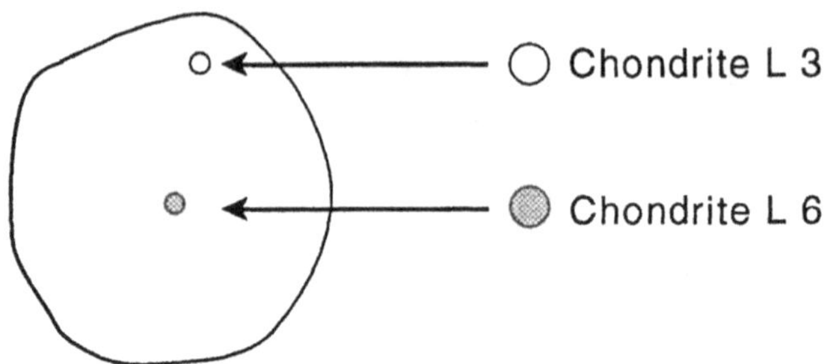


**Corps parent des chondrites**

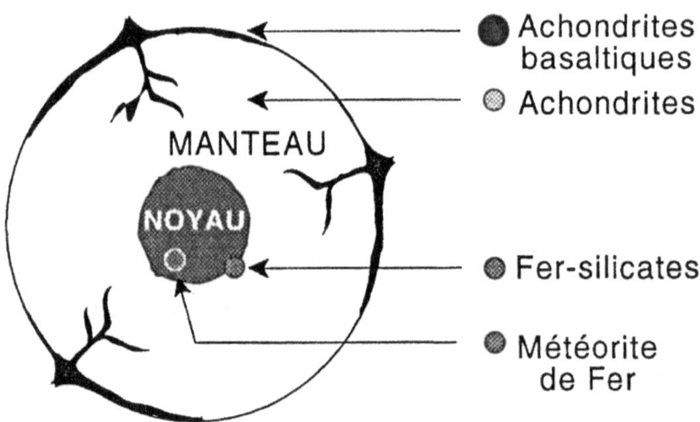


**Corps parent différencié**

Fig. 18. — Structure des petits corps (moins de 500 km du rayon), dont sont issus les météorites. En haut, un corps parent non différencié. En bas, un corps parent différencié. Sur chacun, nous avons indiqué d'où peuvent provenir les échantillons de météorites.

sition chimique est plus proche de celle des roches terrestres que du Soleil. Parce qu'elles ne contiennent pas de chondres tout en étant d'origine extra-terrestre, on leur a donné le nom d'*achondrites*. Parmi les achondrites, les plus abondantes sont formées par des morceaux de basaltes très analogues aux basaltes que l'on trouve sur la Terre comme produits de l'activité volcanique. Pourtant, ces roches ne sont pas d'origine terrestre.

La détermination de leur âge montre que ces achondrites basaltiques, comme on les nomme, se sont solidifiées à partir de laves en fusion, il y a 4,55 milliards d'années. Où ? Quelque part dans l'Univers sur une sorte de planète qui, à l'orée des temps géologiques, offrait déjà une activité volcanique très intense.

Le volcanisme n'est donc pas un phénomène nouveau, moderne, comme le croyaient les Anciens ; il n'est pas non plus une exclusivité terrestre.

Les achondrites ne sont pas les seules météorites à différer des chondrites. Il tombe aussi du ciel des bolides dont la composition est encore plus surprenante, bien que familière. Ce sont les *météorites de fer*. Les sidérites sont constituées de fer métallique (en fait, d'un alliage fer-nickel). Leur qualité de dureté ne le cède en rien aux produits issus de la métallurgie moderne, si bien que les peuples primitifs en firent un matériau pour leurs armes. Cette analogie avec les produits métallurgiques a grandement facilité leur étude, car il a été possible d'utiliser toutes les connaissances théoriques et expérimentales accumulées par les métallurgistes. L'examen microscopique des météorites de fer a montré que, pour la grande majorité d'entre elles, elles résultaient de la solidification d'un bain de fer fondu.

La composition chimique de ces météorites, constituées par du fer pur (et un peu de nickel), est bien différente de celle du Soleil ou des chondrites ; elle est tout aussi différente de celle des achondrites basaltiques. Pourtant, leur âge géologique est bien lui aussi de 4,55 milliards d'années. Ce sont donc bien aussi des témoins de la période archaïque du Cosmos. Les achondrites et les météorites de fer sont en fait des météorites très particulières : en quelque sorte, le « contraire » des chondrites. Dans les chondrites, on trouve un mélange dispersé de silicates et de petits morceaux de fer. Ici, on a affaire à des objets où, au contraire, fer natif et silicates se sont séparés (peu ou pas de silicates dans les météorites de fer, pas de fer dans les achondrites). C'est pourquoi on parle ici de météorites différenciées, de météorites ayant subi un épisode de différenciation chimique. On les considère donc comme des objets moins primitifs que les chondrites, plus évolués au sens planétaire du terme. On peut dès lors prolonger le scénario issu de l'accrétion homogène chondritique :

*Stade 1* : Agglomération, accrétion d'un matériau chondritique bien mélangé, localement hétérogène mais globalement homogène.

*Stade 2* : Phénomènes de fusion à l'intérieur de l'embryon planétaire, amenant le fer fondu au centre pour former le noyau, alors que, vers la surface, des éruptions volcaniques faisaient jaillir des laves basaltiques en fusion, produit de fusion d'un manteau silicaté.

Le scénario gagne encore en consistance lorsqu'on se

souvient qu'il existe des météorites constituées par un bloc de fer métallique collé à un bloc de pierre riche en olivine. Ces météorites, appelées sidérolithes, évoquent, dans l'optique du scénario de la différentiation planétaire, les échantillons de l'interface noyau-manteau.

Après l'étude des chondrites qui nous a confortés dans le scénario de l'accrétion homogène, celle des météorites différenciées, tout en accréditant cette thèse, nous confirme que les phénomènes de fusion ont joué un grand rôle dans les processus de différenciation des corps planétaires.

Les météorites nous apparaissent donc comme des témoins irremplaçables des phénomènes archaïques. Au moment où le système solaire se formait, des corps planétaires se sont constitués. Certains étaient de composition primitive, laissant particules de fer et de silicates étroitement mêlées. D'autres se sont différenciés, formant un noyau de fer et émettant à leur surface un volcanisme témoin d'une intense activité interne. Puis ces corps planétaires ont été fragmentés, cassés en mille morceaux. Ces morceaux ont été préservés dans l'espace, dans le vide interplanétaire, de l'outrage du temps. Après 4,5 milliards d'années d'errance, ces pierres de la Genèse nous tombent du Ciel comme pour nous apporter le témoignage, le message, dont nous avions besoin. Contrairement à une idée répandue, la traversée de notre atmosphère ne fera fondre que la partie superficielle (quelques centimètres), fragmentera celles qui sont les plus fragiles, sans pour autant en modifier l'intérieur. La chute au sol ne fera que fragmenter davantage celles qui sont les moins dures.

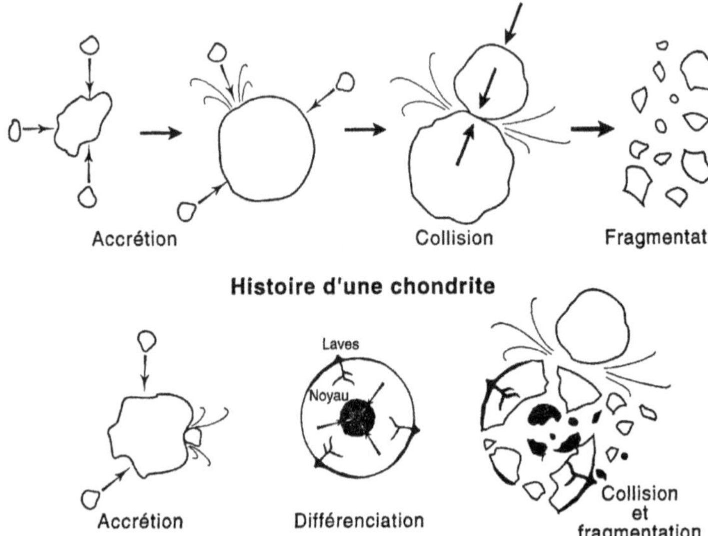


Fig. 19. — Pour les deux corps parents que nous avons considérés fig. 18, nous avons schématisé un scénario type.
L'accrétion, la collision, la fragmentation montrant comment une météorite peut être considérée comme une planète avortée.

D'où viennent ces pierres du ciel ? Comment un tel message céleste a-t-il pu se conserver ? Attendons encore un peu pour connaître la réponse, et continuons pour l'heure à les considérer comme un « don du ciel », un heureux hasard.

## Fer et silicates

Le fer natif et les silicates sont les deux constituants essentiels de la Terre. Ils se sont séparés en deux domaines distincts bien identifiés : le noyau, d'une part, les enveloppes de roches silicatées (manteau + croûte) de l'autre. Les météorites différenciées montrent elles aussi cette séparation fer-silicates, qui apparaît donc comme l'un des processus majeurs — si ce n'est *le* processus majeur — de la différenciation des corps planétaires.

Dans les chondrites, on trouve à l'inverse des cristaux de fer et de silicates étroitement mélangés en un agrégat continu. Mais quelles sont les relations exactes entre ces deux composants ?

Le fer est un métal qui a la faculté d'adapter ses liaisons chimiques au milieu chimique qui l'environne. On dit qu'il a un degré de valence variable. Dans un milieu riche en oxygène (on dit oxydant), il est trivalent, sa facilité de liaison chimique avec d'autres éléments est de trois. Dans un milieu à teneur moyenne en oxygène, sa valence est de deux. Dans un milieu pauvre en oxygène (ou riche en hydrogène), il n'a aucune possibilité de liaison avec d'autres atomes, il ne peut se lier qu'avec lui-même ; il forme alors le fer métallique. Le fer est le seul élément abondant à avoir cet étrange comportement caméléon.

L'existence de fer métallique dans les météorites et la non-existence de fer métallique dans les roches terrestres de surface indiquent donc que l'environnement de ces deux milieux rocheux était différent lors de leur formation. Dans le cas de la surface terrestre, l'oxygène est abondant et le fer s'y trouve à l'état de valence trois. Dans le cas des météorites, le fer se trouve presque totalement à l'état de valence zéro, car le milieu de formation est pauvre en oxygène.

Le fer se trouve donc dans la nature sous deux formes : à l'état métallique ou bien lié à l'oxygène et, dans ce cas, engagé avec lui dans les composés silicatés. La métallurgie du fer consiste à mettre le fer oxydé dans un environnement réducteur tel qu'il rompe sa liaison avec l'oxygène et à l'obliger ainsi à s'isoler à l'état de fer métallique.

En fait, rien n'est absolu dans la nature. Le fer n'est jamais totalement à l'état métallique. Comme il se trouve toujours un peu d'oxygène dans le voisinage, il existe toujours un peu de fer oxydé, si bien que le fer se partage en deux parties : une partie est à l'état métal, une partie à l'état oxydé. En retour, si l'on mesure la proportion de fer réduit et de fer oxydé, le chiffre obtenu est un indicateur des conditions de milieu, de son abondance en oxygène quand l'assemblage rocheux a pris naissance. C'est cette propriété du fer qu'ont utilisée les Américains Harold Urey et Harmon Craig pour classer les chondrites dans les années 1950.

Si l'on mesure dans chaque météorite la proportion de fer métal et de fer lié aux silicates, on constate que cette proportion est très variable. Dans certaines chondrites, tout le fer est à l'état oxydé, il n'y a pas de particules de fer métallique. Ces météorites sans fer métal contiennent aussi beaucoup de carbone et on les appelle météorites carbonées (c). En d'autres, il n'y a

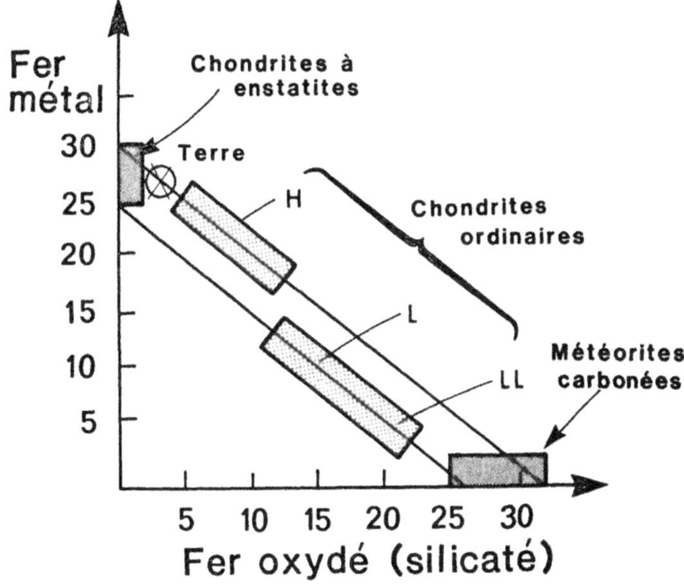



Fig. 20. — Classification des chondrites d'après Urey et Craig, suivant les proportions de fer métallique et oxydé.

pas de fer dans les silicates ; on les appelle chondrites à *enstatite* (nom d'un minéral qui n'a pas de fer). Entre les deux, trois groupements montrent des degrés d'oxydation variables. Chemin faisant, Urey et Craig constatent que la teneur globale en fer (la somme fer métal + fer silicaté) varie. Certaines météorites sont riches en fer, d'autres moins. Ils distinguent donc une ligne riche en fer (*High* en anglais, H par abréviation), une ligne pauvre en fer (L par abréviation, pour *Low*).

Ainsi les chondrites se trouvent-elles classées en quatre classes principales : E, H, L, C, traduisant une formation dans des milieux de plus en plus oxygénés. A la variété entre météorites différenciées et chondrites s'ajoute à présent une variété selon les conditions de formation des chondrites.

En supposant alors que la Terre se soit formée à partir d'un matériel homogène de type chondrite, on peut se demander où se trouve la Terre dans un diagramme Urey-Craig, et quelles sont donc les conditions de sa formation. Prenant pour fer réduit le fer du noyau, et pour fer silicaté les teneurs en fer des roches du manteau, on peut placer la Terre entre les chondrites H et E, c'est-à-dire dans un milieu assez pauvre en oxygène libre, mais qui n'en est pas totalement dépourvu. En restant dans notre schéma de différenciation planétaire à partir d'un matériel chondritique, on peut imaginer les deux cas extrêmes suivants : un corps planétaire, dans des conditions très réductrices, va donner naissance en se différenciant à un gros noyau et à un manteau totalement dépourvu de fer ; à l'inverse, un corps planétaire oxydé ne pourra pas former de noyau et aura un manteau volumineux très riche en fer. On voit ainsi comment les conditions d'oxydation du matériel primitif peuvent s'avérer déterminantes pour l'établissement de la structure planétaire.

## Gaz et poussières

Tout élément, tout composé chimique peut exister sous trois états : l'état solide, dans lequel ses atomes sont liés d'une manière rigide ; l'état liquide, dans lequel les liaisons intermoléculaires sont relativement lâches ; enfin, l'état gazeux, où atomes ou molécules sont quasiment libres. A *très basse pression*, il n'existe en fait que deux états : l'état solide et l'état gazeux. On passe de l'un à l'autre brutalement. Ainsi, la glace se *sublime* en donnant de la vapeur d'eau, et la vapeur d'eau *se condense* en glace.

Dans le Cosmos, dans l'espace interstellaire, aussi loin que peuvent porter les télescopes, on constate que la matière est présente sous ces deux états de gaz et de poussières. Sur la Terre, on sait qu'une atmosphère gazeuse entoure la Terre solide. Dans le système solaire, l'importance relative gaz-solide varie selon les planètes. Ce problème solide-gaz est donc bien au cœur du déterminisme chimique des corps planétaires.

Naturellement, les composés qui se trouvent à l'état gazeux et à l'état solide ne sont pas les mêmes. Ce sont le fer et les silicates qui forment les solides de l'Univers. Ce sont l'hydrogène, l'hélium, l'azote, l'oxygène, etc., qui en constituent la partie gazeuse. Certains éléments sont gazeux, d'autres non. Pourtant, cette distinction qui paraît simple et absolue doit être nuancée. Ainsi, sur une planète dont la température de surface est de − 10° centigrades, l'eau se trouve à l'état de glace, à l'état solide. Sur une planète dont la température est de 500° centigrades, l'eau est à l'état de vapeur. Ce qui est vrai pour l'eau est vrai pour tous les composés chimiques et pour tous les corps purs. Suivant la température, ils sont solides ou gazeux. On peut définir pour chaque corps pur, pour chaque composé, une température à laquelle on passe de l'état solide à l'état gazeux : c'est la température de vaporisation, de volatilisation.

Si l'on classe les corps purs d'après leur température

de vaporisation, on obtient un ordre, une échelle de volatilité. Un corps qui se volatilise à plus basse température qu'un autre est plus volatil. Ainsi l'azote est plus volatil que le tungstène, etc.

Supposons un volume d'Univers. A une température donnée, s'y trouveront à l'état de poussières solides tous les éléments chimiques et les composés dont la température de volatilité sera inférieure à la température ambiante. Tous les autres éléments y seront à l'état de gaz.

| | |
|---|---|
| Éléments très volatils | Hydrogène, hélium, argon, néon, xénon, azote, carbone. |
| Éléments volatils | Indium, mercure, plomb, soufre. |
| Éléments moyennement volatils | Sodium, potassium, zinc. |
| Éléments peu volatils | Fer, magnésium, silicium. |
| Éléments très réfractaires | Aluminium, calcium, titane, uranium, thorium. |

L'abondance plus ou moins grande d'éléments volatils dans un agglomérat de poussières cosmiques dépend de la température de formation et d'agglomération.

Avec ce schéma en tête, Ed Anders, alors à l'université de Chicago, a entrepris de voir si les différentes chondrites avaient des teneurs en éléments volatils comparables[1]. Il a constaté que les teneurs en volatils des chondrites sont extrêmement variables. Certaines sont riches en éléments volatils, comme les chondrites carbonées ; d'autres, par contre, comme certaines chondrites H, L ou E, sont pauvres en éléments volatils.

En fait, lorsque l'on compare une à une les compositions chimiques des chondrites avec celles du Soleil, on constate que celles qui ressemblent le plus à ce dernier sont celles qui sont le plus riches en éléments volatils. La déficience en éléments volatils (le Soleil étant pris comme référentiel) est donc un important indicateur d'évolution de la matière cosmique. Anders en conclut que les conditions thermiques de formation des chondrites sont très variables, depuis des conditions froides pour les chondrites carbonées jusqu'à des conditions plus chaudes pour les chondrites H, L et E, pauvres en volatils. Mais il convient de chercher à comprendre plus avant ce phénomène, et, pour ce faire, il nous faut nous intéresser davantage à la structure des chondrites.

Les chondrites sont formées de deux parties agglomérées, assemblées en un tout à l'aspect très hétérogène : les chondres, particules sphériques dont nous avons parlé, et le ciment interstitiel que l'on appelle la matrice. La matrice est constituée par des morceaux de minéraux agglomérés.

L'importance relative entre les chondres et la matrice est variable. Certaines chondrites contiennent beaucoup de chondres presque parfaits, d'autres sont au contraire plus pauvres en chondres. L'examen interne des chon-

---

1. E. Anders, 1971.

dres révèle qu'ils résultent du refroidissement d'un liquide silicaté fondu. La cristallisation des minéraux à l'intérieur, la croûte figée qui les entoure, tout évoque la prise en masse de gouttelettes de magma. L'analyse chimique des chondres révèle, comme on pouvait s'en douter, leur extrême pauvreté en éléments volatils.

Les matrices des chondrites sont de nature beaucoup plus variable. Certaines matrices sont formées de minéraux de haute température, en tout point analogues à ceux qui forment les chondres, auxquels il faut ajouter bien sûr les particules de fer natif. D'autres, au contraire, sont plus hétérogènes et contiennent en outre des composés ou des minéraux dont l'origine à basse température ne fait aucun doute. Ainsi, les matrices des chondrites carbonées contiennent des molécules carbonées complexes qu'une faible augmentation de chaleur détruit immanquablement, des argiles, du gypse, des carbonates, tous minéraux caractéristiques des conditions « froides » de la surface terrestre.

L'analyse des matrices des chondrites confirme pleinement les observations minéralogiques et les précise en leur donnant une expression quantitative. La teneur en éléments volatils varie suivant les matrices. Les matrices « froides » sont riches en éléments volatils, les autres non.

Les observations d'Anders commencent ainsi à recevoir un début d'explication : la variation de la teneur en éléments volatils ne dépend pas seulement de la proportion chondrules/matrices, mais de la teneur en éléments volatils des matrices elles-mêmes. Certaines matrices sont « froides », d'autres « chaudes ».

Dans un premier temps, au cours d'une phase chaude, se sont ainsi fabriquées des chondrules ; puis, dans un second temps, à basse température, se sont agglomérés tous les solides, les poussières présentes aux environs, comme les chondrules refroidies.

Ce scénario indique que dans le système solaire primitif, en voie de formation, une première génération de poussières s'est formée en chondrules, puis la température a décru et des poussières de basses températures se sont formées en certains endroits, en d'autres non. Enfin, dans un dernier temps, alors que la température était assez basse, l'agglomération des poussières et débris a permis de constituer le corps météoritique dont les dimensions originelles sont à partir de l'état actuel, difficiles à préciser.

Dans cette description, les *chondrites carbonées* paraissent vraiment s'être formées dans des conditions particulières, puisqu'on y trouve piégés jusqu'à 5 % d'eau, que les gaz rares qui y ont été piégés sont dans une abondance très supérieure à tout ce que l'on peut trouver dans les chondrites ordinaires. De là, l'idée qui a été proposée de voir dans les météorites carbonées le cœur de comètes défuntes et éclatées, et en même temps le témoin de la matière primitive froide.

Cette hypothèse a été testée lors des récents rendez-vous cométaires réalisés par les sondes européennes et japonaises. Sans que les résultats puissent être considérés comme une démonstration absolue, ils indiquent effectivement un milieu froid dont la composition est en accord avec l'hypothèse de l'origine primitive des chondrites carbonées. Les missions qui visent en 2003 à analyser *in situ* le matériel cométaire vont être en ce sens extraordinairement importantes.

## Le métamorphisme des météorites

L'observation microscopique des relations géométriques chondres-matrices vient encore compliquer le problème. Dans certains cas, le contact est franc, net, et les chondres sphériques semblent emballés dans un milieu étranger. Dans d'autres, au contraire, les bordures des chondres sont « mangées », des minéraux semblent appartenir à la fois aux chondres et aux matrices. Bref, tout se passe comme si chondres et matrices, artificiellement accolés, avaient chimiquement réagi les uns sur les autres selon une réaction secondaire. C'est ce que l'on appelle le métamorphisme des chondrites, par analogie avec le métamorphisme des roches terrestres, qui, sous l'action de la chaleur interne, transforme un calcaire en marbre et une argile en schiste.

Le phénomène de métamorphisme des chondrites montre clairement que, postérieurement à l'assemblage chondritique, un réchauffement a eu lieu, provoquant des réactions minéralogiques. A températures ordinaires, en effet, les vitesses de réactions à l'état solide entre minéraux sont trop lentes pour provoquer des modifications de texture notables — même en 4,55 milliards d'années. Or, un tel réchauffement secondaire a pu expulser dans l'espace des éléments chimiques très volatils. John Wasson, de l'université de Californie à Los Angeles, utilise cette possibilité comme argument pour combattre la théorie d'Anders [1] ; il avance l'idée que la répartition des éléments volatils ne fait que traduire le phénomène secondaire de réchauffement, non un phénomène primaire ayant eu lieu lors de l'accrétion de la météorite. L'interprétation de Wasson implique qu'après l'agglomération à froid des météorites, un réchauffement secondaire ait eu lieu [2].

Quelle est la source d'énergie de ce réchauffement ? A-t-il eu lieu au centre des corps parents ? A-t-il eu lieu au contraire à la périphérie, par suite d'une irradiation due à une intense activité du Soleil primitif très chaud ? Aucune réponse satisfaisante n'a été jusqu'à présent donnée à ces questions, qui, on le sent bien, recèlent pourtant des problèmes fondamentaux pour notre compréhension de la formation des planètes et pour la reconstitution des premiers instants du système solaire. Quant à la répartition des éléments volatils, qu'est-ce qui la détermine ? Le refroidissement initial ? La position cosmographique de la météorite dans la nébuleuse primitive et en particulier sa distance héliocentrique ? Ou, au contraire, ne doit-on voir dans cette répartition qu'une trace du métamorphisme ultérieur ?

Tentons d'avancer dans ces problèmes difficiles en essayant de placer tous ces événements dans une séquence chronologique précise.

---

1. Van Schmus et J. Wood, 1967.
2. J. Wasson, 1974.

## La chronologie fine de l'histoire des météorites

Les météorites se sont formées il y a 4,55 milliards d'années. Cette information a été capitale, puisqu'elle a situé chronologiquement non seulement l'Histoire de la Terre, mais aussi tout le développement du système solaire. Elle est pourtant insuffisante, car nous avons besoin de savoir en quel intervalle de temps les corps planétaires, et en premier lieu les météorites, se sont formés. En 100 millions d'années ? en un millions d'années ? en mille ans ? Suivant la réponse, les scénarios de formation des objets planétaires seront radicalement différents. L'alternance des événements chauds et froids sera perçue différemment. Comment obtenir de telles précisions de nos méthodes chronologiques pour des événements éloignés de nous de plus de quatre milliards d'années ?

La réponse à cette difficile question est d'abord venue de l'université de Berkeley, et plus précisément de John Reynolds [1].

En 1961, Reynolds découvre que la composition isotopique d'un gaz rare, le xénon, extrait de la météorite Richardton, présente un caractère anormal prononcé. L'isotope de masse 129 est anormalement abondant. Pour Reynolds, cet isotope n'est pas quelconque, il est potentiellement le produit de la désintégration de l'iode 129, comme le plomb 206 est le résultat de la désintégration de l'uranium 238 — avec une petite différence,

---

1. J. H. Reynolds, 1960.

toutefois : l'iode 129 n'existe plus dans la nature d'aujourd'hui !

Diverses théories astrophysiques prétendent que cet isotope existait au début du système solaire, mais que sa période de désintégration très courte (17 millions d'années) l'a conduit à être depuis lors inexorablement détruit. Comment donc prouver son existence passée et sa désintégration en xénon 129 ?

John Reynolds et Peter Jeffreys ont alors recours à une élégante méthode de dégazage par paliers[1]. Le xénon est un gaz, il est enfoui dans les minéraux, mais, lorsqu'on chauffe ces derniers, il s'en dégage suivant une loi qui traduit la manière dont il est lié à eux. Lorsqu'on chauffe une météorite, on constate qu'au-dessous d'une certaine température, le xénon ne se dégaze pas, puis, cette température critique une fois atteinte, il se dégaze brutalement.

Reynolds et Jeffreys ont alors l'idée de soumettre leur météorite au flux d'un réacteur qui provoque une réaction nucléaire artificielle et transforme une partie de l'iode 127, l'isotope stable présent actuellement, en xénon 128. Dégazant par paliers leur météorite irradiée, ils constatent que tous les isotopes du xénon se dégazent à la même température de 1 200 °C. Pourtant, à une température légèrement supérieure, ils ont le plaisir de voir que la météorite dégage encore du xénon, mais cette fois isotopiquement très anormal. Au lieu des 9 isotopes habituels, ce xénon de haute température n'en comporte que deux : l'isotope 129 et l'isotope 128

---

1. P. M. Jeffreys et J. H. Reynolds, 1961.

artificiellement créés. Cela prouve bien que le xénon 129 en excès provient du même « site » minéral que l'iode !

Conforté dans son hypothèse, Reynolds va rechercher l'existence d'anomalies de xénon 129 dans toutes les météorites et va les trouver, mais en quantités plus ou moins grandes. Mesurant alors dans chacune d'elles la quantité d'iode 127 et admettant que le rapport iode 129/iode 127 était le même au début des temps, il établit ainsi une chronologie relative entre les diverses météorites.

Le résultat étonnant qu'il annonce avec ses élèves Chuck Hohenberg et Franck Podosek est que toutes les météorites se sont formées dans un intervalle de temps extrêmement « court » — court pour la cosmochimie, s'entend —, à savoir vingt millions d'années[1]. Ainsi, il y a 4,55 milliards d'années, les corps solides du système solaire se sont formés en vingt millions d'années !

Il a fallu attendre près de vingt ans pour voir les résultats de Reynolds confirmés par des méthodes plus traditionnelles comme le rubidium-strontium. Pourtant, dans un premier temps, l'équipe de Wasserburg au Caltech obtint des résultats infirmant ceux de Berkeley. L'intervalle de formation pour toutes les météorites semblait plus proche de 150 millions d'années que de 15. Une chronologie « longue » semblait se substituer à la chronologie « courte », d'autant plus que la méthode

---

1. C. Hohenberg *et al.*, 1967.

rubidium-strontium semblait plus fiable que la méthode un peu exotique iode-xénon[1].

Les travaux faits à Paris dans notre laboratoire par la méthode rubidium-strontium mais aussi la méthode uranium-plomb ont permis d'expliquer la contradiction et rétablir la cohérence[2].

La formation initiale des météorites, de *toutes* les météorites, semble s'être effectuée en 10 ou même 5 millions d'années, il y a exactement 4,565 milliards d'années. Cette formation a conduit à fixer le rapport rubidium-strontium des diverses météorites ; or, le rubidium est un élément volatil ; il a donc existé, au cours de ces phénomènes primitifs, des différentiels thermiques tels que ceux qu'avait imaginés Anders. Mais, ultérieurement à cette formation, 10 à 100 millions d'années plus tard, des réchauffements ont provoqué un métamorphisme dans les chondrites. Lorsqu'on détermine l'âge des minéraux d'une météorite métamorphisée, on détermine l'âge de ce métamorphisme. Ainsi, la vision de Reynolds et celle de Wasserburg ne sont pas antagonistes, mais superposées.

La chronologie précise des météorites différenciées, replacée dans ce scénario, permet de dire que le volcanisme extra-terrestre des basaltes météoritiques a eu lieu 2 à 6 millions d'années après la formation des chondrites, montrant par là que ces corps se sont réchauffés plus vite et plus fort que les corps chondritiques eux-mêmes.

---

1. Wasserburg *et al.*, 1969.
2. J.F. Minster *et al.*, 1983. G. Manhes *et al.*, 1991.

Si l'on met en parallèle l'existence d'un métamorphisme des chondrites et la formation des achondrites basaltiques par des processus volcaniques, il faut admettre que la cause du réchauffement est à rechercher à l'intérieur même de ces pseudo-planètes. Mais quelle en fut la source ?

Il y a là une énigme sur laquelle il nous faudra revenir. Contentons-nous pour l'instant de la noter.

## Le modèle de condensation

L'ensemble des observations concernant les caractères de volatilité des éléments chimiques des météorites a donné naissance à un modèle théorique de formation des objets planétaires. C'est le modèle dit de condensation, dont il faut attribuer la paternité initiale à Harold Urey[1], mais qui a été développé ultérieurement par Lord en 1965, puis « redécouvert » et popularisé par John Larimer et Ed Anders, de l'université de Chicago, d'une part[2], et Larry Grossman, alors étudiant à l'université de Yale, de l'autre[3].

On considère comme point de départ du futur système solaire une nébuleuse gazeuse *chaude* dont la composition chimique est identique à celle du Soleil d'aujourd'hui. Rappelons que le Soleil contient 99,8 % de toute la masse du système solaire. Étant chaude, la nébuleuse émet des rayonnements — de la lumière —

---

1. H. Urey, 1952.
2. J.W. Larimer et E. Anders, 1967.
3. L. Grossman, 1972.

vers l'espace, perdant ainsi une partie de sa chaleur. Elle se refroidit. Il arrive un moment où l'on atteint la température à laquelle certains composés chimiques ne sont plus stables à l'état gazeux. Ces composés vont donc se condenser, non pas en liquides, mais en solides, car la pression est ici très faible. La nébuleuse se charge donc de grains solides, de poussières. Ce sont ces grains qui, en s'accumulant, vont donner naissance à des objets solides de plus en plus gros ; d'abord, aux météorites, puis, plus tard, s'ils sont en quantité suffisante, aux planètes.

Le problème est celui de connaître la composition chimique et minéralogique précise de ces grains solides de condensation que l'on appelle donc des condensats. Pour y parvenir, on peut faire appel au calcul des *équilibres chimiques*. Pour chaque température, on considère tous les équilibres chimiques possibles entre toutes les espèces gazeuses et solides susceptibles de se former dans un mélange de composition solaire, et on détermine les composés qui sont dans ces conditions à l'état solide. On obtient ainsi une suite de composés chimiques qui, lorsque la température diminue dans un « gaz solaire », se déposent successivement. C'est ce que l'on appelle la séquence de condensation (fig. 20).

Les premiers composés qui se condensent à 1 300 °C sont des *oxydes riches en titane, aluminium et calcium.* C'est ce genre de composés que l'on utilise aujourd'hui comme réfractaires dans les fours industriels à hautes températures. Vers 1 050 °C se condense massivement le fer métallique (n'oublions pas que l'on se trouve dans une atmosphère riche en hydrogène, donc très réduc-

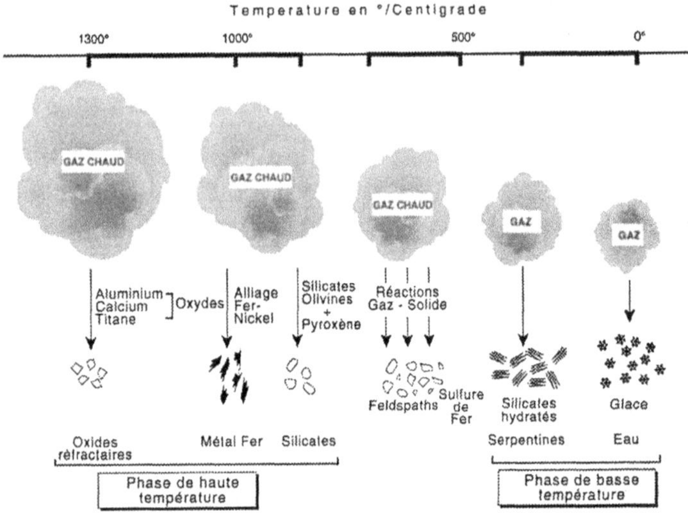



Fig. 21. — Schéma montrant le scénario de la condensation, à partir d'un nuage de gaz qui se refroidit, précipitant successivement les divers minéraux que l'on trouve dans les météorites.

trice) ; puis, à 950 °C, le premier silicate, en l'occurrence le silicate de magnésium appelé olivine ; puis, d'autres silicates de magnésium et de fer, que l'on appelle des pyroxènes. Enfin, vers 800 °C, se forment des silicates à structure plus lâche, les feldspaths plagioclases, et le sulfure de fer ($FeS_2$). A des températures plus basses encore se condense un silicate contenant de l'eau, la serpentine, sorte d'« argile » d'olivine. Enfin, à 0 °C, l'eau se condense en glace.

On ne peut manquer d'être frappé par la nature des minéraux qui apparaissent dans la séquence de condensation. Ce ne sont pas des composés chimiques quelconques, pris au hasard dans les quelques milliers de composés naturels qui existent. Ce sont des composés naturels bien connus.

Le fer natif (allié à un peu de nickel), premier condensat abondant, est le constituant du noyau terrestre ou des météorites de fer. C'est le seul métal qui se condense à l'état métallique, c'est aussi le seul métal que l'on rencontre en abondance dans le Cosmos.

Le silicium, lui, ne se condense pas à l'état métal, mais sous forme de combinaisons : les silicates de magnésium et de fer que l'on appelle olivine et pyroxène et qui constituent les premiers condensats silicatés. Ils sont les composants essentiels du *manteau terrestre*, mais aussi des chondrites.

Le feldspath, condensat suivant, qui, on le sait, s'allie avec les pyroxènes pour donner le basalte, roche ubiquiste, puisqu'on la trouve aussi bien comme plancher des océans terrestre que comme météorite dans les achondrites basaltiques.

Ainsi, avec quatre condensats solides principaux, il est possible de « fabriquer » chondrites, météorites de fer, achondrites et constituants internes de la Terre.

On peut aussi expliquer la formation des chondrites carbonées en admettant qu'aux composés de haute température se sont superposés ou substitués des condensats froids avec argiles et eau. D'une manière plus complète, les calculs de condensation permettent de quantifier, de relier la composition chimique et notamment la teneur en volatils, la composition minéralogique et la température de formation.

On comprend aisément pourquoi cette théorie a remporté immédiatement un très grand succès auprès des cosmochimistes. Loin d'élucider par elle-même le dilemme entre accrétion homogène et hétérogène, elle ne fait a priori que rendre possibles l'une et l'autre.

Si les grains solides s'accrètent, s'agglutinent au fur et à mesure qu'ils se *condensent*, il se formera d'abord un noyau de fer qui s'entourera d'un manteau de silicates, puis de composés riches en eau. C'est le modèle de l'accrétion hétérogène. Si, à l'inverse, l'accrétion, l'agglomération des grains ne se fait qu'une fois la condensation terminée, il se formera des corps solides de composition chimique et minéralogique homogène. Les deux scénarios semblent donc intacts.

Pas tout à fait, cependant. Si le scénario réel est celui de l'accrétion homogène, les grains une fois condensés ne s'agglomérant pas peuvent réagir avec le gaz et donc former de nouveaux minéraux. Ainsi, le fer métal peut réagir avec l'hydrogène sulfuré gazeux pour donner du sulfure de fer, minéral bien connu des météorites. Si, au contraire, le fer est enfoui dans un agglomérat solide, ce sulfure de fer ne pourra se former que par réaction secondaire ultérieure à l'intérieur même du corps solide. Il en va de même pour d'autres composés. L'observation fine des météorites semble indiquer que tous ces minéraux « réactionnels » semblent être originels et non pas secondaires, ce qui semble donc conforter la thèse de l'accrétion homogène. L'existence même des météorites à structure globale homogène comme les chondrites semble aller dans le même sens et appuyer le scénario de l'accrétion homogène.

La séquence de condensation est donc une étape importante dans notre compréhension de la formation du système solaire. Pourtant, à y regarder de plus près, on peut noter que nous avons passé sous silence les premiers produits de condensation, les oxydes riches en titane, aluminium et calcium, dont nous n'avons identifié l'importance à aucun moment, ni dans les météorites ni dans la Terre. Premiers condensats dans le calcul, ils ne semblent jouer aucun rôle. Existent-ils dans la nature, dans les roches que nous observons ? A première vue, ils ne semblent pas exister.

Bien sûr, il est toujours possible de supposer que ces composés, étant en abondance relativement faible, ont été ultérieurement détruits par des processus secondaires, soit à l'intérieur des corps planétaires, soit par réaction avec le gaz de la nébuleuse. Mais une telle hypothèse paraît un peu *ad hoc*, inventée pour les besoins de la cause, pour expliquer une carence, une faiblesse du modèle.

## Allende est-elle la pierre de Rosette de la planétologie ?

Champollion ne put déchiffrer les hiéroglyphes que grâce à l'examen approfondi de la pierre de Rosette sur laquelle un message était écrit à la fois en grec, en démotique et en hiéroglyphes. Cette pierre est devenue le blason de ceux qui cherchent à reconstituer le passé grâce à la lecture des pierres, ou qui espèrent trouver la pierre qui leur permettra de reconstituer le puzzle dont ils n'ont que des éléments épars.

En 1969, Mireille Christophe, minéralogiste du

CNRS, qui étudie à l'aide de l'observation microscopique les météorites carbonées, découvre dans l'une d'elles, Virgano, l'existence de minéraux blancs formés d'oxydes de titane, aluminium et calcium[1]. Quelques mois plus tard, Ursula Marvin, de la Smithsonian Institution de Cambridge, dans le Massachusetts, confirme cette observation sur une autre météorite carbonée[2].

Ces observations ne font que renforcer le prestige du modèle de la condensation puisque à ses vertus explicatives et synthétiques s'ajoute donc celle d'être prédictive. Les condensats riches en titane, aluminium, calcium avaient été prédits par le calcul, on ne les connaissait pas ; on les observe aujourd'hui dans la nature !

Pourtant, sur le moment, ces observations n'ont suscité qu'un intérêt modeste. Il faudra attendre deux ans pour que ces découvertes suscitent vraiment l'attention qu'elles méritaient.

Le 8 février 1969, près du village mexicain de Pueblito de Allende, tombe une météorite de 2 tonnes. Chance exceptionnelle, cette météorite est de type carboné. Or, si ce type de météorite est d'un intérêt exceptionnel, il est extrêmement rare et, avant celle d'Allende, on n'en possédait en tout et pour tout que quelques dizaines de kilos dispersés dans les musées d'histoire naturelle du monde. Immédiatement étudiée par Ursula Marvin et John Wood, de la Smithsonian Institution, cette météorite se révèle extrêmement riche en inclusions « réfractaires » d'oxyde de titane, alumi-

---

1. M. Christophe, Michel Lévy, 1968.
2. U. Marvin *et al.*, 1970.

nium, calcium, que l'on appellera bientôt inclusions blanches d'Allende.

Poussant plus loin les investigations, John Wood et Larry Grossman pensent pouvoir affirmer qu'ils ont vu des inclusions blanches entourées de particules de fer natif, puis d'olivine et de pyroxène, et donc qu'ils ont effectivement observé la séquence de condensation telle que les calculs l'avaient prédite. Larry Grossman analyse les éléments traces contenus dans les diverses phases d'Allende et montre que les inclusions blanches sont les plus pauvres en éléments volatils jamais observées. La chronologie à l'iode-xénon effectuée par Franck Podosek, de l'université Washington à Saint Louis, donne à ces inclusions blanches l'âge le plus ancien de tout objet rocheux jamais daté.

Tout concorde donc à merveille. Allende recèle en son sein les mystères de la Création. Les inclusions blanches sont les premiers grains solides à s'être formés dans le système solaire !

La séquence de condensation est bien la clef de l'explication de la formation des planètes et donc de notre Terre !...

CHAPITRE V

# L'aventure planétologique

Lorsque, le 19 juillet 1969, Neil Armstrong pose le pied sur le sol lunaire, il ne sait pas encore qu'il ouvre une décennie d'exploration planétaire dont la moisson de résultats scientifiques va renouveler totalement notre connaissance du système solaire.

On ne connaissait les planètes que grâce à des clichés obtenus à l'aide des télescopes terrestres dont la caractéristique essentielle n'était pas la netteté. On possède aujourd'hui une collection complète de photographies détaillées de la surface de Mercure, de Vénus, de Mars et de ses deux satellites, de la Lune bien sûr, de Jupiter, mais aussi de ses quatre gros satellites, Io, Europa, Ganymède et Callisto, de Saturne et de ses plus gros satellites, Titan, Rhéa, Dioné, d'Uranus et de ses satellites, de Neptune aussi. Seul Pluton a échappé jusqu'à présent à nos investigations de « proximité ». Pour beaucoup d'entre ces planètes, nous disposons de mesures géophysiques précises telles que celles de leurs champs magnétiques ou de leurs champs de gravité, et pour trois d'entre elles — la Lune, Mars et Vénus —, d'analyses chimiques des matériaux qui en constituent la surface.

Notre connaissance de la Terre n'est aujourd'hui plus isolée. Notre planète est désormais située parmi une collection d'objets semblables, homologues à elle et pourtant, nous allons le voir, tous différents d'elle. Comment pourrait-on évoquer la formation de la Terre ou l'évolution de ces premières époques en négligeant le contexte planétologique tel que les missions spatiales ont permis de le reconstituer ?

Avant de chercher à en tirer les enseignements qui éclaireront notre propos, nous allons retracer cette exploration systématique, tant il est vrai que chacune des étapes de l'aventure planétologique a ses caractéristiques propres et que nous avons vécu cette aventure au jour le jour, mission après mission, en nous émerveillant sur chacune d'elles.

## Première étape : l'exploration lunaire

Lorsque John Kennedy, répondant au défi du Spoutnik soviétique, assigne à la NASA comme objectif prioritaire le débarquement sur la Lune, cela fait déjà bien longtemps que Harold Urey a fixé cet objectif à la jeune communauté planétologique. Les chercheurs sont des visionnaires.

La Lune a fasciné les hommes depuis toujours ; pourtant elle n'est restée longtemps qu'un disque blafard toujours semblable à lui-même, puisque, par suite d'un phénomène de résonance, la Lune présente toujours la même face aux observatoires terrestres.

Depuis les missions américaines Apollo, suivies des missions soviétiques Luna, la Lune est devenue pour nous une petite « planète » dont on connaît la topographie, la cartographie, la structure interne, la nature des roches de surface et l'histoire géologique. Cherchons à résumer ce qui reste une aventure scientifique extraordinaire. Elle a été intensément vécue pendant dix ans par des chercheurs d'origines très diverses, dont aucun n'avait a priori de connaissances particulières sur la Lune, qui se sont mobilisés rapidement autour du projet Apollo et ont jeté les bases d'une nouvelle discipline : la planétologie[1].

La surface de la Lune est composée de deux unités distinctes : les mers, sombres, plates, qui occupent les dépressions, et les montagnes, claires, rugueuses, très vallonnées, qui entourent les mers.

Les mers ont des formes circulaires très nettes et, en fait, leur assemblage ressemble à une superposition de cercles. Seule la face visible de la Lune possède des mers, sa face cachée est uniquement montagneuse (cette observation n'a toujours pas reçu d'explication). Les mers comme les montagnes sont criblées de cratères. Dès les missions Apollo 9 et 10, qui avaient placé un satellite en orbite lunaire, on possédait toutes ces informations. On savait aussi que sous les mers existe une accumulation de matière dense qui se manifeste par des

---

1. R. S. Taylor, 1982.

anomalies positives dans le champ de gravité que l'on appelle des mascons *(mass concentration)*.

Pourtant, ce n'est qu'avec la mission Apollo 11, qui s'est posée au centre de la mer de la Tranquillité, et le retour des premières roches lunaires que l'aventure lunaire a véritablement débuté. Prélevés par Armstrong à proximité immédiate du module lunaire, les premiers échantillons lunaires arrivent à Houston en août 1969. La possibilité d'une vie microbienne lunaire leur a imposé d'être conservés dans des conditions d'asepsie totale, dans un lieu étanche isolé de tout contact extérieur, le Lunar Receiving Laboratory. Dans une surexcitation que l'on imagine sans peine, les quelques scientifiques choisis entament alors les premières analyses. On constate que les roches prélevées sur le sol, autour du module lunaire, sont des morceaux de laves volcaniques de nature basaltique, très analogues aux basaltes que l'on trouve sur la Terre à Hawaii, en Islande ou à Djibouti, qui constituent aussi sous la mer le plancher des fonds océaniques. Le sol lunaire lui-même, poudre grise qui recouvre uniformément la surface, est constitué par ces débris pilés en mille morceaux. Les premières analyses chimiques n'indiquèrent rien de bien spectaculaire, si ce n'est la pauvreté de ces roches en fer (par comparaison avec les basaltes terrestres). Dès la quarantaine terminée, les examens biologiques ayant permis d'affirmer la non-existence de microbes lunaires, les échantillons commencèrent à être distribués avec parcimonie aux meilleurs laboratoires d'analyses de roches du monde entier. Quelques mois plus tard, la NASA organise à Houston le premier congrès de « géologie lunaire », suivant un néologisme qui va faire rapidement tomber en désuétude le vocable consacré de sélénologie. Ce changement sémantique traduit en fait une préoccupation réelle : celle de montrer qu'un changement qualitatif s'est introduit dans la manière d'étudier la Lune, qu'une rupture draconienne avec les méthodes des astronomes s'est produite et qu'en fait, ce sont les méthodes des géologues terrestres qui ont été transportées sur la Lune.

Revenons à Houston, où, dans une ambiance un peu survoltée, les premiers résultats vont être présentés. Les plus attendus sont sans conteste ceux qui concernent l'âge des échantillons lunaires. Sont-ils aussi vieux que les météorites, comme beaucoup le supposent ? Sont-ils beaucoup plus récents, comme d'autres n'osent le rêver ?

Les âges fournis par l'équipe de Jerry Wasserburg, du Caltech, par la méthode rubidium-strontium, de Mitsunobu Tatsumoto, de l'US Geological Survey de Denver, par la méthode uranium-plomb, et du jeune Anglais Grenville Turner, de Sheffield, par la méthode potassium-argon (dont la proposition d'étude, rejetée par le comité anglais de sélection, avait été repêchée par la NASA), coïncident. Les roches de la mer de la Tranquillité sont âgées de 3,8 milliards d'années. Mais, chose curieuse, le sol, la poussière lunaire, fournit un âge de 4,55 milliards d'années, semblable à l'âge de la Terre et des météorites[1] !

Ainsi, le principe de la stratigraphie semble violé :

_______________

1. Voir *Science*, numéro spécial, 1969.

une couche en recouvrant une autre est plus vieille que cette dernière ! Tomy Gold, de l'université Cornell, va en conclure hâtivement que le sol est donc d'origine « extra-lunaire » et est constitué de débris d'origine météoritique. Malheureusement, toutes les analyses chimiques et isotopiques vont infirmer cette théorie et concluront à l'identité de composition entre sol et basalte sous-jacent. Si le sol est « âgé » de 4,5 milliards d'années, c'est que c'est un mélange, une moyenne de toutes les roches de surface. L'analyse des roches confirme d'ailleurs les résultats préliminaires. Parmi les examens chimiques, le plus spectaculaire va concerner les éléments de la famille des terres rares : contrairement aux basaltes terrestres, ceux de la Lune se marquent par un extraordinaire déficit en l'un d'entre eux, l'europium. Or l'europium s'associe préférentiellement au minéral plagioclase. A partir de là, John Wood, de la Smithsonian de Harvard, conclut que les montagnes d'aspect clair sont formées d'une roche composée surtout du minéral que l'on nomme l'anorthosite.

L'analyse détaillée des divers types de roches fait apparaître l'existence d'une catégorie de roches particulières, les brèches, formées de fragments agglomérés et soudés par un ciment. L'origine multiple de ces fragments évoque les phénomènes d'impact et d'agglomération secondaires. Ces structures étaient connues dans le domaine des météorites. Leur découverte sur la Lune va permettre de comprendre l'origine des brèches météoritiques, sans doute aussi formées par des impacts. Une telle idée sort renforcée de la découverte que certaines de ces brèches sont formées par l'agglutination d'une partie du sol lunaire lui-même.

L'ensemble de ces observations, liées à l'examen des photographies détaillées prises de la surface du sol lunaire, permet de proposer déjà un scénario très cohérent des principales unités de la géologie lunaire. Les cratères ne sont pas des cratères volcaniques, comme certains l'avaient cru, mais des cratères d'impacts créés par un intense bombardement météoritique. Ce bombardement a cassé, haché, broyé en petits morceaux les coulées de basaltes qui forment le soubassement des mers[1].

Mais où sont les sources de ces laves ? On ne voit ni appareils volcaniques, ni caldeiras, comme à Hawaii, ni fissures, comme en Islande... Peut-être la lave si fluide a-t-elle-même recouvert l'orifice alimentateur ?

Dans ce palmarès de nouveautés, nous n'avons pas mentionné l'étude des produits organiques. Le 30 juillet, de Houston arrive une nouvelle stupéfiante : « Il y a de la matière organique, donc d'origine vivante, sur la Lune ! » Les spectromètres de masse en ont détecté. Certains journaux titrent : « Vie sur la Lune ! » Les spéculations vont immédiatement bon train. Pourtant, il faudra vite déchanter. Les analyses montrent que ces produits organiques ne sont que du fuel émis par les réacteurs du module lunaire qui, lors de l'alunissage, a contaminé les roches alentour... Gloire éphémère pour les tenants de l'exobiologie ! Et pourtant, que d'efforts d'imagination et de talents ils avaient déployés. Mais

---

1. T. Mutch, 1970.

sans intuition, sans audace mais aussi sans chance, existe-t-il un talent scientifique ?

Le sismographe posé sur la Lune a enregistré des « tremblements de lune ». La forme de leurs signaux est très différente de ceux des tremblements de terre. Ils sont plus « mous », moins vifs. Au vu de ces allures, les sismologues nous déclarent que l'intérieur de la Lune doit être moins rigide que l'intérieur terrestre. Mais ils n'ont à leur disposition qu'une seule station d'enregistrement et, par conséquent, ils ne peuvent ni localiser les tremblements de lune ni étudier les trajets des vibrations et leurs perturbations comme on l'a fait pour la Terre. Il va falloir attendre les prochaines missions pour en savoir plus.

Dans une mission d'exploration planétaire, les observations négatives sont elles aussi extrêmement importantes. La première conférence de Houston permit ainsi de mettre fin à toute une série d'hypothèses plus ou moins sérieuses. Comme nous l'avons déjà dit, il n'y a pas de vie sur la Lune, il n'y a pas de grands reliefs volcaniques, comme ceux d'Hawaii ou de l'Etna, il n'y a pas d'eau. Cherchée avec acharnement par des méthodes de détection diverses, l'eau est absente. Du même coup, l'érosion est quasi inexistante. Géologiquement parlant, il n'y a pas non plus de grandes failles comme sur la Terre, ni de grandes chaînes de montagnes allongées. La tectonique lunaire est donc très sommaire. Le champ magnétique lunaire est inexistant. La géologie de la planète paraît donc contrôlée par deux phénomènes dominants : le volcanisme et l'impact des météorites de taille variable.

Apollo 12, venant peu après Apollo 11, n'a pas fondamentalement modifié nos connaissances. Le débarquement a lieu dans l'océan des Tempêtes. Les astronautes, un peu libérés de l'appréhension du premier voyage, ont reçu la permission de s'éloigner du module lunaire et leur collection de roches va se révéler plus copieuse et variée. Les roches de ce site sont encore des basaltes. Leur texture est parfois celle de laves, parfois celle de brèches. Elles sont cette fois âgées de 3,25 milliards d'années. Un sol meuble, tout aussi épais que celui du site d'Apollo 11, recouvre le sol. Les observations continues faites tant au sol qu'en orbite ne font que confirmer celles effectuées lors de la première mission.

A partir d'Apollo 12, nous avons vécu le programme lunaire d'une manière différente. De spectateurs émerveillés, nous sommes devenus des acteurs impatients, appliqués, dont l'engagement n'avait fait que sublimer l'enthousiasme. A cela s'ajoutait un petit élément extra-scientifique : lors d'Apollo 11, aucune équipe française n'avait été sélectionnée par la NASA pour étudier les roches nouvelles, alors qu'il y avait là des équipes allemande, anglaise, japonaise, canadienne, australienne, sud-africaine. La presse française s'en était émue et en avait tiré des conclusions négatives, sans doute très exagérées sur le niveau de la science française en général. Hubert Curien, alors délégué général à la Recherche scientifique, encouragea notre jeune équipe, qui venait de se constituer, à soumettre une proposition d'expérience pour Apollo 13. Notre qualité expérimentale n'était pas encore au niveau des meilleurs, et nous avions très peur d'aller au-devant d'un échec de non-recevoir. Notre proposition fut pourtant acceptée, ainsi que celles de deux autres groupes français. Nous fûmes ainsi brutalement plongés dans le grand bain. Nos résultats expérimentaux allaient être comparés à ceux des meilleurs, comparaison que nous savions sans pitié et qui avait déjà valu à de nombreux groupes, dont certains à la réputation internationale bien établie, d'être purement et simplement exclus du programme après les résultats d'Apollo 11 et 12. Fierté d'avoir été sélectionnés, angoisse de ne pas rester longtemps à bord !

Notre sujet d'étude, dans ce contexte de compétition exacerbée, était particulièrement vulnérable, puisque nous nous proposions d'effectuer les déterminations d'âge des roches par les méthodes radiométriques. C'était tout à la fois l'information capitale la plus recherchée, la plus signifiante, mais aussi celle dont la qualité peut être le plus facilement testée, puisqu'elle s'exprime par un chiffre. Un biais systématique avec les autres équipes et une erreur facilement détectée et numériquement exprimée signifiait l'exclusion pure et simple du programme. Or, les analyses étaient plus délicates que tout ce que nous avions réalisé jusque-là. Pour réaliser ce que nous avions annoncé vouloir faire, il nous fallait développer un système de préparation des échantillons en « salle blanche », sous air filtré, surpressé, comme il en existe en chirurgie. La contamination de nos quelques milligrammes d'échantillons par des poussières eût été fatale à nos analyses. Il nous fallait construire un spectromètre de masse capable de mesurer les compositions isotopiques au 1/10 000ᵉ près, et il n'existait que deux appareils de ce type dans le monde. Il nous fallait également réaliser les analyses dans des temps très brefs, car les mêmes échantillons étaient distribués simultanément à plusieurs équipes et chacune voulait bien sûr obtenir la primeur d'une éventuelle découverte.

Tout cela créait une ambiance scientifique assez étrange, intermédiaire entre celle des compétitions sportives, la concurrence en haute technologie et la science telle que nous la pratiquons d'ordinaire. La contrepartie positive en était l'hypermotivation qui animait notre petite équipe, composée de Jean-Louis Brick, Michel Loubet, Gérard Manhes et moi-même, et qui nous imposa un travail sans vacances, sans week-ends, le jour et une partie de la nuit, pendant plusieurs épisodes de plusieurs mois.

Pourtant, contre toute attente, ce ne furent pas les échantillons lunaires américains qui pénétrèrent les premiers à Paris. On le sait, Apollo 13 n'arriva jamais à destination, et avant qu'Apollo 14 ne nous apportât les échantillons tant attendus, les Soviétiques avaient envoyé avec succès un engin automatique baptisé Luna 16 dans la mer de la Fécondité, et rapporté sur Terre des roches lunaires. Quelques grammes avaient été offerts à la France, dont une partie pour nous. Ils devaient être rapidement suivis par ceux d'Apollo 14, puis, d'une manière séquentielle, par ceux d'Apollo 15, Luna 20 et Apollo 17, et enfin, beaucoup plus tard, par ceux de Luna 24. Car le pari fait par la NASA sur notre jeune groupe avait été fructueux, nos analyses étaient devenues de plus en plus précises et appréciées, et nous étions « restés à bord », finissant même, lors d'Apollo 16 et 17, par être inclus dans la Preliminary Mission Team, saint des saints, qui à chaque mission réalisait les premières analyses, juste après la mission et avant même la « distribution générale » d'échantillons. D'un groupe sympathique de Français, nous étions devenus un groupe concurrent des meilleurs. Ce n'était pas si mal !

On voudra bien excuser cette digression un peu personnelle dans le cours d'un exposé scientifique auquel la tradition française impose la froide objectivité de l'impersonnalisation, par le fait qu'elle est à l'origine même du présent livre. Sans ce détour imprévu de mon cheminement scientifique, sans cette obligation de réaliser rapidement des analyses de « qualité supérieure » sur des échantillons extraterrestres, peut-être aurais-je continué à m'intéresser aux problèmes de géologie terrestre, tout en gardant une certaine distance par rapport à ces questions qui m'apparaissaient alors comme bien lointaines. Et mon exemple n'est sans doute pas isolé car, comme moi, bien des collègues anglais, allemands ou américains ont été entraînés un peu malgré eux dans cette aventure, pour finalement réaliser son extraordinaire intérêt.

Mais revenons à l'exploration de la Lune : Luna 16 nous avait permis de conforter nos connaissances sur les mers. C'est avec Apollo 14 et le débarquement sur le cratère de Fra Mauro, puis avec Apollo 16, 17 et Luna 20, que va pouvoir s'affirmer notre connaissance des montagnes lunaires.

Nous l'avons déjà dit, les montagnes lunaires sont

beaucoup plus cratérisées que les mers, donnant au terrain une allure très chaotique et tourmentée, d'où les difficultés d'alunissage et la priorité donnée aux mers dans l'exploration. Très rapidement, on réalise que les roches des montagnes sont très différentes de celles des mers : au basalte noir d'origine volcanique fait place une roche claire composée de plagioclase : l'anorthosite.

La longue expérience de l'étude des roches terrestres nous a appris que de telles roches ne sont pas de simples solidifications d'un magma fondu, comme les basaltes. Elles impliquent une séparation mécanique du bain qui leur donne naissance. Cette séparation peut se faire dans la mesure où le minéral de plagioclase est moins dense que le bain silicaté et peut donc flotter et s'accumuler à la surface. On imagine ainsi qu'à un moment donné, la surface de la Lune a été fondue et que les cristaux de plagioclase sont venus constituer la croûte superficielle.

L'étude plus systématique des échantillons a rapidement révélé l'existence de certaines roches moins riches en plagioclase, mais ayant une composition chimique très particulière, caractérisées par leur richesse en potassium, phosphore et terres rares. On les appelle des roches KREEP (de K, symbole du potassium, REE signifiant *Rare Earth* — terres rares —, et P, symbole du phosphore). Mais la caractéristique commune à toutes ces roches est d'être des brèches. Aucune n'est intacte. Toutes ont subi le bombardement météoritique. Leur datation fait apparaître pour leur formation un âge ancien — 4,4 milliards d'années —, beaucoup plus ancien en tout cas que les roches volcaniques des mers. On comprend pourquoi les montagnes sont plus « cratérisées » que les mers : étant plus vieilles, elles ont subi le bombardement météoritique pendant plus longtemps.

La découverte des montagnes qui, à partir d'Apollo 16, va s'effectuer à bord d'une petite voiture lunaire permettant aux astronautes une véritable exploration, va encore confirmer le rôle essentiel des impacts de météorites dans la géologie planétaire. Ces impacts créent des cratères. Lorsqu'ils sont grands, ils constituent des excavations permettant d'avoir accès à l'intérieur de la Lune, et on se rend ainsi compte que les roches KREEP sont stratigraphiquement situées au-dessous des anorthosites. Lorsqu'ils sont petits, ces impacts brisent les roches, donnant naissance à ce sol poussiéreux, jonché de débris et de roches cassées et broyées. Mais l'action des impacts météoritiques n'est pas seulement destructrice. Un impact agglomère des roches et les « colle » ensemble, créant des brèches composées de morceaux de roches d'origines variées. Lorsqu'il est très grand, il peut provoquer un réchauffement des terrains sous-jacents et susciter une fusion à l'intérieur de la planète, déclenchant du même coup un phénomène magmatique.

Comme on le voit, la géologie lunaire a ouvert un nouveau chapitre des sciences géologiques : l'étude des impacts, de leurs effets. Les premiers jalons en avaient été posés par d'audacieux pionniers comme Ed Chao ou Eugene Shomaker, de l'US Geological Survey, dix ans avant l'exploration lunaire, mais il faut bien dire que personne ne prêtait grande attention à leurs travaux. L'exploration lunaire remet leurs études à l'ordre du jour et, comme nous le verrons par la suite, ce n'est là qu'un début [1, 2].

Pendant plus de cinq années, l'étude des diverses formations rocheuses lunaires, leur analyse chimique, leur datation ont permis de développer un scénario sur l'histoire de la Lune qui recueille aujourd'hui l'accord de la majorité des scientifiques. Résumons-le.

Aux environs de 4,4 à 4,5 milliards d'années, une partie de la Lune était fondue. A l'exception d'une très mince croûte de surface refroidie, la majeure partie du manteau était liquide et constituait une gigantesque chambre magmatique comme celles que l'on trouve sous les volcans. On compare souvent cet état à celui d'un vaste *océan de magma*. Cet énorme réservoir de lave perdant de la chaleur par son toit, sa température baissait. Arriva un moment où la température atteinte fut celle où certains cristaux prennent naissance à l'état solide. Le bain homogène se transforma alors en un mélange liquide-solide. Mais ce mélange n'était pas stable, et il allait donc se décanter. Les cristaux, plus légers que le bain, flottaient à la surface de ce dernier, formant une écume cristalline. Les plus lourds tombèrent sur le plancher de la chambre magmatique. Ainsi, les cristaux de plagioclases se mirent à flotter, séparant donc une croûte d'anorthosites — les cristaux d'olivine tombant « au fond ». Ainsi, les montagnes de plagioclases ont fini par constituer la croûte primitive de la Lune. Le processus de double différenciation — vers le haut, vers

---

1. *The Moon*, 1977.
2. T. Mutch, 1970, *op. cit.*

le bas — se poursuivant, les éléments chimiques qui n'entraient ni dans la composition des plagioclases ni dans celle de l'olivine, restèrent dans le bain dont le volume se réduisit de plus en plus. Leur concentration dans le liquide augmenta comme la salinité d'un bain d'eau augmente lorsqu'on refroidit ce bain et que l'on développe la formation de glace. Parmi les éléments chimiques qui « salaient » ainsi le bain résiduel lunaire figurent le potassium, le phosphore, mais aussi toute une série d'éléments mineurs, dont les terres rares. C'est par ce processus que se formèrent sous la couche d'anorthosite les fameuses roches KREEP dont nous avons parlé. Ce processus était sans doute terminé il y a 4,3 milliards d'années, et la Lune était alors presque totalement pâteuse. Pourtant, sa surface continuait à être bombardée par des projectiles dont certains atteignaient des tailles considérables (plusieurs dizaines de kilomètres de rayon) et qui criblaient sa surface de cratères de tailles variées. Lorsqu'un projectile frappe une planète, il provoque une excavation, mais, en même temps, le choc dégage une certaine quantité de chaleur dans la planète, comme une gifle échauffe la joue de celui qui l'a reçue. Par ce mécanisme simple, on comprend bien que le bombardement météoritique continu maintenait une certaine température à l'intérieur de la Lune. A cette influence s'en superposa une autre, créée par la radioactivité des roches lunaires, ou plutôt par la radio-activité de l'uranium et du thorium contenus dans les roches lunaires. Il faudra près d'un milliard d'années pour que les effets cumulés se fassent sentir. A partir de 3,8 milliards d'années, un nouveau phénomène se développa : dans les vastes bassins circulaires créés par les météorites géantes, on assista à la naissance d'un volcanisme. L'intérieur de la Lune, chauffée *in situ* par la radioactivité et *ex situ* par les impacts, a commencé alors à fondre. Le magma plus léger ainsi formé se créa facilement un chemin vers la surface, car les roches du toit avaient été fissurées par les impacts. Des coulées volcaniques gigantesques se mirent alors à combler les dépressions et à créer les mers lunaires. Puis le phéno-mène s'arrêta. La densité et l'intensité des impacts diminuèrent. La chaleur accumulée ayant été évacuée par le volcanisme, l'intérieur se refroidit. Pour toujours.

Il ne reste aujourd'hui qu'une faible zone centrale de 200 kilomètres de diamètre à laquelle les sismologues attribuent des propriétés de milieu pâteux, dernier témoin de cet intérieur chaud et dispensateur de mag-mas. Depuis 3,2 milliards d'années, la Lune est une « planète » morte. Seuls les rares impacts de météorites troublent encore la sérénité de sa surface.

Les sismographes déposés en plusieurs endroits — malheureusement, tous sur la même face — ont per-mis de situer les sources des tremblements de lune et leur origine. Ces tremblements de lune sont localisés vers 700 km de profondeur, leur cause est tout simple-ment l'attraction que la Terre exerce sur la Lune. Ils sont donc liés aux marées lunaires. Ils ont permis en outre de déterminer la structure interne de notre satel-lite, suivant les mêmes techniques employées et testées pour la Terre. Contrairement à la Terre, la Lune n'a pas de noyau dense, ce qui n'est pas étonnant si l'on se souvient que sa densité moyenne est de 3,5 grammes par centimètre cube, soit à peu près la même que celle des roches que l'on prélève à sa surface. Sa structure interne se compose d'un manteau entouré d'une croûte.

Cette structure interne est plus surprenante si on l'examine du point de vue de la chimie. La non-existence d'un noyau doit normalement signifier que le fer, au lieu de se ségréger au centre comme dans la Terre, est resté dispersé dans les roches, un peu comme on le trouve dans les chondrites. La concentration en fer du manteau lunaire devrait être analogue à celle des chondrites et supérieure à celle des roches terrestres. Or, surprise, la teneur en fer des basaltes lunaires, produits de la fusion du manteau, est voisine de celle des basaltes terrestres. Si la Lune s'était formée à partir de matériel chondritique, il y aurait lieu de se demander : où est donc passé le fer de la Lune ? Mais si la Lune s'est formée à partir d'un matériau déjà différencié, la teneur en fer est plus facile à comprendre.

La Lune ne contient ni atmosphère ni océan. On pourrait donc penser que les gaz qui, sur Terre, composent ces enveloppes sont demeurés enfouis à l'intérieur de la Lune et n'ont pas été expulsés, entraînés vers la surface. Or l'analyse des roches lunaires démontre au contraire que l'intérieur de la Lune est pauvre en azote, en gaz carbonique, en eau. L'examen des analyses systématiques de tous les éléments chimiques fait apparaître que ceux qui sont volatils, comme le plomb, le zinc ou le mercure, sont beaucoup moins abondants que dans les roches terrestres. Appauvrie en fer, la Lune est aussi appauvrie en composés volatils. Ce dualisme semble étrange si l'on se souvient que le fer figure parmi les premiers éléments à se condenser, alors que les composés volatils sont parmi les derniers. Cette contradiction, ce contraste apparent de comportements chimiques entre la Terre et la Lune conduit à s'interroger sur l'origine de la Lune. S'est-elle formée à partir d'un matériel « primitif » météoritique ou à partir d'un morceau de Terre ?

Cette comparaison chimique entre la Lune et la Terre conduit tout naturellement à s'interroger sur leurs relations. Pourquoi la Terre a-t-elle la Lune pour satellite ?

La première hypothèse est celle de la capture. La Lune, voyageant à travers l'Univers, aurait été attirée par la Terre par attraction gravitationnelle et aurait finalement été capturée. La Lune serait alors un « corps étranger », une sorte de prisonnière, victime de la puissance attractive de la Terre. En fait, l'étude de cette hypothèse par les mécaniciens terrestres a fait apparaître de sérieuses difficultés. Sans entrer dans les détails, disons que le calcul montre que la Lune aurait été tellement perturbée par sa capture qu'elle en aurait explosé, éclaté.

On pense alors à faire dériver la Lune de la Terre par fission. La densité de la Lune étant analogue à celle du manteau terrestre, on suppose que la Lune se serait séparée de la Terre *après* la différenciation du noyau. La Lune serait donc un morceau de manteau terrestre. La cicatrice de cette extraction serait, pour notre planète, le gigantesque océan Pacifique. Cette hypothèse se heurte pourtant elle aussi à des difficultés sérieuses. Sous l'effet de quelle force peut s'être détaché un morceau de Terre ? La force centrifuge : celle qui nous permet de jeter au loin une pierre grâce au système de la fronde ? Pourtant, le calcul montre que pour qu'un tel phénomène soit possible, il faudrait que le système Terre-Lune tourne beaucoup plus vite que ce que l'on observe. Alors pourquoi ne pas faire appel à un gigantesque impact qui aurait excavé et projeté le matériel lunaire ultérieurement rassemblé ?

Une troisième hypothèse consiste à admettre que la Lune s'est formée parallèlement à la Terre, par accrétion de poussières dans l'environnement terrestre. Ni captive ni fille de la Terre, la Lune en serait la petite sœur. Comment choisir entre ces scénarios à l'aide des informations recueillies ? Nous verrons que c'est possible. A suivre...

## Mariner 9 et la découverte de Mars

L'exploration lunaire n'était pas encore complètement achevée que la NASA lançait déjà une nouvelle sonde, vers Mars cette fois. Il n'était pas question d'y débarquer, encore moins d'en rapporter des échantillons de roches, mais seulement de placer en orbite martienne un satellite destiné à photographier la surface de la planète rouge avec une résolution de 200 mètres. Comparée au programme Apollo, la mission était donc relativement modeste. Pourtant, elle a fourni une série d'informations qui marquent un tournant dans l'exploration spatiale du système solaire. Ce que certains croyaient n'être qu'une mission photographique se révéla d'une importance scientifique tout à fait cruciale.

Les photographies transmises par Mariner 10 nous montrent immédiatement que le sol de Mars, comme celui de la Lune, est criblé de cratères d'impacts. Certaines régions sont plus cratérisées que d'autres, donc plus vieilles que d'autres, mais toute la planète est atteinte. Là s'arrête l'analogie avec la Lune[1].

Le relief de Mars est beaucoup plus varié et tourmenté que celui de notre satellite. Il y existe de magnifiques volcans en boucliers, comme ceux d'Hawaii, mais beaucoup plus majestueux encore. Le plus gros volcan du système solaire, Olympus Mons, a 25 km de hauteur, 600 km de largeur, avec un cratère de 20 km de diamètre. Ces volcans se rencontrent soit isolés, soit par provinces. Certains, dans les régions de Tharsis, forment des alignements comme les chaînes volcaniques terrestres. Il y existe de véritables canyons de rivières, avec des affluents ramifiés en nervures, comme on peut en trouver sur Terre. Le plus grand de ces canyons, Coprates, a 3 000 km de longueur. Mais ces vallées sont sèches : aucune trace d'eau courante, aucune trace de pluie, aucune trace de transport. Elles ressemblent à de gigantesques oueds désertiques.

L'analogie ne s'arrête pas là. Mars, comme la Terre, possède des calottes polaires. Les pôles de Mars sont recouverts d'une glace blanche. Mais quelle glace ? L'atmosphère de Mars étant constituée de gaz carbonique, est-ce de la neige carbonique ? ou, plus banalement, est-ce notre glace d'eau ? La première mission ne permet pas encore de répondre.

Cette mission continue et les informations — c'est-à-dire les photographies — affluent. On détecte ainsi l'existence à la surface de Mars d'un formidable vent de

---

1. T. Mutch, 1976.

sable qui obscurcit l'atmosphère de la planète et interdit plusieurs jours d'affilée la prise de photos. Le complément de ce vent de sable est vite repéré : on découvre, près des pôles, des dunes telles que celles que l'on rencontre dans les déserts terrestres du Sahara ou de Gobi.

Canyons, volcans, glaciers, déserts : le paysage martien nous apparaît comme beaucoup plus familier que le paysage lunaire. Le temps aidant, le satellite continue inexorablement de transmettre ses photographies. Petit à petit, il est possible de dessiner une cartographie « géologique » de la planète. Cette cartographie la montre divisée en deux provinces séparées par un cercle équatorial.

L'hémisphère Sud est criblé de cratères de densité à peu près semblable à celle de la Lune. Il contient les canyons fluviatiles, des sortes de rivières « sèches » ; l'hémisphère Nord contient beaucoup moins de cratères. Il est recouvert par endroits de grandes coulées de laves en tout point analogues aux mers lunaires. Mais l'observation la plus captivante a été la vision du rétrécissement progressif, en « été », de la calotte polaire, laissant une calotte résiduelle et une série de dépôts stratifiés extrêmement spectaculaire. L'analyse spectroscopique en orbite a permis d'identifier la nature de la calotte polaire en train de fondre : de la glace carbonique.

L'examen en orbite se poursuivant, on constate que les magnétomètres embarqués indiquent l'absence de champ magnétique. Les spectromètres permettent d'analyser avec précision l'atmosphère de Mars : capable de donner naissance à ces vents de sable si gênants, elle n'est en rien comparable à notre propre atmosphère, ni par sa puissance ni par sa composition. La pression au sol est le cinquième de la pression atmosphérique terrestre ; la composition de cette atmosphère est dominée par le gaz carbonique, suivi de l'azote, et l'oxygène en est absent.

Au terme de cette étonnante mission, la grande question scientifique était celle de l'eau. L'étude des conditions de température et de pression régnant à la surface de Mars montrait que l'eau ne pouvait exister à l'état liquide à la surface de Mars. La glace et la vapeur étaient les seuls états stables envisageables. Comment s'étaient alors formés les canyons fluviatiles ? Les calottes polaires résiduelles étaient-elles faites de glace, de vraie glace aqueuse ? Ces questions donnèrent lieu à des débats entre spécialistes, sans pour autant recevoir de réponses immédiates claires.

A ces questions s'ajoutait le fait que personne n'avait signalé l'existence d'« hommes verts » ou d'une quelconque trace de vie, directe ou indirecte. Il est vrai qu'avec une résolution de 50 mètres, même les éléphants auraient eu des formes assez floues...

La NASA décida donc d'envoyer une nouvelle mission pour en savoir plus. Cette mission, appelée Viking, avait pour objet de poser deux véhicules automatiques sur Mars — entreprise dans laquelle les Soviétiques échouèrent à plusieurs reprises, leur engin s'écrasant sur la planète. Lorsqu'on la regarde a posteriori, cette mission est sans doute la plus décevante qu'ait connue le programme planétaire. La quasi-totalité de la mission était consacrée à la recherche de la vie sur Mars, aussi la grande majorité de la charge utile était-elle consacrée à des expériences de ce qu'on appelle encore du nom impropre d'exobiologie. Malheureusement, ces expériences ayant été insuffisamment préparées, parfois mal conçues, leurs résultats furent longs à déchiffrer et restèrent longtemps ambigus, assortis de rebondissements multiples et, comme on s'en doute, tapageurs.

« Aux dernières nouvelles », il n'y a pas de vie sur Mars, il n'y a pas d'hommes verts. Effectuée sur un sol martien, poudreux, jonché de débris de roches que leur allure apparente aux roches volcaniques, l'analyse automatique ne nous a rien appris de bien net, pas plus que l'analyse d'un peu de sable du Sahara n'apprendrait beaucoup à des extra-terrestres s'intéressant à l'histoire de la Terre ! Les résultats les plus importants ont été obtenus grâce au spectromètre de masse analysant la composition de l'atmosphère. Cette expérience, conduite par Alfred Nier — le même qui, en 1939, analysa la composition isotopique des minerais de plomb —, a permis de confirmer les abondances des principaux composants, mais surtout de mettre en évidence un excès de xénon 129 (l'isotope produit par la radioactivité éteinte de l'iode 129), plus important que celui existant dans l'atmosphère terrestre. Enfin, sans que de nouvelles mesures vraiment originales aient été faites, la mission Viking a permis aux spécialistes de se mettre d'accord sur l'idée que, dans le passé, Mars avait eu une météorologie avec pluies et ruissellements d'eau, expliquant la présence de chenaux fluviatiles, donc que cette atmosphère passée, assez dense pour permettre une telle météorologie, devait être aujourd'hui stockée dans le sol et dans les calottes glaciaires. Cette eau martienne constituait sans doute les calottes polaires résiduelles de l'été martien. L'atmosphère de Mars avait donc une histoire, Mars avait été soumis à des variations climatiques. On était aujourd'hui dans une période « glaciaire ».

On imagine les spéculations sur l'origine de ces variations : variations de l'inclinaison de l'axe de rotation ? variations de l'ellipticité de l'orbite due à l'attraction de Jupiter ? Quand on songe que l'on ne s'est pas encore entendu sur les causes des variations climatiques terrestres, on imagine à quel degré d'incertitude on se trouve encore pour Mars ! Pourtant, cette mission « manquée » ne doit pas nous faire oublier que Mars est une planète passionnante dont il nous reste beaucoup à apprendre... A quand la mission automatique avec retour d'échantillons ?

## Mariner 10 et Mercure

Trop proche du Soleil, Mercure est une planète que les astronomes photographient difficilement depuis la Terre. Ainsi, les clichés rapportés par la sonde Mariner 10 ont vraiment été les premières images concrètes que l'on ait eues de cette planète. L'impression générale est assez simple. Coulées de laves et cratères de dimensions variées se combinent comme sur la Lune. Seul un expert est à même de distinguer une photographie d'une région de Mercure d'une autre représentant une mer lunaire. A cela s'ajoutent des fractures dont le refroidissement de la planète pourrait être la cause. La densité élevée des cratères nous indique que, comme la Lune, Mercure est un astre mort depuis plusieurs milliards d'années, sans activité géologique, mais qui a été autrefois le siège d'une abondante activité volcanique. En outre, il n'a aucune atmosphère, ce qui interdit toute érosion aqueuse ou éolienne. La seule surprise dans l'exploration de cette planète a été l'existence d'un champ magnétique, dipolaire comme le nôtre, bien qu'il soit $4 \times 10^{-4}$ fois moins élevé. Mercure, dont la densité est de 5,5, analogue à celle de la Terre, mais dont la taille est presque trois fois plus petite, ne connaît donc pas d'effet de compression de ses matériaux. Il est composé d'un gros noyau dense, sans doute constitué de fer, entouré d'un manteau assez mince de silicates. C'est dans ce noyau de fer qu'il convient de chercher l'origine du champ magnétique, comme c'est le cas pour la Terre. Est-il plus faible parce que la rotation de Mercure est moins rapide ou parce que, étant plus petit, Mercure recèle moins d'énergie que la Terre ? Le noyau est-il un aimant fossilisé ?

## Vénus ou le triomphe du radar

Vénus est une planète dont la taille et la densité sont voisines de celles de la Terre, mais qui en diffère par plusieurs points. D'abord, elle tourne sur elle-même en sens inverse de sa rotation sur son orbite, et ce, très lentement, en 240 jours terrestres. Elle est recouverte d'une très épaisse atmosphère dont la masse est 90 fois la masse de celle de la Terre. De ce fait, la pression à la surface de Vénus est de 90 fois la pression atmosphérique, soit l'équivalent de la pression qui règne par 1 000 mètres de fond dans nos océans terrestres. Cette atmosphère est si dense qu'elle piège les rayons du Soleil et crée à la surface un effet de serre, portant la température au sol à 470 °C et rendant donc toute vie impossible, en créant des conditions « climatiques » extrêmement sévères.

A la surface de Vénus, les conditions de pression et température sont celles qui, dans les profondeurs terrestres, transforment par réaction à l'état solide les roches et que l'on nomme métamorphisme[1].

La partie apparente de Vénus est donc avant tout son atmosphère, et la mission Mariner 10 nous en a donné la première image précise. Comme l'avait observé l'astronome amateur français Boyer, cette atmosphère tourne beaucoup plus vite que la planète elle-même. Sa rotation se fait en quatre jours, formant un véritable mouvement de toupie par rapport à la planète. Ce comportement est étrange et, en tout cas, bien différent du cas terrestre où l'atmosphère est entraînée par la planète. Bien que divers modèles en aient été proposés, l'explication de cette rotation atmosphérique reste encore à trouver. L'atmosphère elle-même est constituée de gaz carbonique, d'un peu d'azote, et ressemble beaucoup, par sa composition, à celle de Mars, bien qu'elle soit beaucoup plus volumineuse.

Contient-elle ou non de l'eau ? Mariner 10 a photographié des nuages abondants et une circulation atmos-

---

1. Voir *Pour la science*, 1983.

phérique active. Quelle est cette météorologie ? De quoi sont constitués ces nuages ?

Cette atmosphère épaisse interdisant toute vision de la surface, on ignorait, après Mariner 10, quelle pouvait être son allure. De nombreuses missions ont été envoyées depuis lors sur Vénus : plusieurs missions soviétiques et deux missions américaines. Elles ont permis de traverser l'atmosphère et de poser des engins sur la surface de la planète. L'« atterrissage » sur Vénus est plus facile que sur Mars, car la densité élevée de l'atmosphère permet l'utilisation d'un parachute. Au cours de ces traversées, les engins ont pu mesurer la composition de l'atmosphère et, en se posant, donner des indications sur la nature des matériaux de surface. L'atmosphère contient de l'eau, mais en très faible quantité, et cette eau reste en altitude. Elle sert à fabriquer des gaz extrêmement corrosifs, comme l'acide chlorhydrique et, surtout, l'acide sulfurique ($SO_4H_2$). Ces acides forment de véritables nuages. Il existe donc sur Vénus une météorologie très corrosive, une météorologie non pas à l'eau, mais à l'acide ! Pourtant, les engins soviétiques et américains la traversent sans être dissous. Arrivés au sol et soumis à des conditions extrêmement rudes — 470 °C, cent atmosphères —, les engins téléguidés et leur électronique ont résisté pendant plusieurs heures. Cet exploit technique, réalisé par les Soviétiques puis par les Américains, a permis d'analyser chimiquement les roches de surface et de constater que certaines ressemblent à des granites terrestres, alors que d'autres sont plutôt basaltiques. Les photographies prises au sol montrent des roches épaisses, posées sur ce qui semble être un sol, un tapis de poussières. La mission américaine Pioneer Venus a utilisé un radar pour percer l'atmosphère et réaliser une carte topographique de la surface de Vénus. Cette carte a été complétée par les mesures faites à l'aide du radar géant de l'observatoire américain d'Arecibo, à Porto Rico, puis plus récemment et avec beaucoup plus de détails par la mission radar appelée Magellan.

La surface de Vénus est assez plate. Plus de 60 % de la planète présentent des reliefs dont le dénivelé est inférieur à 1 000 mètres. Vénus compte plusieurs « montagnes » ou continents dont l'altitude est de plus de 2 000 mètres au-dessus des plaines. Ces montagnes ne représentent que 5 % de sa surface. Parmi elles, deux régions ont été étudiées en détail : le mont Maxwell, qui culmine à 11 000 mètres, et le plateau Lakshmi, surélevé de 3 000 mètres mais complètement plat. Ce plateau est bordé au nord et au sud par une chaîne de montagnes plus élevées. On appelle cet ensemble Ishtar, nom de la déesse sumérienne à laquelle se vouait la prostitution sacrée. Un autre plateau beaucoup plus bas, situé dans l'hémisphère Sud, a reçu le nom d'Aphrodite.

L'existence de véritables continents a incité les « participants » de la mission Pioneer Venus et plus encore ceux de la mission Magellan à regarder de près le champ de gravité de Vénus, ce qui se réalise en mesurant les variations d'altitude du satellite. Comme sur la Terre, les reliefs sont compensés, c'est-à-dire qu'ils obéissent au principe d'Archimède. Les reliefs correspondent à des matériaux de densités différentes des plaines, comme la densité des continents terrestres diffère de celle du plancher des océans. Cette observation renforce celle de l'analyse des roches *in situ* faite par les Soviétiques. Vénus ressemble donc étrangement à la Terre. Pourtant, elle n'a pas de champ magnétique. L'observation plus fine des clichés radar a amené certains astrogéologues à affirmer qu'il y existe des vallées, des escarpements, ce qui pourrait être des dorsales ou des failles. Le radar d'Arecibo semble même avoir détecté une véritable éruption volcanique. Ces observations demandent à être confirmées, mais sont tout à fait plausibles. L'analyse des images radar extrêmement précises obtenues par la mission Magellan comparées aux mesures du champ de gravité a permis à certains scientifiques, dont Dan McKenzie, d'affirmer qu'il y a sur Vénus une tectonique des plaques un peu comme sur la Terre.

De nombreuses structures annulaires, interprétées comme des cratères d'impacts, ont été détectées et une première étude statistique a permis d'établir que la surface de Vénus est un peu plus cratérisée que la surface terrestre, mais beaucoup moins que celle de la Lune, de Mercure ou de Mars. Ainsi, « l'Étoile du Berger », dont on ne savait à peu près rien, se révèle être vraiment notre planète sœur.

## Les planètes géantes et les missions Voyager [1]

Parmi les missions planétaires, il est impossible de dresser un palmarès, tant il est vrai que chacune consti-

----

1. Voir *Pour la science*, 1983.

tue l'écriture d'un nouveau chapitre de la connaissance de l'Univers. Toutefois, si l'émotion était prise en compte, je crois que les missions Voyager I et II devraient être mises presque sur le même pied que le débarquement sur la Lune. Non seulement les planètes situées à des distances de l'ordre du milliard de kilomètres de la Terre ont pu être survolées par des engins lancés par l'homme, mais les petits points blafards des clichés de télescopes, qui étaient presque la seule vision que l'on avait de leurs satellites, se sont transformés en une série de photographies nettes et claires, grâce auxquelles on peut non seulement les reconnaître, mais aussi étudier et décrire leur « géologie ». Avant Voyager, nous connaissions cinq planétoïdes ; nous en connaissons aujourd'hui près de quarante ! Il est désormais possible de parler de planétologie comparée, et, par là même, de situer notre Terre au milieu d'une suite nombreuse d'objets.

Voyager nous a apporté trois sources d'informations principales : une meilleure connaissance des planètes géantes ; une description complète de la structure des éléments solides qui gravitent autour d'elles ; enfin, une série de documents exceptionnels sur les satellites, ceux de Jupiter, de Saturne, de Neptune et d'Uranus. Seul le duo Pluton-Charon n'a pas encore été photographié avec précision. C'est la plus grande révolution depuis Galilée !

# Jupiter, Saturne, Uranus et Neptune

Jupiter est une grosse planète, la plus grosse du système solaire. Sa taille est 300 fois supérieure à celle de la Terre, mais sa masse n'est que 3,18 fois la masse terrestre, ce qui lui donne une densité de 1,33 (celle de la Terre est de 5,3). Cette remarquable légèreté est un reflet de sa composition. La Terre et plus généralement les planètes telluriques sont des objets solides constitués d'un mélange de fer et de silicates, essentiellement entourés d'un peu de gaz. Jupiter est constituée pour l'essentiel d'hydrogène et d'un peu d'hélium. Sa composition chimique n'est guère différente de celle du Soleil. Lorsqu'on réalise cela, on doit inverser l'interrogation : pourquoi alors une densité aussi élevée que 1,3, supérieure à celle de l'eau, lorsqu'on sait qu'hydrogène et hélium sont des gaz extrêmement légers ? Ces gaz, qui n'ont pu être retenus par les petites planètes alors qu'ils constituaient fort probablement l'essentiel du nuage protosolaire, l'ont été par Jupiter et Saturne parce que la masse de ces planètes le permettait. En retour, cette masse comprime fortement les matériaux situés vers le centre de la planète, augmentant par là même leur densité. Ainsi l'hydrogène et l'hélium, à l'état gazeux à la surface de Jupiter, sont-ils liquides vers son centre.

La mission Voyager a permis de préciser la structure interne en utilisant les méthodes simples dont on a vérifié l'efficacité dans le cas terrestre, à savoir l'exploitation des lois de la gravitation de Newton.

Lorsqu'un corps est en rotation, chaque élément de

ce corps est soumis à deux forces antagonistes : la force d'attraction gravitationnelle, qui tend à le rapprocher du centre du corps, et la force centrifuge, qui tend à l'expulser vers l'extérieur. La forme du corps et la répartition des masses à l'intérieur marquent l'équilibre existant entre ces deux forces. De ce fait, tous les corps sphériques tournants tendent à être aplatis au pôle et à avoir un renflement à l'équateur. Mais ce renflement est d'autant plus grand que la masse est répartie uniformément dans la planète. Si la masse est concentrée vers le centre — formant un noyau —, le renflement est faible. Pour Jupiter, le renflement équatorial n'est que de 6 %. Connaissant ce renflement et la densité, on a pu calculer que Jupiter devait avoir un noyau dense, formé sans doute de glace et de corps rocheux, en somme une espèce de Terre.

La seconde observation fondamentale faite par Voyager est que Jupiter émet deux fois plus d'énergie qu'elle n'en reçoit du Soleil. Il existe donc une source d'énergie interne à Jupiter. Est-ce l'existence de réactions nucléaires internes, comme dans les étoiles ? La masse de Jupiter est trop petite pour que les températures nécessaires soient atteintes ou même approchées. La source de chaleur résulte sans aucun doute de l'attraction gravitationnelle qui a permis d'agglomérer la planète. Ce processus est une bonne illustration du principe physique de la conversion des diverses formes d'énergie. De l'énergie potentielle est transformée en énergie thermique, l'attraction qui s'exerce entre particules les conduit à entrer en collision et, par là même, à s'échauffer, comme on échauffe sa peau lorsqu'on la frotte violemment.

Cette observation faite par Voyager a des conséquences diverses. D'abord, il est possible de calculer pour Jupiter un profil thermique. Celui-ci conduit à admettre que les températures au centre sont de vingt à trente mille degrés, soit dix fois supérieures à ce qu'elles sont au centre de la Terre, mais cent fois inférieures à ce qu'elles sont au centre d'une petite étoile. On peut en déduire que les conditions sont telles que ni l'hydrogène ni l'hélium ne peuvent s'y trouver à l'état solide. Le noyau central formé de roches et de glace est sans doute entouré par un « manteau » liquide. Seuls les vingt derniers kilomètres vers la surface sont gazeux.

La seconde conséquence, dont nous tirerons bientôt les enseignements, est que les phénomènes d'accrétion, de rassemblement de la planète étant beaucoup plus importants par le passé, la chaleur émise l'était aussi ; le Jupiter naissant était sans doute, à ce titre, un « petit soleil » (non nucléaire !) brillant et dardant de ses rayons l'espace cosmique situé dans son voisinage. Très récemment, la sonde Galileo a pénétré dans l'atmosphère de Jupiter, et on a pu analyser l'atmosphère directement. Il semble qu'elle soit assez différente de ce qu'on attendait. Au milieu de vents de 320 km/h, la sonde qui est descendue pendant une heure et a parcouru 150 km a montré que l'hydrogène dominait encore plus qu'on ne l'imaginait et que la température augmentait très vite en profondeur. Mais il faudra attendre pour dépouiller les résultats et en savoir davantage.

Les observations faites sur Saturne conduisent à des

résultats très semblables, tant pour la structure interne que pour le régime thermique, même si ce dernier y est compliqué par un curieux phénomène de pluie d'hélium. Il existe en effet sur Saturne une météorologie à l'hélium qui transfère masse et énergie en son intérieur.

Pourtant, si structure interne et composition chimique sont pour nous les observations primordiales, la dynamique de l'atmosphère jovienne est sans conteste le phénomène le plus important. A une circulation zonale, en bandes, avec à l'intérieur de chaque bande des volutes, torsions et tourbillons rappelant que la circulation y est extrêmement violente, se superposent des panaches venant de l'intérieur de la planète, créant à la surface des taches dont la « tache rouge » de Jupiter est sans nul doute la plus connue et la plus intrigante. Frederich Busse, de l'université de Californie, explique cette disposition par l'existence de courants de convection en cylindres emboîtés, auxquels se superposent des jets transverses perçant cette circulation zonale calme. Quoi qu'il en soit, l'étude de la météorologie jovienne va nous permettre de bâtir des modèles de circulation planétaire dont l'une des ambitions sera d'expliquer aussi bien la circulation atmosphérique terrestre ou vénusienne que celle de Jupiter ou de Saturne.

Pourtant, beaucoup de mystères subsistent. Le plus apparent est la couleur de l'atmosphère : quel composé chimique colore en roux l'atmosphère de Jupiter, et en rouge sa grande tache ?

Mais la sonde Voyager II a exploré beaucoup plus loin que Saturne. Elle a atteint d'abord Uranus, cette planète étrange qui, au lieu de tourner sur son axe perpendiculairement au plan de l'écliptique, tourne perpendiculairement à lui et dans le sens rétrograde. Avec un rayon quatre fois supérieur à celui de la Terre et une masse 14,5 fois supérieure, Uranus a une composition analogue aux autres planètes géantes. Hydrogène, méthane, ammoniaque, sans doute accrétés autour d'un noyau rocheux que trahit la densité de 1,27 g/cm$^3$.

Autour de la planète, il y a une météorologie, des vents, des nuages, bref une circulation et un climat comme il en existe sur la Terre. Avec la différence que la température de « surface » est de −214 °C et la pression 0,4 fois celle de la Terre.

L'observation la plus étonnante est l'existence d'un champ magnétique. Comme la Terre et Jupiter, Uranus présente un pôle Nord et un pôle Sud. Mais ce qui le différencie, c'est que son axe n'est pas voisin de son axe de rotation. L'axe du champ magnétique uranique fait 60° avec l'axe de rotation et est presque perpendiculaire à l'axe de l'écliptique.

Cette curieuse disposition a donné lieu à de multiples spéculations sans emporter la moindre adhésion. Voilà un problème. Voilà une rupture.

Mais la sonde a continué et finalement a survolé Neptune. La composition chimique observée n'a rien de particulier : hydrogène, méthane, ammoniaque, eau. Comme si ces planètes géantes que sont Uranus et Neptune avaient une composition chimique intermédiaire entre les grandes planètes et leurs satellites.

Comme Uranus, l'atmosphère de Neptune est animée de vents violents et de nuages. Comme sur Jupiter, une grande tache noire semble témoigner de la circulation cycloïdale. Une seconde tache, plus petite, semble exister plus loin. Comme Jupiter, Neptune a un champ magnétique parallèle à l'axe de rotation.

Au total, une grande unité entre les planètes géantes. Les différences semblent liées essentiellement aux masses différentes qui passent par un maximum autour de Jupiter.

## Des anneaux de Saturne à ceux de Jupiter, d'Uranus et de Neptune

On connaissait bien les anneaux de Saturne. On savait, depuis Cassini, que cette couronne de petits objets solides ou de poussières avait une structure en anneaux séparés par des vides. Mais on ne connaissait rien de tel pour Jupiter. Quelle ne fut pas la surprise des observateurs de Voyager lorsqu'ils constatèrent que, pareil à Saturne, Jupiter était doté d'un système d'anneaux certes plus petits mais bien réels ! On découvrit ensuite qu'Uranus ainsi que Neptune étaient eux aussi affublés d'anneaux, si bien que les *anneaux* qui, il y a quelques années, semblaient être spécifiques de Saturne sont aujourd'hui considérés comme des attributs tout à fait normaux pour une planète géante. Mais comment se présentent ces anneaux, et quelles questions posent-ils ?

Les anneaux sont constitués par une myriade de petits fragments rocheux qui sont assemblés en un disque dont la largeur est un million de fois plus grande que leur épaisseur. Imaginez une lame de rasoir 1 000 fois plus fine que celles que l'on utilise ! Ce disque tourne dans le plan équatorial de la planète même. Comment un tel disque peut-il être stable ? Tout d'abord, il est bien clair que le disque est en rotation, sinon la formidable attraction gravitationnelle qu'exerce sur lui la planète mère le conduirait à tomber sur elle. Chaque roche, chaque particule qui compose le disque tourne autour de la planète. Elle est donc soumise à deux forces : la force d'attraction exercée par la planète et la force centrifuge qui tend à la repousser. La position d'équilibre définit la trajectoire qu'elle parcourt. Ainsi les anneaux sont-ils constitués d'une infinité d'objets tournant à grande vitesse, chacun sur une orbite définie. Toutefois, la mécanique n'est pas parfaite et il se produit des collisions. Ces collisions peuvent casser deux projectiles, ou seulement les déplacer. Dans l'un et l'autre cas, on démontre qu'elles conduisent à écarter les deux projectiles latéralement, donc à étaler l'anneau. On peut donc concevoir que l'on passe ainsi d'un système à quelques objets situés sur une même orbite à un anneau de plus en plus fin et étalé par ce simple processus de collisions. Mais comment se sont constitués ces anneaux ? Pourquoi les planètes telluriques n'en ont-elles pas ?

La réponse n'est pas encore totalement claire, mais on peut penser que dans la nébuleuse ayant entouré Jupiter ou Saturne avant leur condensation, les gaz extérieurs, encore abondants et denses, ont permis la condensation de satellites rocheux. Dans la proche banlieue, ces satellites étaient nombreux et ont été amenés à se heurter, à se fragmenter, donc à fabriquer une petite ceinture de roches. L'élévation de température de la planète centrale, consécutive à sa contraction, a alors chassé les gaz, laissant les petits projectiles continuer leur fragmentation et évoluer en anneaux. Voilà un scénario possible...

Il n'est pas unique.

## Les satellites de Jupiter

Autour de Jupiter, planète géante parmi les géantes, s'est constitué un véritable système solaire en miniature. Plus de 15 satellites gravitent autour de lui, tous situés dans le plan équatorial. Quatre de ces satellites présentent un intérêt particulier. Ce sont les quatre satellites galiléens (découverts par Galilée en 1606) : Io, Europe, Ganymède, Callisto. Leurs dimensions sont voisines de celles de la Lune. Les densités de ces satellites diminuent lorsqu'on s'éloigne de Jupiter. Les premiers sont surtout rocheux, les deux derniers sont constitués de glace.

La surface de Io est de nature rocheuse. Les photographies prises par Voyager ont montré qu'elle devait être couverte par une série de caldeiras d'origine volcanique et de très peu de cratères. De ces caldeiras volcaniques partent des coulées dont la morphologie ressemble à ce que l'on peut voir à Hawaii ou sur les volcans de Mars. Par un hasard heureux, la sonde Voyager a pu assister en direct à une éruption volcanique. Le volcan en éruption émettait des panaches de projections, dessinant une véritable gerbe en parasol. Tout indique donc qu'une activité volcanique intense a eu lieu et a encore lieu actuellement sur Io. Sa cause semble être liée à un effet de marée exercé par Jupiter.

Les frottements internes provoqueraient la fusion des roches et déclencherait leur extrusion. Mais quelle est la nature de ces roches qui, sur les photographies, apparaissent rouges et jaunes ? La spectroscopie réalisée pendant la mission Voyager a identifié la présence de soufre. S'agit-il d'un volcanisme soufré ou d'un volcanisme silicaté avec forte teneur en soufre ? Les débats sont ouverts. Il faudra attendre d'autres missions pour connaître la réponse.

La surface des autres satellites est couverte de glace. Pour Europa, ce n'est qu'une couche, car l'intérieur est certainement rocheux, comme l'indique sa densité de 3. Pour Ganymède et Callisto, en revanche, la totalité du satellite ou presque est constituée de glace. Les surfaces de Ganymède et de Callisto sont criblées de cratères. A ces structures nombreuses se superposent de grandes bandes entrelacées dont on ne comprend pas bien la nature. Ce sont d'immenses traînées de laves, mais de laves constituées de glace... Il existerait sur ces satellites des volcans crachant non pas de la lave en fusion, mais de l'eau liquide qui coulerait avant de se congeler en glace. Alors, volcans ou fontaines ? Europa, contrairement à ses deux sœurs glacées, ne présente que peu de cratères, mais beaucoup de coulées de laves. Est-ce l'indice que l'intérieur rocheux a provoqué une activité interne si intense que les coulées d'eaux glacées ont détruit les traces de cratérisation ? Encore une question pour le futur.

Voilà pourtant de bien curieuses planètes où les cratères sont aussi nombreux qu'ailleurs, où les structures ressemblent à des paquets de ficelles entremêlées et où les volcans sont des fontaines !

## Les satellites de Saturne

Les satellites de Saturne sont assez semblables à Ganymède, mais dans une gamme de tailles beaucoup plus large. Téthys, Encelade, Dioné dont on a pu photographier la surface avec une bonne résolution, nous montrent encore des structures de glace avec des cratères d'impacts, de grandes fractures, de véritables coulées de glace attestant l'existence de volcans d'eau, bref, tout ce que nous avons déjà vu mais dont la multiplicité atteste le caractère général. Pourtant, un satellite est très particulier : Titan.

Titan est le seul satellite du système solaire à avoir une atmosphère abondante comme Vénus, la Terre ou Mars. Cette seule particularité justifiait que Voyager I fût dévié vers Titan, afin d'étudier de près cet intéressant satellite de 2 300 km de rayon. Pourtant, les clichés n'ont pas été à la hauteur des espérances. L'atmosphère très nuageuse n'a offert aucune fenêtre aux caméras et le sol est demeuré invisible. Il fallut donc se contenter des mesures indirectes faites par radio et spectrométrie infrarouge. Les mesures à distance ont néanmoins permis d'obtenir de substantiels résultats.

L'atmosphère de Titan est composée d'azote et de méthane, d'argon et d'hydrogène. A cette composition dominante s'ajoutent de nombreux hydrocarbures : éthylène, acétylène... A la surface, où règne une température de − 175 °C, le méthane est liquide. Titan est peut-être recouvert d'un océan de méthane, et à partir de cet océan s'élabore une véritable météorologie avec évaporation, vent et pluie ; mais les nuages et la pluie sont constitués de méthane. Le carbone, qui sur Vénus ou Mars était à l'état de gaz carbonique, est ici à l'état d'hydrocarbure. Cette situation est due à l'absence d'oxygène à la surface de Titan. L'intérieur de la planète serait fait d'un mélange de roches et de glace et piégerait totalement l'oxygène. L'oxygène serait maintenu prisonnier par la température très basse régnant sur Titan, créant ainsi une véritable mer de « pétrole ». Si nous débarquions sur Titan pour l'explorer, nos engins ne manqueraient pas de carburant ! Ils manqueraient par contre de comburant, l'oxygène étant absent. Nous serions donc réduits à la navigation à voile sur une mer de pétrole !

Décidément, l'exploration de l'Univers nous apporte bien des variations autour du thème commun planétaire.

## Les satellites d'Uranus

Uranus a cinq satellites importants, suffisamment importants pour qu'on leur donne un nom. En s'éloignant d'Uranus, ils s'appellent : Miranda, Ariel, Umbriel, Titania, Obéron. Leur diamètre varie de 200 à 800 km. A cela, il faut ajouter l'existence de 10 petits satellites situés entre Miranda et Uranus, dont le diamètre mesure de 40 à 165 km.

Comme les satellites des autres planètes, la surface est glacée, et on y détecte des coulées « volcaniques » et aussi des cratères d'impact.

## es satellites de Neptune

Des satellites encore, mais en moins grand nombre. Deux satellites de taille importante, Néréide et Triton, auxquels s'ajoutent six petits satellites. Triton a été observé avec attention. Il présente la particularité de tourner de manière rétrograde par rapport à Neptune. Sa surface est elle aussi glacée, avec des traînées de coulées. Voyager II semble y avoir observé une éruption, une sorte de geyser. Mais on n'est sûr de rien.

Examinant rétrospectivement cette mission Voyager, on ne peut qu'être émerveillé et fasciné. Lancée en août 1977, elle survole Jupiter en 1979, Saturne en 1981, Uranus en 1986, Neptune en 1989. Douze ans de mission. Douze ans de succès, avec des images transmises depuis une distance de 4,5 milliards de kilomètres ! Dans ce théâtre cosmique, la Terre, notre Terre, apparaît tout à la fois comme une planète parmi les autres et pourtant unique par ses propriétés. Rien, aucune planète, aucun satellite, n'est comparable à la Terre dans le système solaire.

# CHAPITRE VI

# De Newton à Mendeleïev

Après cette chevauchée à travers le système solaire au rythme rapide que nous a imposé la compétition américano-soviétique, il est sans doute utile de souffler un peu, de situer, de structurer toutes ces informations.

L'exploration planétaire a coûté beaucoup d'argent et la présentation des résultats en a souvent privilégié les côtés spectaculaires, « photographiques », « carte postale », au détriment des informations fondamentales que cette quête inachevée nous a déjà apportées. Cette attitude, suscitée en partie par la vogue médiatique de l'époque présente, mais aussi par la nécessité d'impressionner au plus vite le public — pour plaider d'autant mieux l'attribution de nouveaux crédits —, a fortement irrité de nombreux scientifiques qui s'interrogent sur la rentabilité d'une telle entreprise. Le programme Apollo a coûté plus de 30 milliards de dollars sur cinq ans. Le débarquement sur Mars (ou Vénus) d'un engin automatique prélevant des échantillons et revenant sur Terre coûterait environ 10 milliards de dollars !

Nous n'avons pas l'ambition de mesurer le coût informationnel de la conquête planétaire, mais, plus modestement, de replacer l'aventure planétologique dans le contexte de la connaissance scientifique studieuse, patiente, qui, loin des tapages de l'actualité, demeure « lorsqu'on a tout oublié ». Comme beaucoup de progrès scientifiques, la conquête planétologique n'a pas fait passer nos connaissances sur les planètes de zéro à l'infini. Elle a pourtant modifié *radicalement* le mode d'approche que nous avions de cette question. Faisons le chemin ensemble.

## Le système solaire de Kepler

Nous allons débuter notre enquête par un rappel des données astronomiques sur le système solaire. En résumant les faits qui font partie des connaissances traditionnelles bâties sur des siècles d'observations astronomiques et de calculs, nous pourrons fonder notre démarche sur des bases solides, bien établies, et, à partir d'elles, mesurer le chemin parcouru, tout au moins celui qui se mesure par des découvertes tangibles, bien identifiées, synthétisables :

— Les planètes tournent autour du Soleil sur des orbites qui sont certes des *ellipses*, mais qui sont en fait pratiquement des *cercles*.

— Loin d'être orientées dans toutes les directions de l'espace, ces orbites sont toutes situées dans un *plan* et définissent donc un *véritable disque*. Ce disque est perpendiculaire à l'axe de rotation du Soleil.

— Les mouvements des planètes sur leurs orbites suivent des rythmes immuables. Lorsqu'elles s'approchent du Soleil, elles accélèrent. Lorsqu'elles s'en éloignent, elles ralentissent.

— Les périodes de rotation des planètes dépendent de leur éloignement du Soleil : plus elles en sont éloignées, plus elles tournent lentement.

— Les mouvements des planètes sur leurs orbites, ce que l'on appelle leurs révolutions, vont tous dans le même sens, qui est celui de la rotation du Soleil sur lui-même. Ce sens est aussi celui de la rotation des planètes sur elles-mêmes (à l'exception de Vénus et d'Uranus), et l'axe de rotation des planètes est pratiquement perpendiculaire au plan de l'écliptique (sauf Uranus).

Telles sont les règles de la mécanique céleste découvertes par Kepler et expliquées par Newton.

Mais ce n'est pas tout. La distance des planètes au Soleil obéit à une loi simple dite *de Bode*. En gros, chaque planète est deux fois plus éloignée du Soleil que sa voisine intérieure la plus proche. Exprimée en « unité astronomique », équivalant à la distance du Soleil à la Terre, cette loi est extrêmement précise et ne souffre qu'une exception : entre Mars et Jupiter, contrairement à la prédiction de Bode, il n'existe pas une planète unique, mais une myriade de petits objets solides, les Astéroïdes, sur lesquels nous allons revenir.

En outre, il existe autour des planètes — surtout des planètes géantes — un système de satellites dont les mouvements semblent mimer celui des planètes autour du Soleil. Et désormais, il existe non pas une mais cinq lois de Bode autour du Soleil et autour des planètes géantes.

Le système solaire apparaît ainsi comme une gigantesque horloge bien réglée, bien ordonnée, bien huilée, où d'immuables mouvements se déroulent suivant des règles très strictes.

Comment une telle organisation a-t-elle pu prendre naissance ? Comment un tel système, si gigantesque, a-t-il pu s'organiser d'une manière si minutieuse, si parfaite ? Car si l'on doit parler de lois pour la Nature, c'est bien ici ! Nul ne s'y est d'ailleurs trompé, et la mécanique du système solaire est présente depuis bientôt deux cents ans comme l'illustration des lois déterministes qui, à partir de la connaissance du passé, permettent de prédire l'avenir.

Du temps de Newton, la mise en place de cette mécanique céleste était attribuée à Dieu. Cette explication ne satisfaisait pas Laplace, qui, comme on le sait, répondit à Napoléon qui l'interrogeait sur l'existence de Dieu : « Je n'ai pas besoin de cette hypothèse. »

Toutefois, Laplace notait qu'un système si « parfait » n'avait pu prendre naissance que comme un tout, une entité. On peut montrer par des calculs simples, disait-il, qu'un système qui serait composé d'objets d'origines variées et que le hasard aurait rassemblés n'aurait aucune des caractéristiques régulières observées. Cela est vrai : le système solaire d'aujourd'hui est l'aboutissement d'une histoire commune à toutes les planètes. Chercher une origine aux diverses planètes est un exercice global, unitaire, et parler de théories sur l'origine

| | Masse, en unité de masse terrestre[a] | Distance moyenne (AU) | Excentricité, e | Inclinaison, i | Temps de révolution P (années terrestres) | Vitesse moyenne de révolution (km/s) | Vitesse de libération (km/s) | Obliquité de l'axe de rotation (degrés)[b] | Temps de rotation (h) |
|---|---|---|---|---|---|---|---|---|---|
| MERCURE | 0,055 | 0,387 | 0,206 | 7,0 | 0,241 | 47,9 | 4,3 | 1,406 | <3 |
| VÉNUS | 0,816 | 0,723 | 0,007 | 3,39 | 0,615 | 35,0 | 10,4 | 5,832[c] | 3 |
| TERRE | 1,000 | 1,000 | 0,017 | 0,00 | 1,000 | 29,8 | 11,2 | 24 | 23,5 |
| MARS | 0,108 | 1,524 | 0,093 | 1,85 | 1,881 | 24,1 | 5,0 | 24,5 | 24,0 |
| ASTÉROÏDES | | | | | | | | | |
| VESTA | 0,000 04 | 2,361 | 0,088 | 7,1 | 3,63 | 19,4 | 0,34 | 10,6 | ? |
| CÉRÈS | 0,000 21 | 2,767 | 0,079 | 10,6 | 4,60 | 17,9 | 0,57 | 9,1 | ? |
| PALLAS | 0,000 03 | 2,767 | 0,235 | 34,8 | 4,61 | 17,9 | 0,31 | 10 (?) | ? |
| JUPITER | 317,9 | 5,203 | 0,048 | 1,31 | 11,86 | 13,1 | 60,2 | 9,8 | 3,1 |
| SATURNE | 95,2 | 9,54 | 0,056 | 2,49 | 29,46 | 9,6 | 36,2 | 10,3 | 26,7 |
| URANUS | 14,6 | 19,18 | 0,047 | 0,77 | 84,0 | 6,8 | 22,4 | 24[c] | 82,1 |
| NEPTUNE | 17,2 | 30,07 | 0,009 | 1,78 | 164,8 | 5,4 | 23,9 | 22 | 28,8 |
| PLUTON | 0,1 (?) | 39,44 | 0,249 | 17,2 | 247,7 | 4,7 | ? | 150 | ? |

a) Masse de la Terre : $5,975 \times 10^{27}$ g.
b) Angle entre l'axe de rotation et la normale au plan orbital de la planète.
c) Rotation inverse.
d) Unité astronomique : $1,5 \times 10^{13}$ cm $= 1,5 \times 10^{8}$ km $= 0,15$ milliard de kilomètres.

du système solaire a donc une signification pleine et entière. Sous ce jour, la Terre n'est qu'une planète parmi d'autres. Comprendre sa formation ne se conçoit que dans le cadre général de l'origine du système solaire.

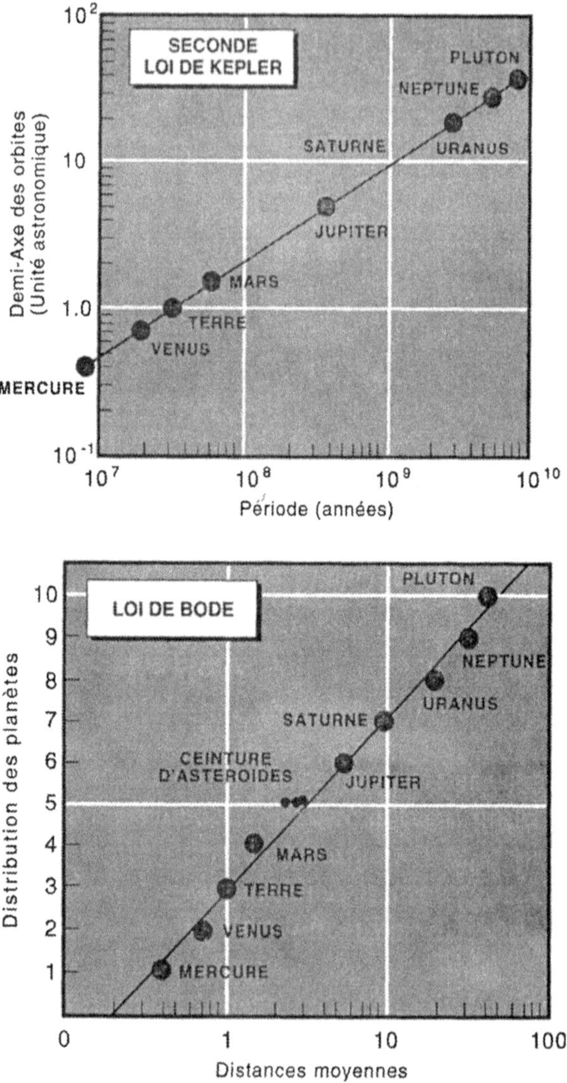



Fig. 22. — Illustration de deux lois fondamentales, concernant les planètes : la seconde loi de Kepler et la loi de Bode.

# Les deux familles de théories sur l'origine du système solaire

Pendant longtemps, le but exclusif de ces théories a été d'expliquer la formation des planètes et les régularités dynamiques que nous venons de passer brièvement en revue. L'exercice suggéré aux théoriciens était bien posé.

Quel système initial faut-il imaginer pour qu'il évolue spontanément en un système planétaire tout en respectant les lois de la mécanique newtonienne ? Sans remonter aux théories datant des anciens Grecs ou des Égyptiens, ni même au *vortex* de Descartes, on peut considérer que les deux types de théories sur l'origine du système solaire remontent à Buffon d'une part, à Laplace et Kant de l'autre [1, 2, 3].

Pour Buffon, dont la théorie remonte à 1749, à un moment de l'histoire de l'Univers s'est produite une *catastrophe*. Une comète (à laquelle, à cette époque, on attribuait les caractères d'une véritable étoile) a percuté le Soleil. Cette collision a extrait du Soleil un filament de matière qui, en se refroidissant et se recondensant, a donné naissance aux planètes dispersées en chapelet sur le filament.

Pour Kant et Laplace qui, indépendamment, ont proposé une théorie analogue avant 1800, la formation du système solaire — Soleil + planètes — s'est faite sans

---

1. Buffon, 1749.
2. Laplace, 1796.
3. Kant, 1755.

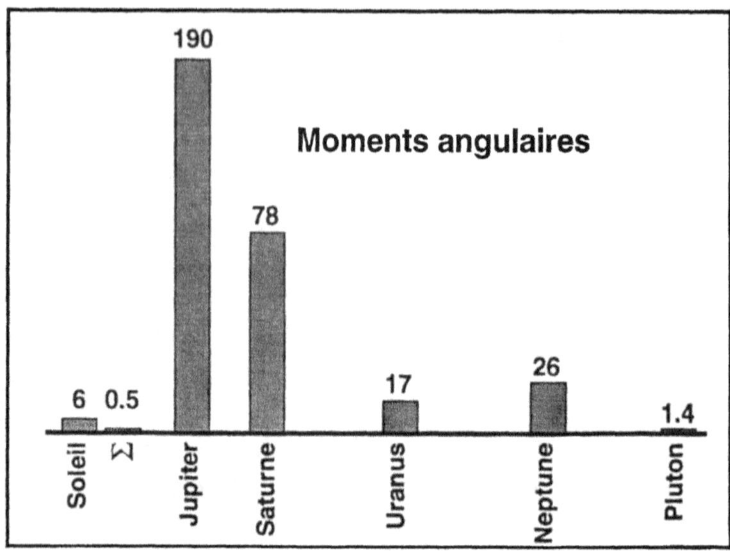


Fig. 23. — Distribution du moment angulaire des planètes. Alors que le Soleil est de loin le plus gros objet, il ne porte qu'une faible partie du moment angulaire.

intervention de forces extérieures. Le Soleil s'est formé par contraction d'une nébuleuse gazeuse en rotation. Cette nébuleuse a rapidement pris la forme d'un disque portant un renflement, une boule en son milieu. Cette boule s'est mise à grossir. Sa vitesse de rotation a augmenté avec sa taille. La force centrifuge s'exerçant sur cette boule a elle aussi augmenté. De temps à autre, des anneaux de matière ont été laissés sur place par le protosoleil en formation. La compaction de chaque anneau résiduel a produit la série de planètes que nous connaissons.

Passons sur les péripéties historiques. La majorité des scientifiques s'accordent aujourd'hui à penser que la théorie de la nébuleuse est sans doute la plus vraisemblable — avec une difficulté, toutefois, qui a suscité bien des débats passionnés : le Soleil porte 99,9 % de la masse du système solaire ; or, il ne porte que 2 % du moment angulaire[1] total, qui est en majorité dans les planètes. Autrement et plus simplement dit, le Soleil tourne trop lentement pour sa masse ! Où est donc passé le moment angulaire du Soleil ? Comment le centre du disque protosolaire qui possédait sûrement l'essentiel du moment angulaire a-t-il réparti ce dernier vers Jupiter et Saturne ?

## L'accrétion des planètes

La théorie admise jusque vers les années 1980 pour l'accrétion planétaire était celle de l'effondrement gravitationnel. Tous les astronomes et physiciens s'accordaient sur ce point. Le nuage de gaz nébulaire, transformé en poussière par refroidissement, aurait été concentré en certains endroits. Là, la force d'attraction entre toutes les particules aurait dépassé l'agitation thermique, dont la tendance est dispersive, et le nuage se serait brutalement contracté en une sorte d'implosion. La formation d'une planète serait une sorte de catastrophe, d'avalanche brutale ayant eu lieu dans un intervalle de temps très court. En somme, une planète se formerait comme une étoile, suivant une théorie développée par l'astronome britannique Jeans.

Pourtant, à partir de 1940, de l'autre côté du rideau

---

1. Le moment angulaire Ia ; I = moment d'inertie, a = vitesse de rotation.

de fer, isolée de tout contact scientifique, l'école soviétique animée par Otto Schmidt a commencé à développer un tout autre scénario. D'après Schmidt, l'un des points fondamentaux de la dynamique du système solaire est l'existence d'*orbites quasi circulaires pour les diverses planètes*. Si les planètes s'étaient formées par effondrement gravitationnel, dit-il, elles se déplaceraient selon des trajectoires elliptiques quelconques. On aurait donc des planètes circulant sur des ellipses variées, d'obliquité variée, d'allongement varié. On n'aurait pas l'horloge régulière que nous avons décrite. La seule façon d'obtenir des orbites circulaires, dit Schmidt, c'est de faire progressivement la *moyenne* d'une multitude d'orbites elliptiques quelconques. A partir de là, Schmidt et ses élèves, Levin et Safronov, développent la *théorie mathématique de l'accrétion progressive* [1, 2].

Les grains solides s'accrètent pour donner d'abord des billes, puis les billes s'accrètent à leur tour pour donner des boules, puis les boules pour donner de grosses boules, etc. Ainsi, au fur et à mesure que le processus se développe, le nombre d'objets diminue et la proportion de gros objets augmente. Comment ce processus d'accrétion se déroule-t-il ? Dans le système solaire, tous les objets sont mobiles et tournent autour du Soleil sur des orbites elliptiques. Chaque élément solide, chaque planétésimal, comme on l'appelle, a sa trajectoire propre et sa vitesse propre. Lorsque deux

---

1. O. Y. Schmidt, 1944.
2. V. S. Safronov, 1969.

planétésimaux se rencontrent, il peut en résulter une grande variété de scénarios : ils peuvent être de même taille et ils pourront alors soit percuter et rebondir, chacun repartant dans une direction nouvelle, soit entrer si fortement en collision qu'ils se brisent, donnant naissance à une myriade de morceaux plus petits qui vont à leur tour voyager dans l'espace, soit (et c'est naturellement l'hypothèse agréable pour qui cherche à comprendre la formation des planètes) se souder pour donner naissance à une boule plus grosse. Les planétésimaux peuvent être aussi de tailles différentes : en général, le petit sera attiré et s'accolera au gros qui verra ainsi sa masse augmenter. C'est le cas d'une météorite tombant sur la Terre. En somme, la formation des planètes est une gigantesque bataille de boules de neige. Les boules peuvent rebondir, se briser ou au contraire se souder, s'agrandir. L'achèvement sera la construction d'une énorme boule, une boule-planète qui aura rassemblé tous les flocons des alentours.

Il faudra d'ailleurs qu'elle atteigne une taille assez importante, de plus de 1 000 kilomètres de rayon, pour se révéler assez plastique pour que sa forme devienne ronde sous l'effet combiné de la rotation et de la gravitation. Phobos, satellite de Mars, a un rayon de 15 kilomètres, c'est une grosse pomme de terre. La Lune, qui a 1 700 kilomètres de rayon, est une sphère. Les autres satellites et planètes aussi. Mais Mimas et Encelade n'ont que 200 kilomètres de rayon et sont pourtant sphériques. Il est vrai qu'elles sont faites de glace, beaucoup plus déformable et plastique que les roches !

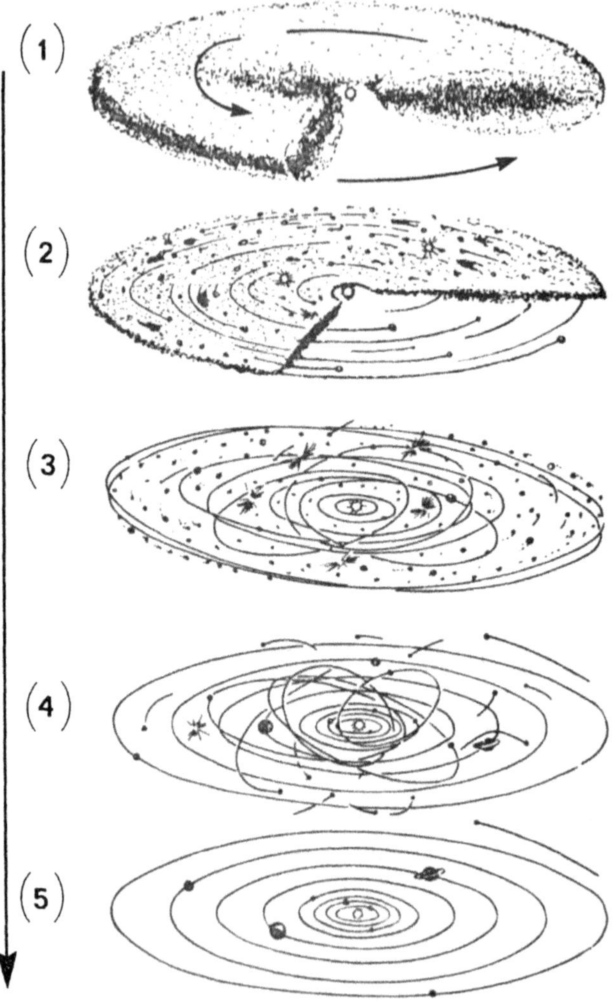

Fig. 24. — Ce schéma est l'illustration en cinq étapes de la théorie de l'école russe sur la formation des planètes. Les phases successives se déroulent de haut en bas. Les travaux américains, notamment ceux de Wetherill, ont donné une échelle de temps à ce schéma. Pour passer de (1) à (4), il faut 5 à 10 millions d'années ; de (4) à (5), de 50 à 100 millions d'années.

# Les cratères lunaires

Les scientifiques occidentaux n'ont pas prêté beaucoup d'attention à la théorie soviétique. Jusqu'à l'exploration lunaire...

Revenons en arrière et souvenons-nous : lorsque, le 18 juillet 1969, Armstrong pose le pied sur la Lune devant le milliard de téléspectateurs terriens émerveillés et fascinés, c'est un paysage désolé qui lui fait face ; son pied s'enfonce dans un sol meuble formé de poussières grises, des fragments rocheux sombres jonchent le sol de-ci de-là. Dans le module, Conrad photographie la surface de la Lune, frénétiquement sous tous les angles et toutes les longueurs d'onde. Des milliers de clichés sont envoyés puis rapportés vers la Terre. Ces deux visions révèlent une même réalité : la surface de la Lune est criblée de cratères d'impacts. La dimension de ces cratères varie de 60 kilomètres à quelques mètres.

Les impacts ont broyé, déchiqueté, arraché des fragments de roches et des poussières de nature volcanique. L'étude de ces cratères est faite avec minutie. Tous ont une structure analogue. Un relief circulaire domine une dépression centrale à demi remplie de débris, au centre de laquelle s'élève un petit monticule. Dans l'environnement du cratère, une nappe irrégulière de fragments rocheux, de graviers et de sable de dimensions diverses recouvre le sol. C'est la zone d'influence du cratère. On peut imaginer ainsi qu'une série de cratères adjacents vont créer une superposition de couches d'ejecta, créant une véritable stratigraphie d'impacts sur la Lune.

Le comptage des cratères permet de mettre en évidence une relation très générale entre leur *fréquence* et leur *diamètre*. En première approximation, on peut dire que le nombre de cratères augmente en *progression géométrique quand le diamètre décroît*. En d'autres termes, chaque fois que l'on détecte un gros cratère, il faut admettre qu'il a été accompagné d'une myriade de cratères de dimensions inférieures.

L'étude des phénomènes de cratérisation a pu être menée à bien grâce à des expériences sur modèles réduits dans lesquelles on a bombardé des substrats de natures diverses à l'aide de projectiles lancés par des canons à des vitesses variées. Gault, alors à l'Ames Research Center de la NASA, a été un pionnier dans ce type d'études spectaculaires mais extrêmement arides. On a pu établir des relations précises entre le diamètre d'un cratère, la masse du projectile incident et sa vitesse. L'utilisation de ces relations permet de voir quelles sont les caractéristiques des projectiles qui ont créé les cratères lunaires. Nous allons en voir l'importance.

D'un autre côté, la densité de cratérisation devient très vite une méthode de chronologie fondée sur le simple principe suivant : une région (A) qui a une densité de cratères supérieure à une région (B) est géologiquement plus vieille que (B). Certes, diverses complications apparaissent dans une telle méthode de comptage des cratères : il faut tenir compte notamment d'une certaine saturation existant pour les terrains très bombardés, mais ces difficultés ont été surmontées et cette méthode permet de bien établir la chronologie relative d'une planète donnée.

La chronologie radioactive des roches lunaires et des diverses mers a permis de quantifier ces observations. En portant la densité de cratères en fonction de l'âge, on a pu constater que le taux de bombardement a décru exponentiellement depuis 4,5 milliards d'années jusqu'à nos jours. C'est pourquoi les montagnes lunaires sont beaucoup plus cratérisées, donc chaotiques que les mers, car elles sont plus vieilles. Cette décroissance très forte entre 4,5 milliards d'années et, disons, 3 milliards d'années est sans nul doute l'un des résultats majeurs de l'exploration lunaire. Elle témoigne que le phénomène d'accrétion, qui culminait vers 4,5 milliards d'années, a décru très rapidement ensuite, sans doute à cause d'une pénurie de projectiles, la majorité ayant déjà été capturés et mis à contribution pour former les planètes.

Le bombardement primitif, il y a 4,5 milliards d'années, était donc très intense. La relation diamètre-fréquence des cratères nous invite à penser qu'il existait à cette époque des impacts gigantesques. Quels en sont les témoignages ? L'observation de la forme des mers lunaires à contours circulaires emboîtés nous suggère une réponse. Les mers lunaires auraient été créées elles-mêmes par de gigantesques impacts de près de 1 000 kilomètres de diamètre. L'application des formules théoriques conduit à voir que les projectiles qui ont créé ces dépressions avaient des diamètres de 100 kilomètres et qu'ils ont excavé des quantités de matière de l'ordre de $10^{24}$ grammes, soit à peu près la masse de la croûte continentale de l'Amérique du Nord. La quantité de chaleur engendrée par de tels impacts aurait fondu l'intérieur lunaire et provoqué la formation de magmas basaltiques, qui seraient venus remplir les dépressions. Ainsi seraient nées les mers basaltiques lunaires.

Ces observations et ces raisonnements ont d'abord été développés pour expliquer les observations rapportées par les missions spatiales, sans aucune connexion avec la théorie soviétique. Le grand mérite de George Wetherill[1], qui travaillait alors à l'UCLA, est d'avoir fait la liaison entre ces déductions sélénologiques et la théorie soviétique de l'accrétion. Les impacts de météorites, dont la taille et la fréquence décroissent avec le temps de 4,5 milliards d'années à nos jours, marquent, comme le note Wetherill, la fin des phénomènes d'accrétion, la « queue d'accrétion ». Ils témoignent en fait en faveur de la théorie soviétique : les planètes se forment par addition de boules de tailles différentes déjà formées et ce processus n'est pas instantané, mais s'étend sur des millions d'années.

Si, jusque-là, les théoriciens occidentaux avaient traité le modèle soviétique avec dédain, les publications de Wetherill vont mobiliser aussitôt leur attention. Après l'avoir vérifié puis admis, ils se mirent à le perfectionner, à le préciser, à le raffiner avec l'aide puissante des ordinateurs auxquels Schmidt et ses élèves n'avaient jamais eu accès.

Les ordinateurs permettent de simuler commodément cette bataille de boules de neige dans des conditions variées. Il ne s'agit bien sûr pas d'expériences au sens

---

1. G. Wetherill, 1975.

courant du terme, mais de scénarios calculés pas à pas, situation après situation. Ce qu'on appelle aujourd'hui des expériences numériques.

Ces travaux sont difficiles, longs, et fastidieux, mais disons pour abréger qu'ils ont permis de préciser sur plusieurs points le scénario imaginé par les Soviétiques : la durée du phénomène, le nombre de planètes, le régime thermique des corps planétaires, les conditions d'accrétion.

La simulation informatique montre qu'il est assez « facile » de passer du stade poussière à des objets de 1 kilomètre de rayon, et dans les conditions du système solaire précoce, cette opération n'a pas dû durer plus d'un million d'années. Par contre, pour passer de ce stade à celui de planète, c'est une opération « difficile » qui, lorsqu'elle réussit, nécessite 50 à 100 millions d'années. Cela se comprend fort bien si l'on songe que plus les objets grossissent, moins il y en a, et moins ils ont de chances de se rencontrer. Parfois, ce second stade n'est pas atteint et les objets non seulement ne grossissent pas, mais, comme nous allons le voir, finissent par se morceler de plus en plus.

Un autre succès des simulations sur ordinateur est d'avoir bien précisé les conséquences thermiques des collisions. Lorsque deux objets se choquent, ils s'échauffent. On peut calculer l'échauffement en fonction des caractéristiques du projectile. Dans le cadre du scénario d'accrétion planétaire progressive, on a pu montrer que l'énergie thermique transférée par choc aux planètes en formation pouvait contribuer à les fondre presque totalement, tout au moins à générer un volcanisme à leur surface. Les hypothèses émises pour la formation des mers lunaires sont donc testées positivement grâce à ces simulations sur ordinateur.

En outre, les calculs numériques ont permis d'introduire un acteur supplémentaire du processus d'accrétion : le gaz. Ce fameux gaz dont on parle souvent à l'occasion des éléments chimiques volatils, mais qui est resté ici quelque peu oublié, car la nébuleuse solaire était formée à n'en pas douter d'un nuage de poussières dilué lui-même dans un nuage de gaz. Il semble que ce gaz ait joué un rôle essentiel, surtout au début du processus d'accrétion, comme ralentisseur de vitesse, adoucisseur de collision. De surcroît, les petites particules qui se déplacent frottent contre le gaz, ralentissent et s'échauffent. John Wood pense même que ces phénomènes de frottement sont à l'origine de la formation des petites gouttes de magma cosmique qui, en se refroidissant, donnent naissance aux chondrules[1]. Le gaz facilite donc les processus d'accrétion de poussières. Ainsi nous avons aujourd'hui un modèle d'accrétion cohérent qui explique la plupart des observations.

Tout n'est pas résolu pour autant, mais le modèle de l'accrétion progressive permet de relier pas à pas beaucoup d'observations jusqu'alors éparses.

## Les impacts géologiques

L'extrapolation immédiate des résultats lunaires aux autres planètes est plus délicate, puisque la densité des

---

1. J. Wood, 1984.

projectiles dépend bien sûr de la distance héliocentrique. Mais la théorie vient à la rescousse et, grâce au modèle de collision, Wetherill a pu établir une correspondance entre la courbe de bombardement sur la Lune, directement calibrée en temps par la datation des roches lunaires, et les courbes supposées des autres planètes. Ces calculs ont même été testés, puisque Wetherill a pu prédire la densité de cratères que l'on devait observer sur Mercure quelques mois avant la mission Mariner 10. De toute manière, ces phénomènes d'impacts existent partout, de Mercure aux satellites de Neptune en passant par la Lune ou Phobos. Nous les avons constamment rencontrés dans notre exploration du système solaire. Les collisions « à la Schmidt » constituent bien l'un des phénomènes communs du système solaire.

Il est donc certain que des phénomènes de collision comparables ont existé pour la Terre à l'aube de sa vie. Notre planète a alors subi le bombardement continu de boules solides. Venant de toutes directions, ces projectiles criblèrent la surface de notre planète, la rendant pareille à un champ de bataille après l'action continue de l'artillerie lourde ! Chaque impact créa un cratère. Les gros météores créèrent des bassins de la dimension du Bassin de Paris ou d'Aquitaine ; les plus modestes se contentèrent de former des cratères du kilomètre de rayon ; les petits projectiles, beaucoup plus nombreux que les gros, assurèrent l'apparition de myriades de cicatrices de dimensions métriques. Naturellement, chaque structure d'impact une fois créée fut elle-même soumise au bombardement ultérieur qui en détruisit les bords et toute la géométrie. Sous l'effet de ce jeu de massacre, la surface de la Terre devint rapidement un terrain chaotique et poussiéreux. Les débris de roches, les brèches, les éboulis s'amoncelèrent au bas des pentes et la surface terrestre tenait sans doute alors du chantier de démolition. La durée de cette apocalypse a été de près de 500 millions d'années, mais avec une intensité rapidement décroissante. Si les traces en sont aujourd'hui moins apparentes que sur la Lune, c'est que la Terre est une planète géologiquement vivante et que les phénomènes géologiques ultérieurs comme l'érosion ou la tectonique ont effacé les traces de ces paysages des premiers jours : « *No vestige of a beginning...* » Pourtant, on trouve à la surface de la Terre toute une série de cratères anciens et érodés ou bien récents, comme le majestueux Meteor Crater de l'Arizona. Naturellement, on s'est immédiatement interrogé sur le rôle géologique des cratères. Leur rôle lors des périodes archaïques est incontestable, mais après ?

La chute des météorites sur la Terre tout au long des temps géologiques est-elle suffisante pour accroître sa masse de manière significative ? Autrement dit, la Terre grossit-elle constamment et encore aujourd'hui ? L'inventaire que l'on peut faire des chutes actuelles, la calibration des cratères lunaires permettent de répondre par la négative à ce qui aurait pu être une découverte majeure (l'origine de la dérive des continents par expansion du globe, comme le pensait l'Australien Carey). Depuis 4 milliards d'années, la Terre n'a gagné que $10^{25}$ grammes de matière extra-terrestre. Ce qui n'est pas si mal, puisque cela équivaut à la masse des continents ! Mais c'est tout de même négligeable pour faire varier le volume terrestre : la masse de la Terre est en effet de $6 \times 10^{27}$ grammes. Cherchons des effets plus modestes !

Si les impacts ont créé des mers lunaires il y a 3,2 milliards d'années, pourquoi n'auraient-ils pas engendré des structures terrestres comparables ?

Depuis longtemps, les géologues ont remarqué que les terrains précambriens ont l'exclusivité de gros appareils rocheux très particuliers. Les roches qui les composent sont grenues, autrement dit contiennent de gros cristaux, comme des granites. Mais leur composition est aux antipodes des granites : il s'agit au contraire d'une alternance de roches dont la composition est tantôt semblable aux basaltes, tantôt semblable aux péridotites (qui sont, rappelons-le, les roches du manteau). Ce sont donc des massifs rocheux d'origine profonde. Leur extension cartographique se mesure en centaines de kilomètres. Pour l'un d'entre eux, le massif du Bushveld, en Afrique du Sud, il s'agit de 300 kilomètres, soit presque la distance dc Paris à Clermont-Ferrand. Ces massifs simatiques (*si* pour silicium, *ma* pour magnésium) ont bénéficié d'une attention particulière depuis de longues années, parce qu'ils recèlent des ressources minières considérables. L'un d'eux, le massif de Sudbury, est la réserve de nickel et de chrome du Canada ; un autre, le massif du Bushveld, déjà nommé, outre du chrome, contient la réserve de platine la plus importante du monde ; d'autres, situés en ex-Union soviétique, sont tout aussi riches en métaux précieux. Comment de tels monstres rocheux ont-ils pu prendre naissance ? Pourquoi n'existent-ils que dans les terrains anciens ?

Lors d'une étude détaillée du massif de Sudbury, Franck a trouvé sur les bordures des traces indubitables d'un impact gigantesque datant de 2,5 milliards d'années. De là est née l'idée que ces massifs, qu'aucune théorie géologique n'explique correctement, seraient tous les conséquences d'impacts gigantesques ayant agi somme toute comme ceux qui ont donné naissance aux mers lunaires. Dans le cas terrestre, nous n'en observerions que l'intérieur, l'érosion ayant dégagé l'apex. Cette théorie, admise pour « le Sudbury », n'est pas prouvée pour « le Bushveld » d'Afrique du Sud, âgé de 2 milliards d'années, ni pour « le Stillwater » du Montana, dont l'âge est de 2,7 milliards d'années, mais, faute de théorie concurrente, elle paraît plausible et même probable.

Le rôle géologique des impacts, comme ces massifs simatiques, est-il confiné aux temps anciens antérieurs à 2 milliards d'années ? Il y a quinze ans, Luis Alvarez, physicien bien connu de Berkeley et prix Nobel, et son fils Walter, géologue, ont découvert qu'à la limite exacte entre le Crétacé et le Tertiaire, dans des couches qui datent de 65 millions d'années[1], existe en une vingtaine d'endroits sur Terre une mince couche riche en métaux associés au platine, notamment en iridium. Les roches terrestres sont extrêmement pauvres en ces éléments, alors que les météorites en sont relativement riches. Les Alvarez en conclurent que la Terre a été uniformément recouverte d'une couche de poussière

---

1. W. Alvarez *et al.*, 1982.

cosmique, il y a 65 millions d'années, couche provenant sans doute de l'impact d'une météorite géante.

L'affaire aurait été finalement assez banale, compte tenu de tout ce que nous venons d'explorer, si cette transition Crétacé-Tertiaire ne correspondait pas à une révolution biologique majeure. C'est à ce moment, en effet, qu'ont disparu de la surface de la Terre les ammonites, les dinosaures, et avec eux plus d'un millier d'espèces marines. Comme on le sait, la disparition brutale d'espèces est l'un des problèmes les plus ardus posés aux biologistes. Alvarez père et fils, liant les deux phénomènes, concluent que la chute de météorite fut sans doute responsable de l'extinction de ces espèces, par le biais d'un refroidissement climatique généralisé. Comme on peut s'en douter, l'hypothèse a déchaîné une vigoureuse polémique entre les Alvarez et leurs émules d'une part et une série de paléontologues parmi les plus éminents d'autre part. N'entrons pas dans ce débat, mais soulignons que ces idées sont des reviviscences des idées proposées il y a cent cinquante ans par Georges Cuvier !

Les catastrophes cosmiques semblent bien responsables des changements de flores et de faunes qui ont ponctué l'histoire géologique.

Sans vouloir entrer dans le débat — qu'a très bien expliqué l'ouvrage de Vincent Courtillot auquel nous renvoyons[1] —, force nous est de constater que le diagramme chronologique d'extinction des espèces dressé par les paléontologues eux-mêmes présente des pics

---

1. *La Vie en catastrophes*, Fayard, 1995.

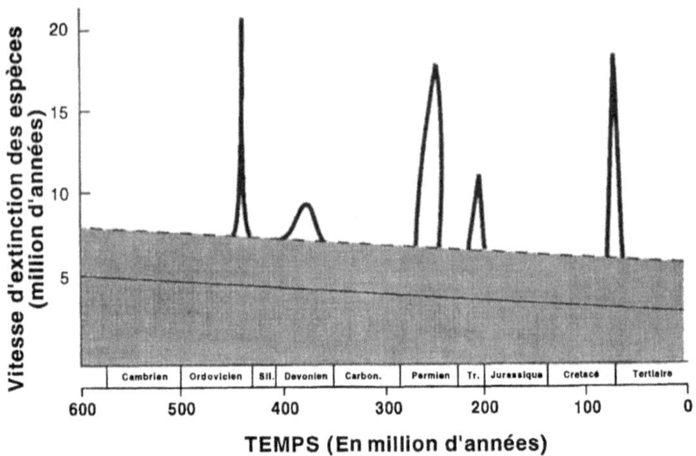


Fig. 25. — Graphique dû à David Raupp, montrant l'intensité des extinctions d'espèces vivantes au cours des temps géologiques. On y voit des pics extrêmement importants à des époques bien définies.

extrêmement bien définis, brutaux. Chaque pic principal, chaque épisode de crise correspond à des disparitions massives, à de véritables catastrophes biologiques. Alors ?

Précisons tout de suite qu'il ne s'agit nullement de revenir en arrière et de nier la théorie de l'évolution, mais seulement d'admettre que, parmi les facteurs ayant joué un rôle dans les processus de sélection, il en est un d'importance, dont l'origine est extra-terrestre.

Les organismes qui ont survécu à ces crises étaient les mieux adaptés, non pas aux conditions ordinaires, mais les mieux adaptés pour survivre à une période révolutionnaire !

Cela semble vrai pour la transition Crétacé-Tertiaire. Pour les autres périodes, on parle de catastrophes, mais les causes semblent être purement terrestres, et plus précisément d'origine volcanique. A la limite Crétacé-Tertiaire, il y aurait eu d'après Courtillot une extraordinaire coïncidence. La superposition d'une éruption volcanique et d'une chute de météorites : incroyable destin que cette transition Crétacé-Tertiaire qui en éliminant les dinausores a ouvert la voie des mammifères et notamment du plus entreprenant d'entre eux, l'homme. L'homme, produit d'une extraordinaire coïncidence cosmique ?

## L'origine des météorites

Nous avons vu, au chapitre IV, comment quelques pierres tombées du ciel, quelques météorites nous avaient considérablement fait progresser dans notre connaissance des processus de la Genèse. Ces chutes apparaissent vraiment comme providentielles, de véritables dons du Ciel ! Ces météorites carbonées, ces chondrites ordinaires, ces météorites différenciées sont autant de témoins des processus de formation de la matière planétaire. Tout se passe comme si la nature avait prélevé pour nous un échantillon à chaque étape du processus de formation des planètes, puis l'avait conservé intact, quelque part, pendant 4,5 milliards d'années, pour nous l'expédier enfin à travers les airs afin que nous puissions l'étudier dans nos laboratoires.

L'existence de ces témoins primitifs des premiers instants du système solaire, qui ont le bon goût de tomber périodiquement sur notre planète, semble relever du surnaturel. On ne peut esquiver la question : d'où viennent-elles ? Comment se sont-elles formées ?

L'observation balistique directe de quelques trajectoires, au moment de leur chute sur la Terre, a permis de montrer que la plupart des météorites proviennent d'une région du système solaire située entre Mars et Jupiter, là où il n'existe aucune planète. Cette région du disque planétaire, appelée *la ceinture d'Astéroïdes*, est peuplée d'une myriade d'objets dont la taille va de celle d'une pierre à celle d'un astre. Le plus gros des astéroïdes, Cérès, a 1 000 km de diamètre.

Dans cette ceinture, tous ces objets rocheux, circulant sur des orbites très voisines, se heurtent, se télescopent, et comme leurs vitesses sont très grandes, ces chocs provoquent des fractures. Ainsi, au fil du temps, les astéroïdes se fragmentent de plus en plus, augmentant les fragments de petite taille. D'après les observations balistiques, les météorites seraient des morceaux d'astéroïdes « sortis » de leur trajectoire habituelle et qui, après une période d'errance cosmique, seraient tombés sur la Terre. Cette hypothèse est confirmée par les observations astronomiques faites à l'aide des télescopes et qui montrent que les propriétés optiques des astéroïdes sont analogues à celles que l'on peut mesurer en laboratoire sur les météorites.

Les météorites sont donc des fragments d'objets de taille plus importante, que les chocs, dans la ceinture d'astéroïdes, ont cassés, fragmentés, éjectés, projetés dans le cosmos. Mais ces objets eux-mêmes, d'où viennent-ils ?

Seraient-ils les fragments de la « *septième planète* »

qu'avait imaginée Platon pour satisfaire à l'omnipotente présence du chiffre sept et que la loi de Bode sur l'espacement des planètes situerait précisément entre Mars et Jupiter, à l'emplacement exact de la ceinture d'astéroïdes ? La planète d'Orchelt ?

Pour excitante qu'elle soit, l'hypothèse n'est pas conforme aux observations. D'abord, il existe neuf planètes et non six comme on le croyait au temps de Platon. Ensuite, la variété chimique existant parmi les météorites rend quasiment impossible leur appartenance à un même objet planétaire. On a pu montrer qu'il fallait au moins cinq objets — cinq protoplanètes — pour rendre compte de cette variété chimique.

Par ailleurs, lorsqu'on cherche à déterminer dans quelles conditions de température et de pression les minéraux des météorites se sont formés, on constate que, hors des zones de chocs intenses, ils ne sont pas de ceux qui se forment à haute pression : ce sont des minéraux qui n'existent qu'à pression assez faible. De même, lorsqu'on calcule les vitesses de refroidissement des météorites à l'aide des propriétés de migration des atomes sous l'effet de la température (phénomène que l'on appelle « diffusion »), on constate que ces vitesses ne peuvent se concevoir que pour des corps assez petits, disons inférieurs à la taille de la Lune. Les corps parents des météorites n'ont jamais été très gros.

Il faut donc admettre que les objets primitifs qui se trouvaient dans la ceinture d'astéroïdes étaient multiples et variés. Certains de ces objets étaient des agglomérats de matière primitive, leur fragmentation a donné les chondrites ; d'autres étaient à l'inverse des micro-

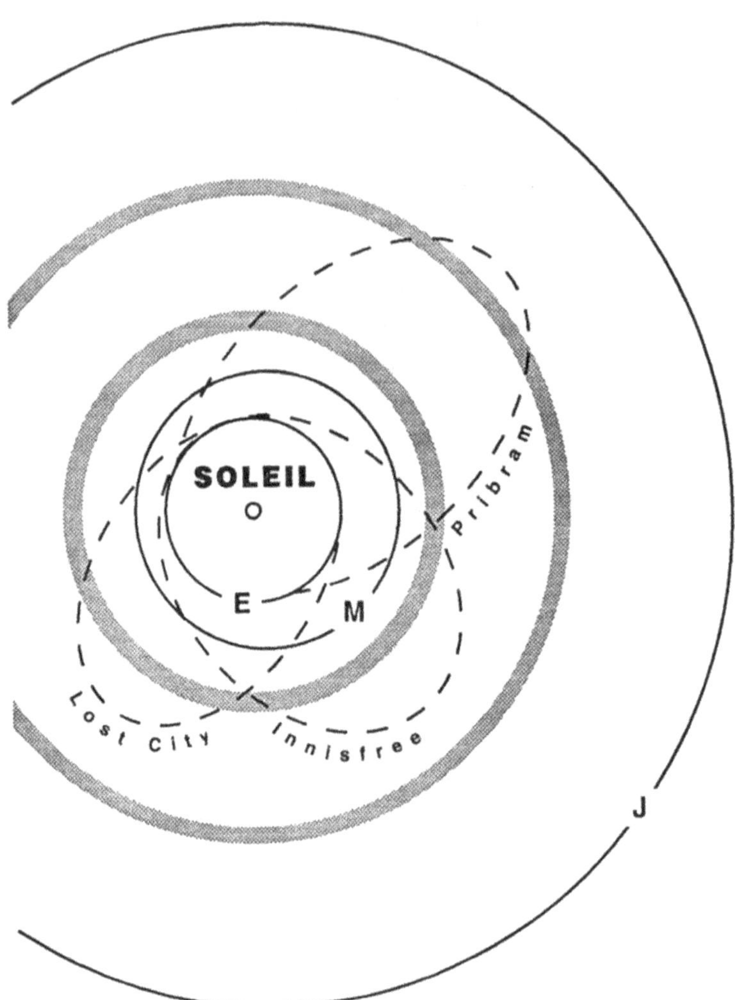


Fig. 26. — Trajectoires reconstituées par trois météorites qui sont tombés sur la Terre. Les orbites de la Terre (E), Mars (M) et Jupiter (J) sont représentés : les deux trajectoires grisées définissent ce qu'on appelle la ceinture d'astéroïdes entre Mars et Jupiter.

planètes, avec un noyau au centre, un manteau et une activité volcanique à la surface : leur fragmentation est à l'origine des météorites différenciées.

Mais ces fragmentations ont dû être extrêmement brutales et profondes, cassant ces objets presque en leur centre, leur cœur même, puisqu'ils nous montrent aujourd'hui sous forme de météorites leur composition la plus intime. La question de la chronologie se pose.

Quand au juste a pu avoir lieu ce jeu de massacre ?

Cette fragmentation d'objets qui devaient être déjà de belle taille a-t-elle eu lieu en une seule fois ? Ou en plusieurs épisodes ?

## Les âges d'irradiation des météorites

L'espace cosmique est continuellement traversé par un flux de particules de très grande énergie, dont les plus nombreuses et les plus énergiques sont les protons et dont la source — bien qu'encore inconnue à l'heure actuelle — est extérieure au système solaire. Ce rayonnement est appelé cosmique-galactique (RCG) par opposition au rayonnement de particules moins énergiques émis par le Soleil.

Les protons de grande énergie pénètrent la matière et y provoquent des réactions nucléaires qui transforment certains éléments, certains isotopes en d'autres éléments, d'autres isotopes. Pourtant, cette pénétration n'est pas très profonde et n'excède pas quelques décimètres.

Ainsi, une roche isolée dans le Cosmos est soumise à ce flux cosmique. Par contre, une roche située à l'intérieur d'un corps planétaire est protégée contre cette irradiation.

Le raisonnement inverse permet de dire que lorsqu'on détecte des compositions isotopiques très anormales de quelques éléments dans une roche, c'est sans doute que cette roche est restée isolée dans le Cosmos, et donc soumise au rayonnement cosmique-galactique.

Ainsi les météorites présentent-elles pour certains éléments des compositions isotopiques très anormales. La détection des compositions isotopiques anormales est d'ailleurs l'un des meilleurs critères pour décider si une roche trouvée au sol sur Terre est une météorite ou non.

Pour prendre un exemple, les météorites de fer présentent des compositions isotopiques de calcium ou de potassium très anormales. Ce calcium et ce potassium anormaux proviennent d'une réaction nucléaire très simple, dont le produit de départ est le fer et qu'on appelle réactions de spallation.

Comme on peut l'imaginer, plus l'irradiation est longue, plus il s'accumule d'isotopes « artificiels ». Moyennant quelques calibrations un peu complexes, la mesure de l'importance des anomalies isotopiques permet de déterminer combien de temps a duré l'irradiation. C'est ce que l'on appelle l'*âge d'irradiation*. Celui-ci traduit donc d'une certaine manière l'âge de fragmentation de la météorite, l'âge depuis lequel elle est une roche libre, isolée dans le cosmos.

Les résultats de ces datations sont extrêmement intéressants. Pour les météorites silicatées de type chondrites ou achondrites, les âges d'exposition sont de 20 à

1. Vue de la terre à partir de satellite. L'atmosphère qui entoure notre planète ne masque pas la vue de sa surface.

2. Vue de la Lune dans son ensemble au cours d'une mission Apollo. Les mers sont les zones circulaires sombres.

3. Vue globale de Vénus prise au cours de la mission Mariner 10. La surface est invisible cachée par l'importante atmosphère.

4. L'hémisphère nord de Mercure.

planète Mars a été prise lors
mission Mariner 9, on distin-
en les deux calottes polaires
one des grands volcans.

bos, satellite de Mars et sa
en pomme de terre, criblé
tères.

7

8

9

10

11

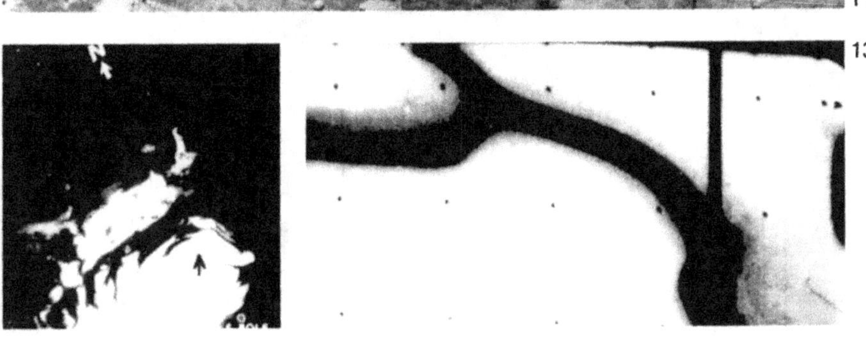

13

7. Cette vue de la surface de Vénus a été prise par la sonde soviétique Venera. Pour apprécier l'exploit technique, il faut se souvenir qu'il règne au sol, une température de 480° et une pression de 100 atmosphères (Surkov, 1977).

8. Surface de Mars prise au cours de la mission Vicking. L'allure désertique est frappante.

9. La vallée sèche dans l'Antarctique.

10. Paysage lunaire pris au cours du vol Apollo 16 c'est-à-dire dans les montagnes.

11. Surface de la planète Mars, vallée " fluviatile " dans une région ancienne très caractérisée.

12. Calotte polaire martienne en été.

13. Calotte polaire martienne en hiver.

14. Le fameux canyon Coprates qui parcourt la surface de Mars sur 3000 km dans une région assez jeune donc peu cratérisée.

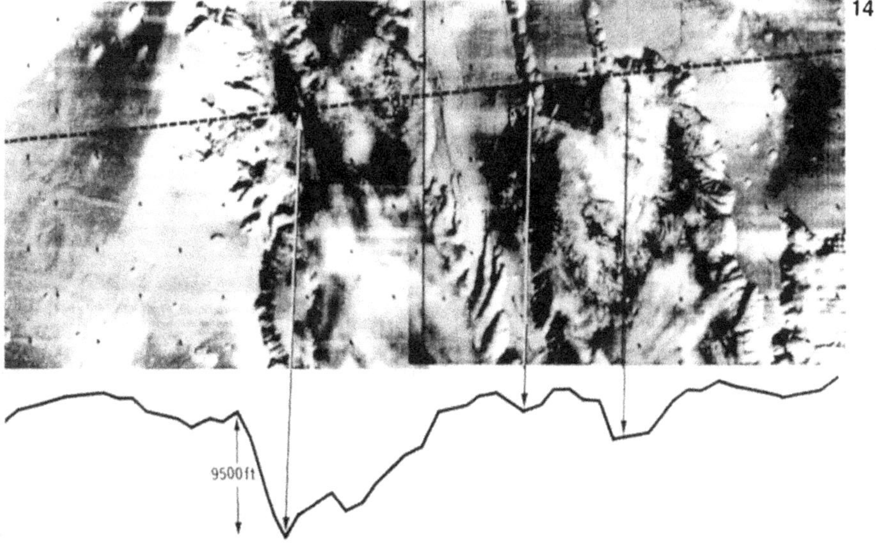

14

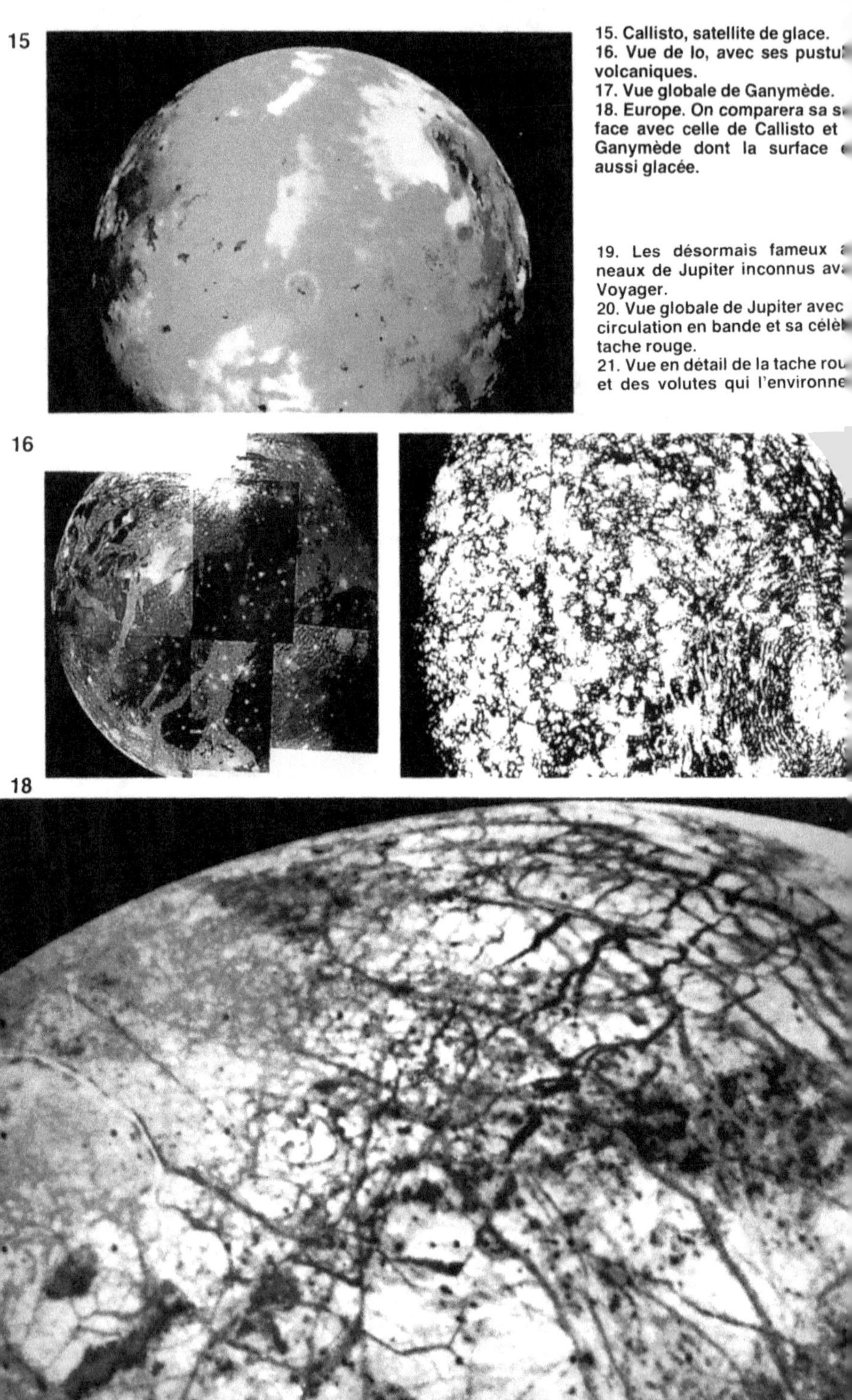

15. Callisto, satellite de glace.
16. Vue de Io, avec ses pustul[es]
volcaniques.
17. Vue globale de Ganymède.
18. Europe. On comparera sa s[ur]
face avec celle de Callisto et [de]
Ganymède dont la surface e[st]
aussi glacée.

19. Les désormais fameux a[n]
neaux de Jupiter inconnus ava[nt]
Voyager.
20. Vue globale de Jupiter avec [sa]
circulation en bande et sa célèb[re]
tache rouge.
21. Vue en détail de la tache rou[ge]
et des volutes qui l'environne[nt].

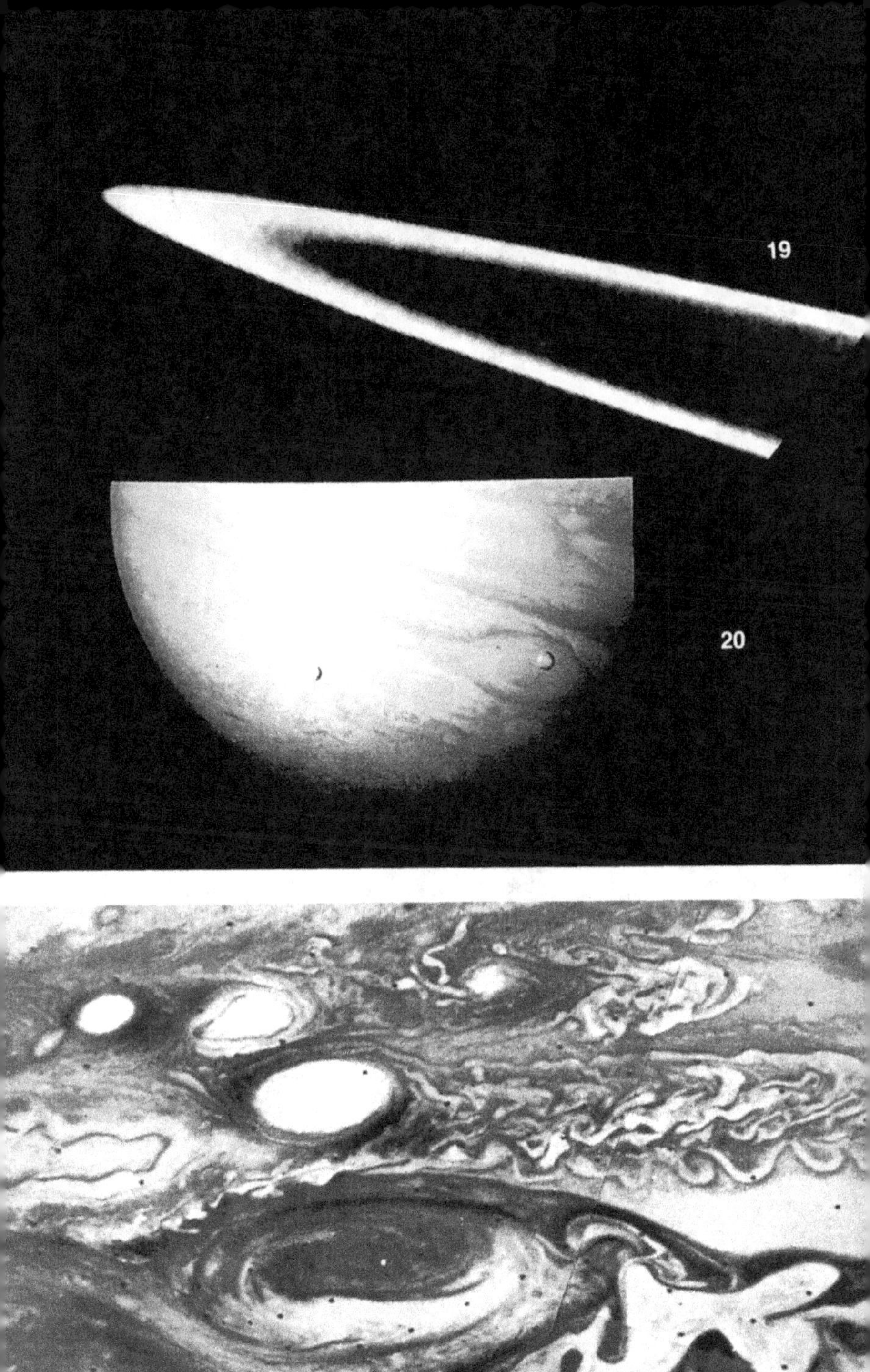

19

20

22. Japet.
23. Mimas.
24. Tethys.
25. Saturne et son anneau.

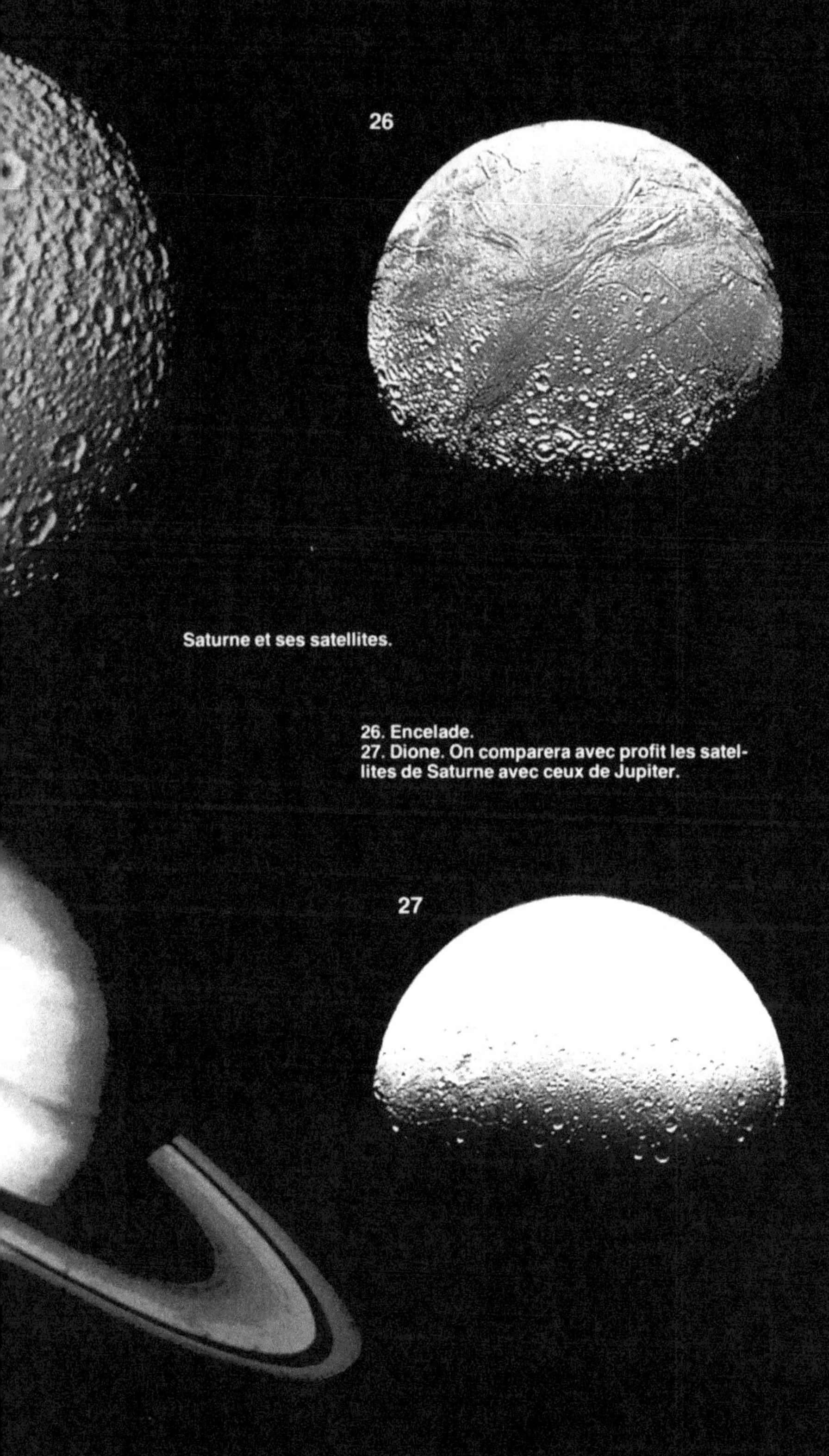

26

Saturne et ses satellites.

26. Encelade.
27. Dione. On comparera avec profit les satellites de Saturne avec ceux de Jupiter.

27

28. Cratères sur l'hémisphère nord de Mercure.
29. Gros cratères martiens entourés d'un essaim de petits cratères.

29

30. Détail d'un cratère sur Mars avec une trace de coulée.
31. Cratère sur Ganymède.

32. Cratère lunaire. On remarquera le petit édifice central caractéristique de tous les cratères d'impact.
33. Meteor Crater de l'Arizona (570 pieds de profondeur, 4000 pieds de large).

30

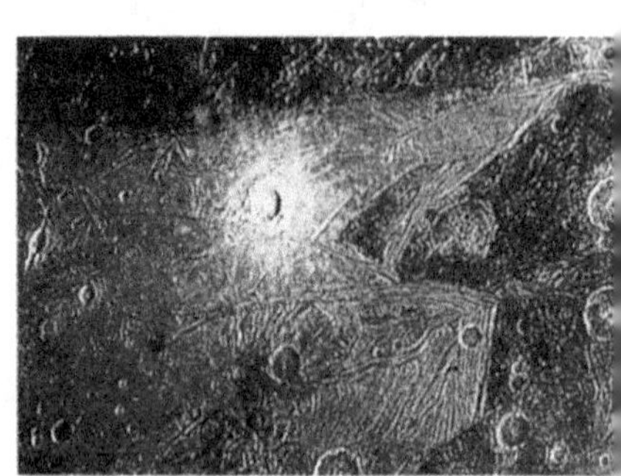

31

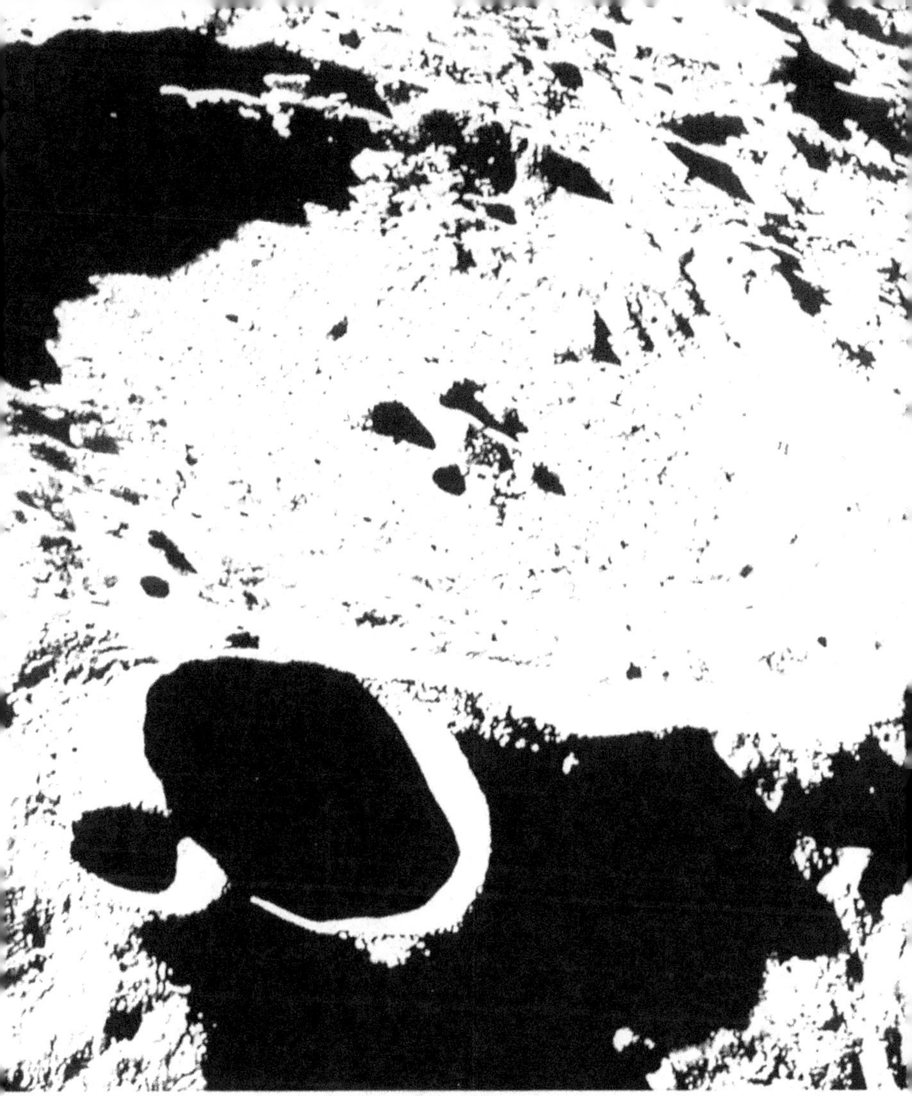

32

33

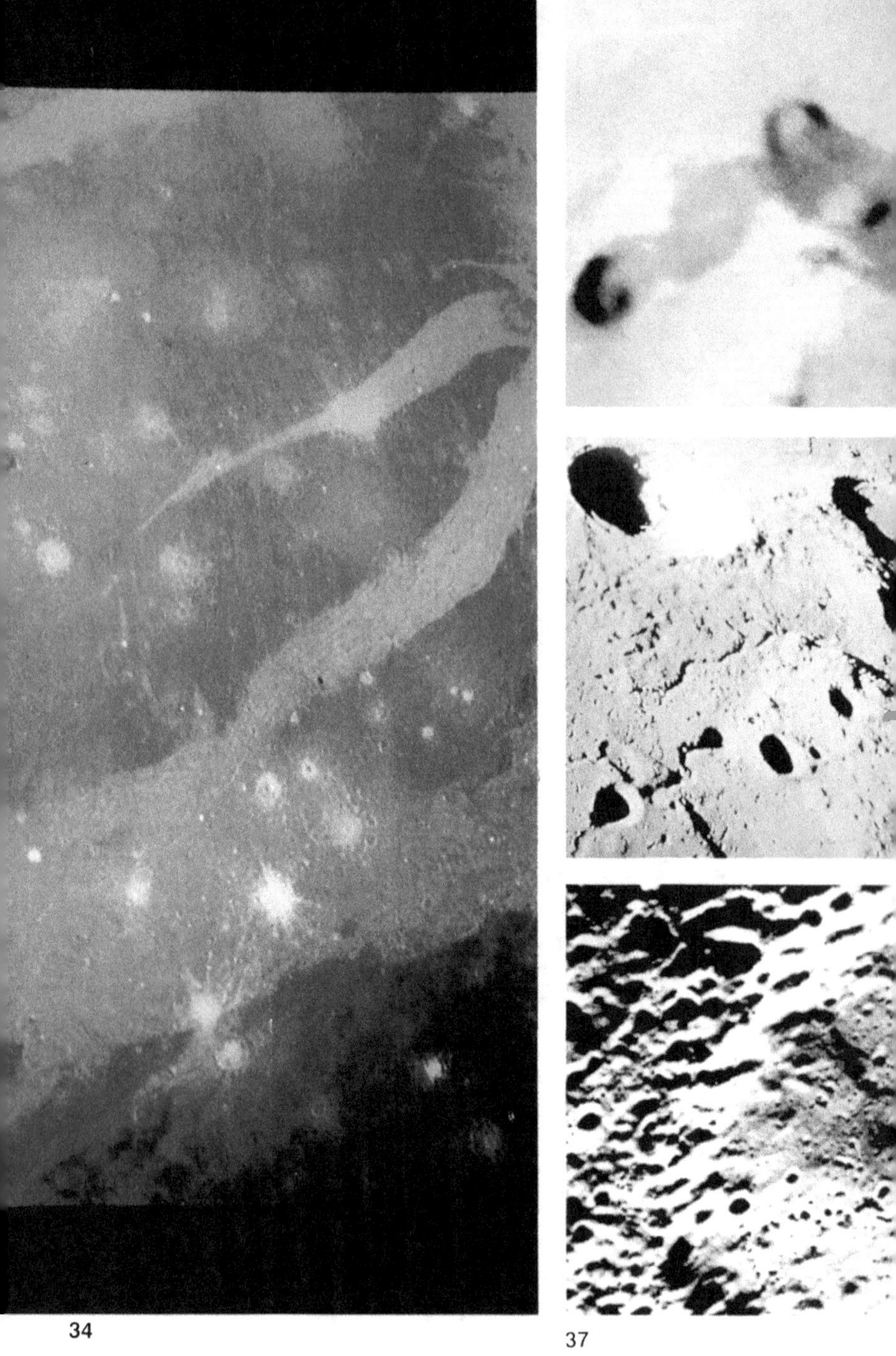

35

34

37

Coulée de " laves " de glace
r Ganymède.
Coulée de laves sur Io.
Coulée de lave éventrée (rille)
r la Lune.
Front d'une coulée de lave sur
rcure.

Éruption volcanique en Islan-

Éruption volcanique sur Io.
Nix Olympica, le plus grand
can de l'univers connu à ce
r, 25 km de haut 600 km de dia-
tre (Mars).

39

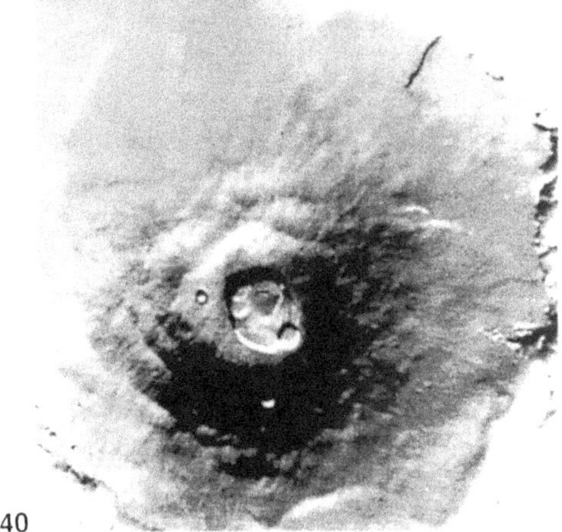

40

41. Roche volcanique terrestre vue au microscope.

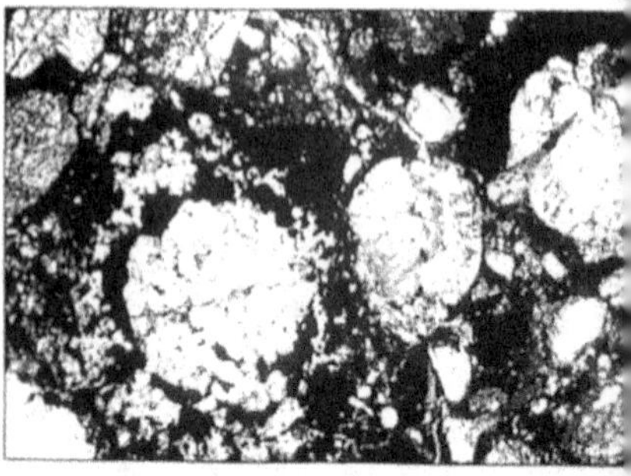

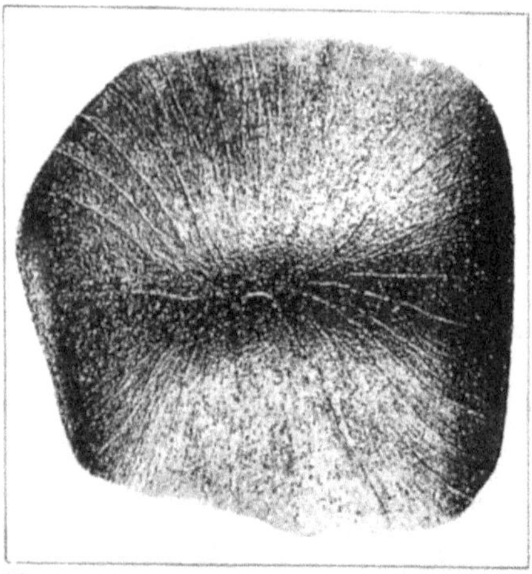

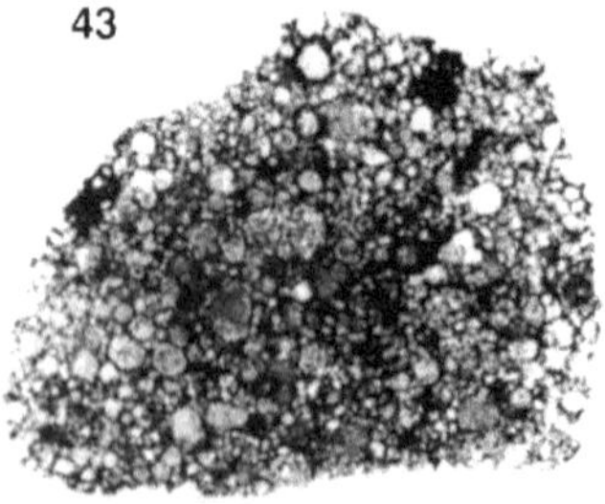

42. Météorite Chainpur vue au microscope. On remarquera les chondres et entre les chondres la matrice.

43. Météorite Lafayette après sa chute terrestre entourée de sa carapace de fusion.

44. Météorite de fer coupée et polie montrant les lamelles dites de Widmanstatten.

45. Météorite de Tieschitz coupée et polie. On distingue très bien les chondres sphériques.

46. Météorite d'Allende vue en lame mince. On distingue les chondres, les inclusions anguleuses blanches et englobant le tout la matrice.

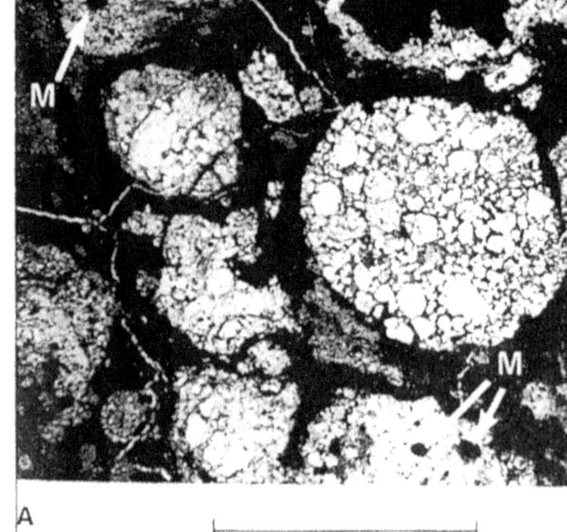

47. La comète Ikeyaseki. Photo Lick Observatory. Extrait du Grand Atlas de l'Astronomie, Encyclopédia Universalis Éditeur.

48. Spectromètre de masse qui a permis à Nier en 1939 à Harvard d'effectuer les premières mesures uranium-plomb.
49. Spectromètre de masse moderne servant à mesurer les gaz rares dans le laboratoire de l'auteur.

150 millions d'années. Pour les météorites de fer, ils varient de 50 millions à 2 milliards d'années. Or, souvenons-nous : toutes ces météorites ont des âges de formation identiques de 4,5 milliards d'années, donc beaucoup plus reculés. Les âges d'exposition indiquent donc que les fragmentations se sont produites bien après la période primitive.

La variabilité des âges d'exposition et leur durée maximale indiquent clairement que les collisions et les fragmentations se produisent sans interruption depuis plusieurs milliards d'années et constituent les événements courants, habituels, de la vie brutale et mouvementée des astéroïdes.

Dans ce jeu de massacre, les météorites de fer résistent mieux, car elles sont plus dures ; elles ont donc des âges d'exposition plus élevés. Les météorites silicatées, et en particulier les chondrites, plus fragiles, plus friables, se cassent en morceaux de plus en plus petits — d'où des âges d'exposition plus jeunes.

A partir de là, on peut tenter de comprendre pourquoi il n'y a pas de planète unique dans la ceinture d'astéroïdes, et pourquoi il y a à la place cette myriade d'objets très différents.

Tentons de reconstituer ce qui a pu se passer vers 4,5 milliards d'années au moment où, partout dans le système solaire, les corps planétaires se sont agglomérés. Dans la ceinture d'astéroïdes, de multiples corps planétaires ont commencé à s'agglomérer. Certains sont restés à de modestes dimensions, donc à l'état d'agrégats, de matière primitive. Ce sont les corps d'origine des chondrites. D'autres, au contraire, ont atteint une taille plus importante, accumulant une énergie suffisante pour élever leur température interne jusqu'à provoquer des phénomènes de fusion internes conduisant à la formation d'un noyau central et au déclenchement d'un volcanisme de surface. Pourtant, aucun de ces corps n'a eu le pouvoir d'attraction suffisant pour rassembler les autres et constituer une véritable planète unique.

Le processus d'accrétion a dérapé et s'est alors inversé. A un certain moment, les divers corps, au lieu de se rassembler, se sont cassés et fragmentés, finissant par donner l'essaim disparate d'astéroïdes que nous connaissons aujourd'hui. La réalité de ces chocs se retrouve dans l'observation même des météorites, dont beaucoup ont des structures internes à fragments anguleux, vifs, des sortes d'agglomérats.

On touche là du doigt le phénomène fondamental que nous avons déjà évoqué : l'existence d'une transition continue, d'un équilibre délicat entre accrétion et fragmentation. L'une est la rencontre constructive d'objets spatiaux, l'autre leur collision destructive. Pourquoi l'équilibre a-t-il penché vers la construction, l'accrétion, pour toutes les orbites planétaires sauf une ? Peut-être la proximité de Jupiter (déjà formé) a-t-elle perturbé le processus ?

De manière un peu semblable, nous avons vu qu'il existe autour des grosses planètes une série de satellites, mais aussi des anneaux faits d'une myriade de petits objets rocheux. Comme les astéroïdes, les anneaux témoignent que, par endroits, la fragmentation a remplacé l'accrétion. Les anneaux sont un peu à l'échelle d'une planète comme Jupiter ou Saturne les équivalents de ce que sont les astéroïdes pour le Soleil.

Le jeu des collisions nous révèle ainsi une grande variété de situations, mais ce jeu n'est pas fini.

## Voyages interplanétaires

L'Antarctique est un grand désert glacé ; la neige qui y tombe est très pure. Si, sur ce tapis blanc, repose une roche, nul doute que cette roche est tombée du ciel. C'est bien le cas : depuis que l'on a pensé que l'Antarctique était un collectionneur naturel de météorites, on a décidé de l'explorer afin d'en retirer des spécimens bien conservés, bien propres, rassemblés par les vallées glaciaires qui, comme les moraines, contiennent ces cailloux. De cette « exploration spatiale » d'un nouveau genre sont sortis des résultats surprenants.

On a d'abord découvert une météorite dont les caractéristiques chimiques ne ressemblent ni aux chondrites ni aux achondrites habituelles. Étudiant plus avant les compositions isotopiques des gaz rares et le xénon 129 qu'elle contient, Robert Pepin, de l'université du Minnesota, constate alors que ces teneurs sont analogues à celles que l'on vient de mesurer sur Mars à l'aide de la mission Viking. La mesure de la composition isotopique de l'azote, qui est l'une des signatures caractéristiques de l'atmosphère martienne — l'isotope léger s'est échappé alors que Mars était dans sa phase chaude —, confirme pleinement l'hypothèse proposée.

On se souvient alors que dans la collection des météorites de type achondrites, deux échantillons ont des caractères étranges : en particulier, leur âge est de 1,4 milliard d'années, alors que les autres météorites ont toutes 4,55 milliards d'années. Ces deux météorites s'appellent Nakla et Shergotty. Étudiant l'une et l'autre, Richard Becker, Robert Pepin[1] et Henrich Wänke de Mayence constatent qu'elles sont identiques à la météorite trouvée dans l'Antarctique et ont aussi les signatures chimiques et isotopiques « martiennes ». Il faut admettre qu'à une certaine époque, la collision d'une grosse météorite a arraché un morceau de croûte martienne. Sa vitesse d'expulsion était supérieure à la vitesse d'échappement de Mars, soit 5 km/s, et ce morceau rocheux a donc été lancé dans l'espace, selon une trajectoire plus ou moins complexe, pour un voyage qui a duré quelques millions d'années (déterminé grâce à la méthode des âges d'exposition). Ce fragment est tombé en Égypte, près de la ville de Nakla. Il en a été de même pour une autre météorite nommée Shergotty.

Mais la surprise ne s'arrête pas là. Toujours dans l'Antarctique, on a découvert plus récemment une véritable roche lunaire. La comparaison est ici plus facile à faire, puisqu'on possède la riche collection de roches lunaires de Houston. Analyses faites, comparaisons effectuées, il ne fait pas de doute que l'on a là le témoignage d'une autre fusée spatiale naturelle. Il faut donc admettre que des chutes de météorites géantes sur Mars ou la Lune ont été suffisantes pour arracher des roches et les projeter si violemment en l'air qu'elles ont échappé au champ de gravité de leur planète et qu'après

---

1. R. Becker et R. Pepin, 1984.

quelques millions d'années d'errance, elles sont retombées sur la Terre.

Les hommes croyaient avoir inventé les voyages interplanétaires. La nature les a précédés de quelques millions d'années ! Nous avions parlé d'horloge newtonienne. Il nous faut maintenant évoquer le « billard planétaire newtonien » !... L'existence de chocs aussi gigantesques et assez efficaces pour extraire des morceaux de planète a donné naissance à des hypothèses hardies.

Pour certains, la Lune serait un morceau arraché à la Terre par un impact gigantesque qui aurait frappé la planète après la différenciation de son noyau. Ainsi s'expliquerait la faible teneur de la Lune en fer et en éléments volatils. Le fer « manquant » serait dans le noyeau terrestre. Par ailleurs, le choc aurait induit la vaporisation des éléments volatils, d'où leur faible abondance dans les roches lunaires. La Lune serait donc fille de la Terre, mais à la suite d'un arrachage forcé. L'hypothèse défendue avec de multiples arguments par Henrich Wänke du Max-Planck de Mayence est intéressante et explique beaucoup d'observations que nous avons évoquées.

L'idée des chocs planétaires permet d'aborder l'explication de questions anciennes d'une manière originale. Vénus tourne à l'envers et très lentement. Pour certains, l'explication en est simple. Vénus, qui tournait initialement dans le « bon sens », aurait été frappée par un bolide cosmique qui aurait « retourné » son axe comme celui d'une toupie. La rotation, devenue rétrograde, se serait alors lentement ralentie et redeviendrait « normale » d'ici quelques milliards d'années.

Comme on le voit, les effets d'impacts catalysent... l'imagination des scientifiques !

## Histoire comparée des planètes

Sans chronologie, il n'y a pas d'Histoire. Celle fondée sur le comptage des cratères d'impacts, calibrés grâce aux datations des roches lunaires, a permis d'attribuer aux divers terrains des âges absolus et de dresser des cartes « géologiques » des principales planètes. Ces cartes sont des résumés de l'histoire des planètes. Que nous disent-elles ?

— L'activité « géologique » de la Lune — activité dont l'origine est interne — s'est achevée vers 3 milliards d'années avec l'envahissement des « mers » par les grandes coulées basaltiques.

— Celle de Mars semble avoir culminé vers 2 milliards d'années avec la naissance de grands volcans en boucliers, comme Tharsis ou Olympus Mons. La « géologie » des périodes récentes semble s'être limitée aux phénomènes d'érosion superficielle d'origine fluviatile ou éolienne, bref, à une « géologie » externe.

— Celle de Vénus semble beaucoup plus jeune. Une activité intense datant de 500 millions semble établie et des éruptions volcaniques actuelles semblent y avoir été détectées à partir de la Terre.

— L'activité de Mercure semble être beaucoup plus primitive, et, bien que la calibration des comptages de cratères pose quelques problèmes, on estime la fin de

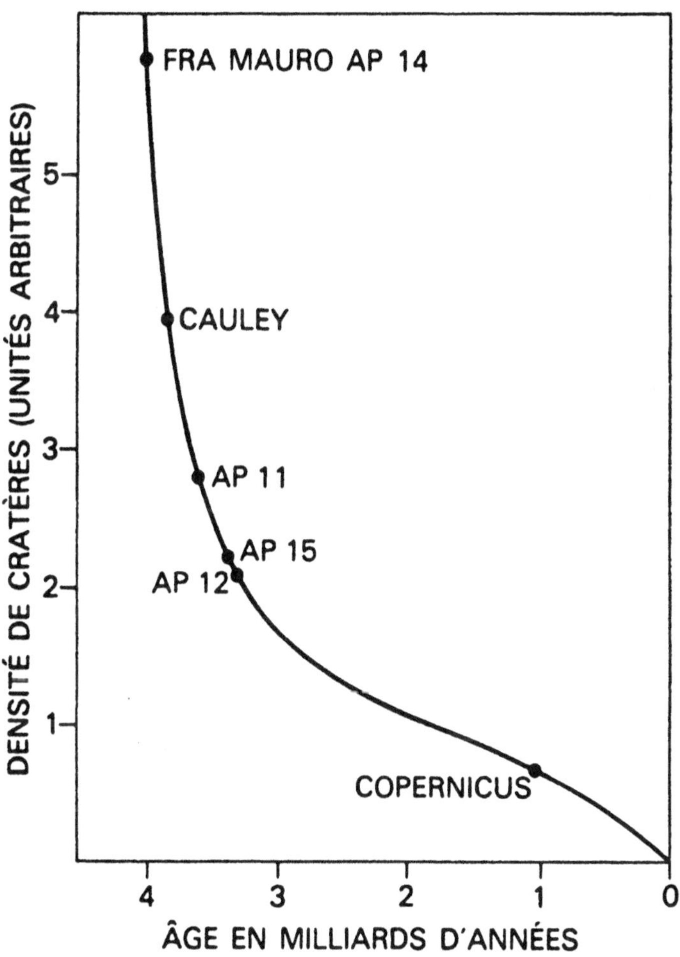


Fig. 27. — Ce graphique est fondamental, il montre que le bombardement météoritique sur la Lune a décru avec le temps. Illustre le rythme de l'accrétion.

son activité géologique à il y a 4 milliards d'années, alors que la Lune était encore dans sa phase de pleine activité.

— On sait que Io, satellite de Jupiter, est encore « géologiquement » actif aujourd'hui, puisqu'on y a observé une éruption volcanique au cours de la mission Voyager.

— Les météorites, que ce soient les chondrites ou les météorites différenciées, figent une histoire antérieure à 4,4 milliards d'années et ont traversé le temps sans altération notable.

Ainsi, petit à petit, se dégage l'idée que les diverses planètes et leurs satellites ont été géologiquement figés à des stades divers de leur évolution. La tentation est alors grande d'admettre que pour reconstituer l'histoire de la Terre, il suffit de mettre bout à bout les divers tableaux de l'exposition planétaire. En utilisant les différentes classes de météorites, on pourrait alors dire que la phylogenèse planétaire mime l'ontogenèse terrestre. Pourtant, comme en biologie, cette vision n'est qu'une simplification hâtive, témoignage de l'impatience des hommes à connaître leurs origines, à justifier leurs entreprises extra-terrestres, mais aussi à fonder l'idée, latente dans leurs esprits, d'un réductionnisme exacerbé.

En fait, l'histoire de chaque planète est originale. Ce n'est qu'avec des raisonnements analogiques *comparatifs*, et non pas avec des *homothéties rigides*, que l'on peut arguer du fait que les évolutions des planètes couvrent des époques différentes et nous donnent donc des enregistrements séquentiels de l'activité du système solaire.

Il est exact que chaque planète nous fournit des informations importantes, utilisables pour comprendre la Terre, mais il ne s'agit pas là d'une simple projection, d'une simple copie. Il faut savoir les lire, les interpréter, les situer. Car le jeu d'horlogerie réglée par les lois de l'attraction universelle ne produit pas d'objets identiques, de même composition, de même comportement. Les histoires des planètes sont différentes parce que leur constitution interne, leur composition chimique sont différentes. Le jeu de boules de neige a introduit une variété dans la taille des objets formés. Il nous faut introduire à présent la variété dans leur composition chimique, leurs sources d'énergie et, par là, dans leur comportement « géologique ». La variété planétaire n'est pas seulement physique, elle est aussi chimique.

## Les structures comparées des planètes

L'exploration spatiale a permis, par application des principes géométriques et mécaniques, de déterminer avec précision le rayon des planètes, leur masse, donc leur densité, mais aussi la manière dont leur masse est répartie en leur intérieur, caractère traduit dans le paramètre que l'on appelle « moment d'inertie ».

On se souvient que les « Anciens » avaient pu prédire au XIXe siècle une structure interne de la Terre que la séismologie a brillamment confirmée et précisée. A partir de là, il est légitime d'appliquer les mêmes méthodes et de chercher à déterminer la structure interne des planètes et des satellites.

Les planètes sont supposées être constitués de couches successives de densité croissante. Les matériaux supposés sont, pour les solides, le fer, le sulfure de fer et les silicates ; pour les gaz et les atmosphères, les composés dont on a pu détecter la présence au cours de l'exploration spatiale sont : l'eau, l'azote, le gaz carbonique, l'ammoniac, le méthane, l'hydrogène, l'hélium.

Le résultat des calculs faits par approximations successives et leurs comparaisons avec les observations met en évidence un fait fondamental : il n'existe pas deux structures de planètes identiques, deux planètes dont les diverses couches auraient les mêmes composition et dimension. Il n'existe même pas deux planètes homothétiques. Chacune a ses caractères propres, originaux. Mercure est différent de Vénus, Vénus de la Terre et de Mars, Jupiter de Saturne, Io de Ganymède, les planètes telluriques des planètes géantes, la Lune des satellites joviens ou de Mercure !

L'autre caractère dominant qui se dégage de ce catalogue des structures internes des planètes est une zonalité par rapport au Soleil. Mercure, proche du Soleil, est dense, riche en fer et n'a pas d'atmosphère. Vénus, la Terre et Mars ont toutes un noyau, un manteau et une enveloppe gazeuse assez faible, et des satellites absents ou peu nombreux. Les planètes géantes, dont le champ de gravité retient même l'hydrogène et l'hélium, ont à l'inverse des atmosphères gigantesques et un essaim de satellites. Autour des planètes géantes, les satellites eux-mêmes sont classés par ordre de densité décroissante lorsqu'on s'éloigne de leur « foyer ».

Cette diversité et cette variété bien apparentes dans les structures internes le sont aussi lorsqu'on compare la composition chimique des atmosphères. L'atmosphère de Vénus et de Mars est riche en gaz carbonique, celle de la Terre est dominée par l'azote et l'oxygène, celle de Titan par le méthane et l'ammoniac, celle de Jupiter par l'hydrogène et l'hélium. A la météorologie des nuages d'eau de la Terre correspond une météorologie des nuages acides pour Vénus, du « pétrole » pour Titan, de l'hélium pour Jupiter. Autant de planètes, autant de régimes différents.

Diversité aussi pour le volcanisme qui est pourtant, après la cratérisation, le phénomène le plus répandu dans le système solaire. Au volcanisme à laves silicatées de la Terre ou de Mars correspond sur Io un volcanisme soufré, et sur Ganymède ou Encelade un « volcanisme-fontaine ». Au volcanisme créé par la désintégration radioactive de l'uranium, du thorium et du potassium de la Terre et de Mars, correspond sur la Lune un volcanisme dont l'origine est la chaleur créée par les impacts, et sur Io un volcanisme résultant de l'effet de marées joviennes. Ainsi, sous l'uniformité des apparences se cache une variété de causes.

L'existence d'un champ magnétique d'intensité variable (Mercure, la Terre, Jupiter en ont un notable, mais sur Vénus, sur Mars, sur les satellites joviens, il est négligeable) témoigne aussi d'une grande diversité de comportements des corps planétaires.

Dans cet ensemble, la Terre apparaît comme une planète « riche ». D'abord parce qu'elle est la seule à porter le caractère spécifique qu'est la Vie, mais aussi parce qu'elle possède tout à la fois une différenciation en noyau-manteau et croûte-atmosphère, un champ magnétique, une activité géologique externe et interne qui dure depuis les débuts de son existence jusqu'à aujourd'hui. Certains pourront en tirer des conclusions philosophiques — elle n'est pas au centre de l'Univers mais elle est unique —, d'autres y verront une difficulté de plus pour comprendre sa genèse...

Ainsi, l'observation systématique des planètes solaires met en évidence que, par-delà une origine commune, les planètes présentent une grande diversité, tant dans leur structure que dans leur histoire géologique. Ce qui caractérise chaque planète, et qui est sans nul doute à la source de cette diversité, est sa composition chimique. Il existe une zonation chimique héliocentrée qui a donné à chaque planète son caractère chimique propre, sa composition originale. Comme l'a noté le premier Harold Urey, comprendre la formation du système solaire n'est pas seulement un problème de mécanique, c'est aussi un problème de chimie. La mécanique gouverne les mouvements complexes des objets planétaires dont l'horlogerie semble l'exemple même de la physique déterministe, la chimie y introduit la variété, la diversité, la fantaisie, mais non l'anarchie car, comme nous l'avons noté, l'héliocentrisme reste de règle et la composition chimique des planètes n'est pas quelconque. Pour comprendre la formation du système solaire, il faut associer Mendeleïev à Newton. C'est, dans le cadre de la mécanique céleste, faire place à la

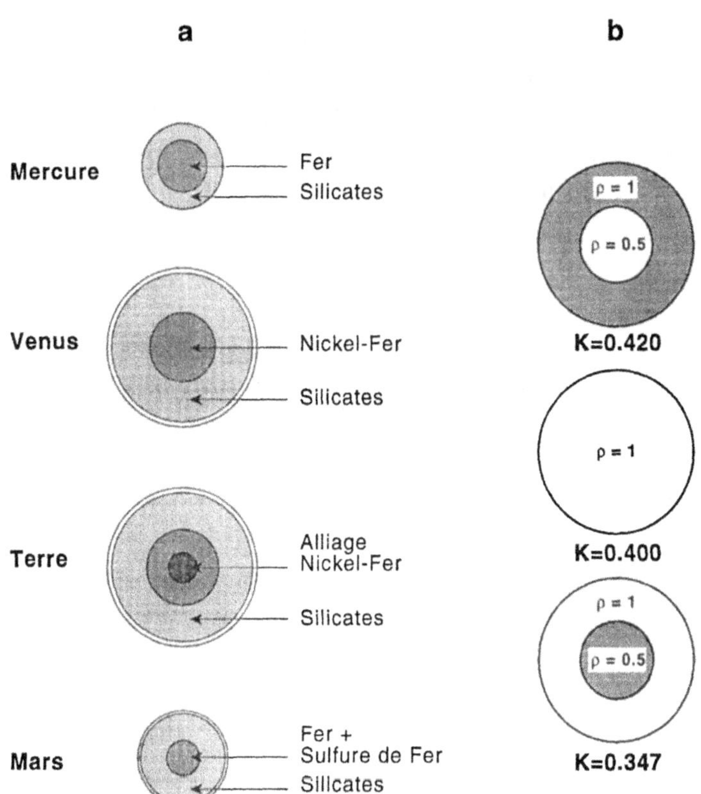


Fig. 28. — Schéma illustrant la structure interne des planètes telluriques (a) ; en comparaison, en (b), nous avons fait figurer trois corps à structures variables avec des répartitions de densités (notées ρ) variées et des moments d'inertie notés K correspondants.

variété chimique et à ses multiples conséquences pour l'activité spécifique de chaque planète.

La théorie des chocs, initiée par les Soviétiques, nous a permis d'expliquer en un même schéma, outre les mouvements planétaires, l'accrétion des planètes, des météorites, les phénomènes d'impacts, la chute des météorites, le « billard cosmique ». C'est là le triomphe d'Isaac Newton par Otto Schmidt interposé... Mais cette théorie achoppe sur un point : elle n'explique pas la variété chimique, la diversité planétaire.

## La nébuleuse chaude

Sous l'influence d'Urey et de ses disciples ou élèves, on a cherché à construire une *théorie unifiée* rendant compte de toutes les propriétés recensées au cours de cette décennie spatiale, tant sur les planètes que sur les météorites. C'est la *théorie de la condensation de la nébuleuse protosolaire*[1,2,3], qui reprend le raisonnement que nous avons rencontré pour expliquer la genèse de la matière météoritique.

Le point de départ est le disque protosolaire, tournant sur lui-même, enflé en son centre, tel que Kant et Laplace l'avaient proposé, tel que tous les calculs le reconstituent. Cette nébuleuse est constituée de gaz chaud. Sa composition chimique est à peu près celle du Soleil d'aujourd'hui, puisque le Soleil contient à lui seul 99,9 % de la masse du système solaire. Suivons l'évolution « naturelle » de ce système. En se contractant, la boule centrale s'échauffe de plus en plus et sa température dépasse bientôt celle du disque. Il s'établit donc un fort gradient thermique entre le centre et les

---

1. A. G. W. Cameron, 1963.
2. L. Grossman et J. W. Larimer, 1974.
3. Anders, 1971.

bords du disque protosolaire. Le disque chaud émet de la lumière. Il perd donc de l'énergie et se refroidit. Lorsque la température du gaz atteint la température de condensation, des particules solides vont se former, suivant en cela la séquence de condensation décrite au chapitre IV. On a alors non plus un gaz, mais un mélange de gaz et de poussières. Lorsque la densité de ces dernières est suffisante, elles vont s'agglomérer à leur tour pour donner naissance à des objets solides de taille analogue à des billes. Ce sont les fameux *planété-simaux* dont on a étudié l'évolution par accrétion.

Le refroidissement conduisant à la condensation en grains solides n'est pas uniforme dans tout le disque. Les régions situées aux frontières du disque et de l'espace intersidéral sont plus rapidement froides que les régions proches de l'étoile naissante qu'est le protosoleil. Ainsi, à un instant donné, les divers gaz du disque protosolaire sont à des températures différentes. Or, nous savons qu'à chaque température située au-dessous d'un certain seuil correspond la condensation d'un type de minéral, de composition chimique donnée. Lorsqu'on abaisse la température du gaz, on laisse ainsi déposer successivement la série de solides décrite par la séquence de condensation : oxydes réfractaires, puis fer natif, suivis des silicates, etc. Ainsi, près du Soleil, à la distance de Mercure, la température est de 1 200°, alors qu'à la distance de la Terre (l'unité astronomique) elle n'est que de 1 000°. On aura donc, au niveau de Mercure, des grains solides composés de fer, d'oxyde d'aluminium et d'un peu de silicates, alors que dans l'environnement terrestre on trouvera des grains de fer, mais aussi beaucoup d'olivine et de serpentine, silicates riches en eau. Supposons que l'on agglomère alors les grains solides pour former une planète : Mercure sera une planète riche en fer, contenant un peu d'oxyde d'aluminium et de silicates, alors que la Terre contiendra une importante proportion de silicates. On aura donc deux planètes de compositions chimiques différentes. Entre les deux, Vénus, analogue à la Terre, sera sans eau. Tel est, en gros, le scénario de planétogenèse que l'on imagine [1] (fig. 29).

Pour rendre compte des propriétés des planètes géantes et de leurs satellites, John Lewis a calculé la séquence de condensation vers les basses températures. Il a montré qu'à partir d'un gaz de composition solaire à 0 °C, la glace se condense, suivie à plus basse température de la glace carbonique, puis plus bas encore du méthane, de l'ammoniac. Il retrouve ainsi tous les composés *observés* dans les planètes géantes et leurs satellites. Il peut ainsi expliquer la zonation chimique du système solaire en admettant qu'à un instant donné, le Soleil s'est formé et que, comme toutes les étoiles en formation, il a émis un vent de particules très violent qui a chassé tous les gaz présents dans le système solaire proche, pour les accumuler vers la périphérie. Seuls les grains solides accrétés sous forme de planétésimaux assez gros ont survécu. Comme cet épisode, dit T-Tauri (du nom des étoiles jeunes de même nom), s'est produit alors que la température autour de Mercure était aux environs de 1 100°, cette planète ne comporte que

---

1. J. Lewis, 1973.

du fer et un peu de silicates. La zone vénusienne était alors à 500°, la proportion de silicates y est donc plus importante. La Terre, formée dans une zone un peu plus froide, a accrété des silicates contenant de l'eau. Pour Mars, la proportion de fer est subordonnée aux silicates et aux sulfures qui ont pu se condenser. On n'atteindra le seuil de condensation de l'eau solide que dans la région des planètes géantes. Au niveau de ces planètes, tout se condense ; chimiquement, les planètes géantes sont analogues au Soleil. Pourtant, leur taille ne leur permet pas de devenir des étoiles. Jupiter, qui a reçu une grande quantité de gaz supplémentaire, celle qui a été chassée par le vent T-Tauri de la couronne intérieure, est à la limite d'être une étoile mais ne l'est pas. L'échauffement créé par sa contraction n'a pas été suffisant pour allumer des réactions nucléaires. Il est en revanche assez important pour créer un gradient thermique et susciter une zonation pour les satellites qui vont se condenser. Le phénomène de condensation zonale par rapport à un centre va donc se répéter : Io, proche de Jupiter, contient beaucoup de roches, un peu d'eau, alors qu'Europa, Ganymède et Callisto contiennent beaucoup d'eau, un peu de roches et peut-être un peu d'ammoniac et de méthane mélangés à de la glace. En ce qui concerne Saturne, il en est de même mais de manière moins nette (distance oblige), on comprend pourquoi ses satellites proches sont glacés, alors que Titan contient beaucoup plus de méthane que d'ammoniac. Mais comment expliquer la présence d'atmosphère, même ténue, sur Vénus, la Terre et Mars ?

On admet que des gaz piégés dans les solides et

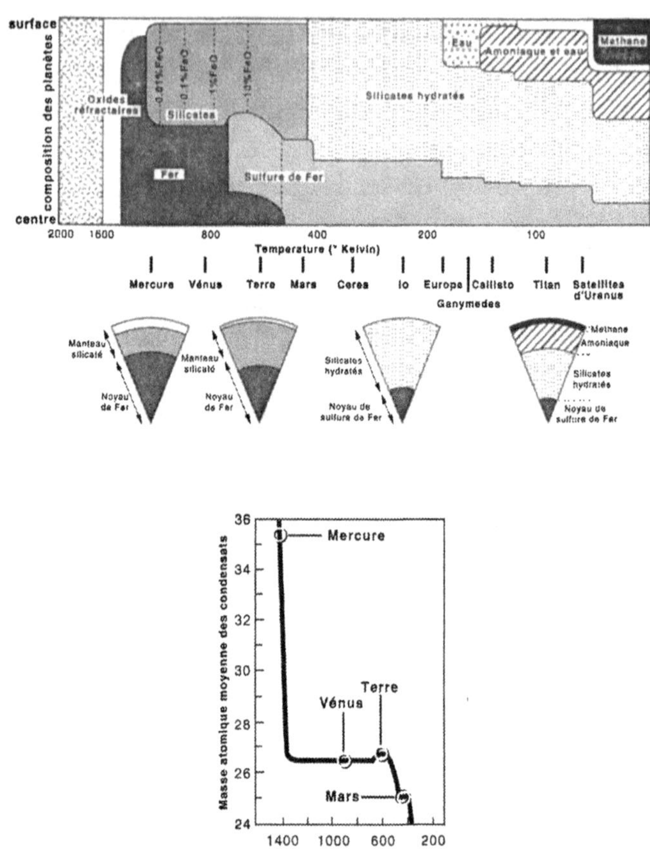

Fig. 29. — Le schéma du haut est une traduction de la séquence de condensation, supposée expliquer la structure des planètes. Par température décroissante, on obtient les diverses compositions chimiques. Les différents planètes et satellites sont indiqués en bas, la densité des planètes calculée (courbe) et observée (ponts) est indiquée également.

agglomérés avec eux vont se dégazer lors de phénomènes secondaires comme le volcanisme, qui, on le sait, dégage toujours d'importantes quantités de gaz. Ce scénario, proposé par John Lewis, suppose donc une accrétion homogène, uniforme, de matériaux pour une région nébulaire donnée.

Les partisans de l'accrétion hétérogène, comme Clarke ou Turekian font, pour leur part, débuter l'accrétion dès la condensation. Ainsi, dès que le fer s'est condensé, il s'accrète en un noyau, les silicates condensés s'accrètent autour des noyaux de fer, donnant les manteaux planétaires, enfin les éléments volatils condensés à l'état de glace vont être à l'origine des atmosphères. Le vent de la phase protosolaire T-Tauri aurait eu pour rôle de stopper le phénomène condensation-accrétion pour les planètes internes, en chassant dans l'espace la majorité de leurs atmosphères.

Ce scénario présente divers avantages. Il explique bien le déficit de la Lune en fer. La Lune se serait condensée hors du disque protosolaire, donc dans une région plus froide. Sa teneur en fer serait donc plus faible, comme celle de la Terre est plus faible que pour Mercure. Par contre, il explique mal l'atmosphère ténue des planètes telluriques pour lesquelles on conçoit difficilement une origine primaire comme nous le verrons plus tard. Il explique mal l'abondance prépondérante des chondrites parmi les météorites. Or les chondrites sont les témoins d'une accrétion homogène, puisque fer et silicates y sont étroitement mélangés.

Quoi qu'il en soit, vers l'année 1978, l'ensemble de la communauté scientifique était persuadée qu'on touchait au but et que l'on avait, avec la théorie mixte condensation-accrétion, un scénario qui expliquait les observations astronomiques et les contraintes mécaniques et chimiques du système solaire. La décennie d'exploration planétaire se terminait en apothéose. Et pourtant, de nouveaux rebondissements allaient survenir...

CHAPITRE VII

# Le palimpseste cosmique

La composition chimique des planètes est variée. Pourtant, contrairement aux espoirs de certains, aucune des planètes que nous avons explorées n'est faite d'or massif. Le platine ou l'argent ne sont guère plus abondants sur Mars, sur la Lune ou dans la couronne externe du Soleil que sur la Terre [1]. Uranus n'est pas constitué d'uranium...

Toutes les planètes internes sont faites des mêmes éléments, qui s'appellent : oxygène, silicium, magnésium et fer.

Toutes les planètes géantes sont constituées d'hydrogène, d'hélium, d'oxygène, de carbone et d'azote (constitution qui ressemble fort à celle des étoiles).

L'univers chimique comprend 92 éléments et pourtant seuls 12 d'entre eux sont utilisés pour construire l'univers physique. Pourquoi cette parcimonie, cette restriction ?

---

1. Leur abondance se mesure en « parties par milliard ».

La réponse à ce paradoxe apparent est dans l'abondance relative. Il existe des éléments chimiques très abondants et d'autres qui le sont beaucoup moins. Si l'or était aussi abondant que l'oxygène, nul doute qu'il y aurait des planètes dorées et que l'or serait moins cher !

Examinons l'abondance des éléments dans l'Univers. (fig. 30).

En gros, quand le numéro atomique de l'élément augmente, son abondance décroît. L'hydrogène, élément n° 1, est le plus léger et le plus abondant élément de l'Univers. Les éléments « lourds » sont rares, de 10 à 100 milliards de fois moins abondants que l'hydrogène.

Le numéro atomique d'un élément, son numéro d'ordre dans la classification des éléments traduit la complexité de sa structure atomique. Plus le numéro atomique est élevé, plus la structure atomique est complexe.

Cette remarque permet d'éclairer la règle d'abondance que nous avons observée. Plus un élément est complexe, compliqué, lourd, moins il est abondant. La nature a du mal à construire le complexe. La courbe d'abondance traduit une sorte de loi du moindre effort qui s'appliquerait à la nature.

Mais s'arrêter là serait trop simple, simpliste même.

L'observation plus attentive de la courbe d'abondance nous montre que la règle que nous avons énoncée est très grossière. Nous observons des zigzags importants, des pics et des vallées ; le fer, élément lourd, est très abondant, le lithium, élément n° 3, est très peu abondant.

Nous observons des rythmes de variation ondulés, complexes.

En fait, expliquer le détail de la courbe a constitué une étape essentielle de la science moderne. Une étape qui a été une épopée et qui nous a amené à répondre à une question ancestrale et philosophique : où est fabriquée la matière ?

Cela va nous entraîner dans le cosmos, bien loin des planètes, vers les étoiles. Cela va nous entraîner aussi très loin dans le passé, vers le temps de la création du monde.

## L'origine des éléments chimiques

A la fin du xıx<sup>e</sup> siècle, alors même que l'on cherchait à classer les éléments chimiques à l'aide de leur masse spécifique, le chimiste français Paul Prout avait proposé une hypothèse suivant laquelle tous les éléments chimiques résultaient de la combinaison plus ou moins complexe d'un seul élément, le plus léger de tous, l'hydrogène. Les poids spécifiques des autres éléments devaient donc être un multiple de celui de l'hydrogène.

Il a fallu plus de cinquante ans pour découvrir que l'hypothèse de Prout était essentiellement correcte. Cette confirmation n'est pas venue des chimistes, mais des astrophysiciens, s'appuyant en cela sur les découvertes de la structure intime de la matière, de la structure intime de l'atome et du noyau.

Afin de comprendre cette construction par étapes, qui, à partir de l'hydrogène, va nous conduire à des éléments chimiques de plus en plus complexes, jusqu'à

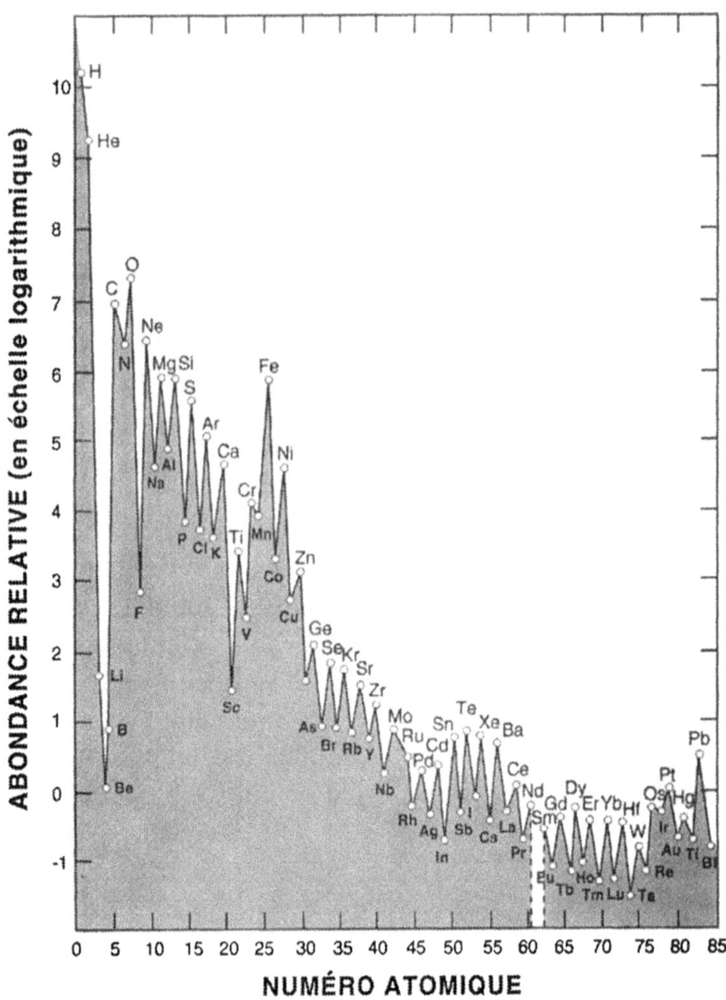



Fig. 30. — Diagramme d'abondance des éléments dans l'Univers en fonction du numéro atomique.

l'uranium, nous allons recourir à une logique simple fondée sur la structure de l'atome. Nous utiliserons pour ce faire une structure atomique simplifiée, qui ne met en jeu que trois particules élémentaires : le proton, le neutron, constituant le noyau, et l'électron, situé dans la partie périphérique de l'atome. Le noyau de l'atome est très petit, environ $10^{-13}$ cm, mais il contient toute la masse et donc toute l'énergie de l'atome. Les électrons tournent autour et occupent l'espace de $10^{-8}$ cm. Leurs mouvements constituent le volume de l'atome.

La partie solide constitutive de l'atome, c'est donc le noyau. La partie superficielle, mobile, apparente, ce sont les électrons.

Partons donc de l'hydrogène. C'est l'atome le plus simple. Son noyau contient un proton. Le proton a une masse de 1 et une charge électrique de + 1. Son numéro atomique est donc 1. C'est aussi l'élément chimique le plus abondant de l'Univers, dont il constitue plus de 98 % de la masse.

Comment passer de l'hydrogène à l'élément chimique qui le suit à la fois en complexité et dans la courbe d'abondance, et qui est l'hélium ? Autrement dit, comment fabriquer de l'hélium avec de l'hydrogène. Quelle est la recette ? La structure du noyau d'hélium est complexe. Il comprend deux protons et deux neutrons. Sa masse est exprimée par le nombre 4 (dans le système où le proton représente 1 unité), mais sa charge est + 2, puisque le neutron a une charge électrique nulle.

Pour passer de l'hydrogène à l'hélium, il ne suffit donc pas de fusionner deux atomes d'hydrogène, car la masse du produit ne serait que de 2. Il faut en plus ajouter deux neutrons. Mais on peut se demander pourquoi le noyau d'hélium a une structure si complexe. Pourquoi deux neutrons en plus des deux protons ? Parce que le proton est chargé positivement et que deux protons mis en présence ont tendance à se repousser par répulsion électrostatique. Le neutron joue le rôle de médiateur, d'une sorte de glu isolante. Ce simple fait explique tout à la fois la complexité de la structure nucléaire et la difficulté de la synthèse des noyaux complexes. Sujet qui nous préoccupe. Mais comment peut-on ajouter deux neutrons supplémentaires ?

La voie la plus simple consiste à les ajouter progressivement. A un noyau d'hydrogène constitué par un proton, on ajoute un neutron. On obtient alors un nouveau noyau dont la charge reste + 1. C'est donc toujours l'élément chimique hydrogène, mais dont la masse est deux fois plus élevée que celle de l'hydrogène usuel. Ce nouveau noyau, ce nouvel atome est un isotope de l'hydrogène. On l'appelle le deutérium. La fabrication de l'hélium devient alors plus aisée, puisqu'il suffit maintenant de fusionner deux noyaux de deutérium pour avoir la composition voulue (2 neutrons + 2 protons). Cette méthode est directe, claire, mais difficile à réaliser. On peut prendre une autre voie et ajouter au deutérium un hydrogène ; on obtient alors un autre hélium, bizarre, très dissymétrique, l'hélium 3.

La difficulté de ce processus réside dans la manière de « fabriquer » le neutron et de l'injecter dans le noyau d'hydrogène. La physique nucléaire nous apprend que lorsqu'un gaz comme l'hydrogène est porté à une température de quelques millions de degrés, un certain

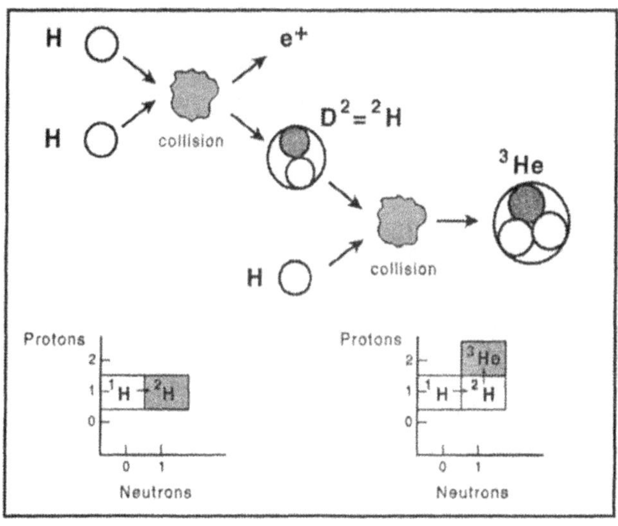


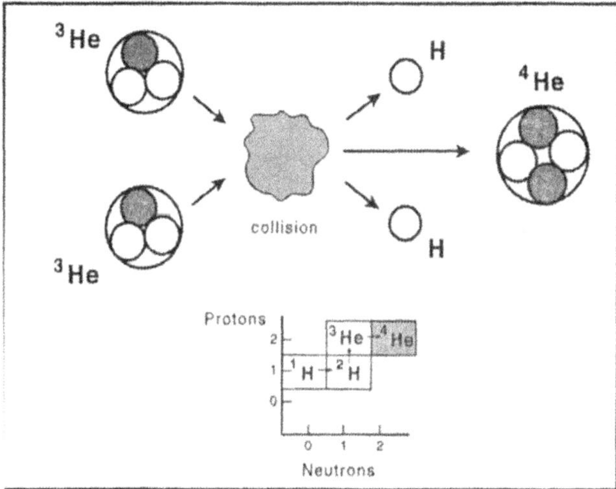


Fig. 31. — Schémas montrant le processus de fusion de l'hydrogène qui conduit à la naissance de l'hélium 4.
Les diverses étapes sont illustrées dans le diagramme protons-neutrons.

nombre de protons capturent des électrons périphériques, s'unissent à eux et se transforment ainsi en neutrons. La formation du deutérium est donc en fait la fusion de deux noyaux d'hydrogène dans des conditions de température particulières, fusion accompagnée de la capture d'un électron.

Le passage de l'hélium 3 à l'hélium 4, isotope le plus abondant et le plus important dans la nature, ne se fait pas par réaction avec un hydrogène comme on pourrait le penser, mais par fusion de deux noyaux d'hélium 3. Cette fusion est très particulière, en effet, puisqu'elle se fait avec expulsion de noyaux d'hydrogène, si bien que la fusion de deux hélium 3 donne un noyau d'hélium 4, plus deux noyaux d'hydrogène.

Ainsi, pour passer de l'élément chimique n° 1 à l'élément n° 2, il a fallu faire appel à une cascade de réactions complexes où rien n'est simple, comme on vient de le voir.

Cette première phase de la synthèse des noyaux, de la nucléosynthèse comme on dit en termes savants, donne naissance à un noyau d'hélium 4, dont la parfaite symétrie (deux protons, deux neutrons) n'a d'égale que la solidité.

Ce noyau d'hélium est la brique solide, universelle avec laquelle beaucoup de noyaux vont être construits.

Qu'on en juge, trois noyaux d'hélium 4 assemblés et c'est le carbone 12. Quatre d'hélium 4, et c'est l'oxygène 16. La fusion de deux carbone 12 donne le magnésium 24, qui avec l'addition d'un hélium 4 donne le silicium 28. La fusion de deux oxygène 16, c'est la fabrication du soufre 32.

Avec ce jeu de construction simple, illustré sur la figure, nous avons, de fait, fabriqué tous ces éléments qui constituent les étoiles ou les planètes.

Pas tout à fait. Pour compléter le tableau, il faut faire intervenir l'hydrogène $H_2$ pour synthétiser quelques autres éléments.

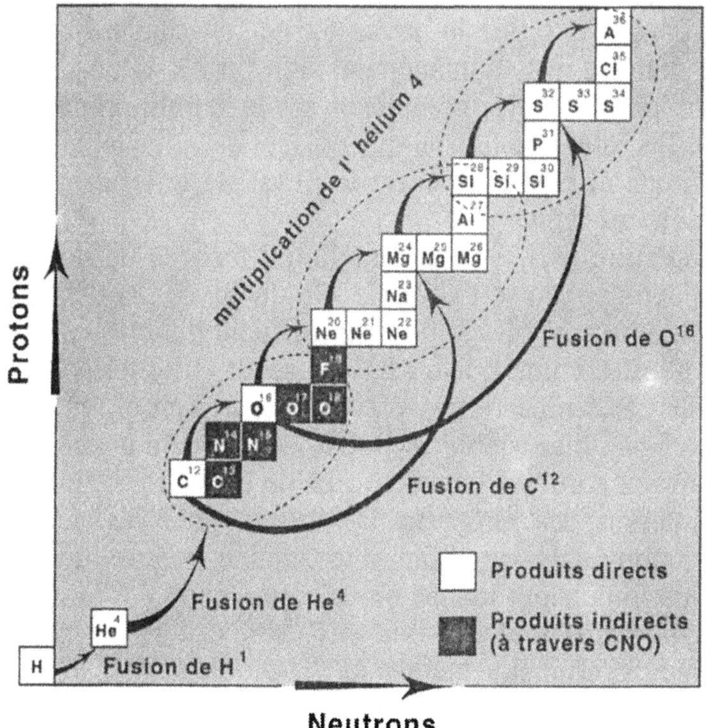


Fig. 32. — Restant toujours "dans" le diagramme proton-neutron, nous avons illustré les diverses étapes de fusion qui utilisent l'hélium 4 comme brique.

On a ainsi :

Carbone 12 + hydrogène 2 → azote 15

ou encore :

Magnésium 24 + hydrogène 2 → aluminium 26

Silicium 28 + hydrogène 2 → phosphore 30

Ainsi à l'aide de l'hélium, puis de l'hydrogène peut-on fabriquer les noyaux des principaux éléments.

Mais, pour que cette fabrication, cette synthèse soit possible, il faut deux conditions.

D'une part, que le noyau formé soit stable, qu'il ne se détruise pas spontanément sitôt formé. D'où l'intervention des règles complexes sur la stabilité nucléaire, sur les forces de liaison qui existent dans le noyau entre protons et neutrons. C'est la physique nucléaire qui a établi ces règles.

D'autre part, que le chemin qui mène d'un noyau à un autre noyau soit possible. Or, un noyau peut être très stable, très solide, et pourtant difficile à fabriquer.

C'est comme quelqu'un qui serait enfermé à l'intérieur de remparts très élevés. Cette position est bien protégée, bien stable mais elle est difficile à atteindre. Pour en sortir, il faut être capable de sauter d'un coup au-dessus des remparts. De même, pour réaliser une réaction nucléaire, il faut une certaine énergie, une certaine impulsion donnée en un « seul coup ».

Illustrons tout de suite ces deux conditions par un exemple crucial.

Nous avons parlé de l'assemblage de trois hélium 4, de quatre hélium 4, etc. mais nous n'avons pas parlé de l'assemblage de deux hélium 4.

Le noyau qui correspond à deux hélium 4, le béryllium 8, est tout à la fois facile à fabriquer et pas stable. Le béryllium 8, dès qu'il est formé, se désintègre par radioactivité. Il n'existe donc pas dans la nature. Mais sa durée de vie, éphémère, est suffisante pour qu'il puisse réagir sur un nouveau noyau d'hélium 4 pour donner le carbone 12.

Ainsi, le béryllium 8 est un pont, une main tendue constamment renouvelée, mais qui permet de passer de l'hélium 4 au carbone 12.

Comme on le voit, à partir de quelques noyaux de base et par une suite d'additions, on fait apparaître de nombreux éléments chimiques familiers. La règle simple de construction que nous venons de décrire nous permet de comprendre comment les différents éléments chimiques, jusqu'à la masse 34, ont été fabriqués par la nature. Mais nous permet-elle d'aller plus loin et de comprendre leur abondance relative dans le cosmos ?

La formation de chaque atome d'hélium nécessite la fusion de quatre atomes d'hydrogène. Quatre particules, quatre atomes sont donc transformés en un seul. On peut donc comprendre que la fusion ne « réussisse » pas chaque fois, et par conséquent qu'il faille beaucoup d'atomes d'hydrogène au départ si l'on veut quelques atomes d'hélium à l'arrivée. L'abondance de l'hélium est donc moindre que celle de l'hydrogène (de fait, l'hélium est dix fois moins abondant que l'hydrogène dans l'Univers). De même, l'association de trois atomes d'hélium pour donner le carbone 12 a une certaine difficulté à se réaliser, et le carbone 12 sera donc moins abondant que l'hélium. Et ainsi de suite...

Si l'on trace la courbe d'abondance des éléments en fonction de leur masse, elle décroît.

## De la chimie nucléaire à l'astronomie

Expliquer l'abondance des éléments chimiques dans l'Univers à l'aide du petit jeu de construction nucléaire auquel nous venons de nous livrer relèverait de la plus pure spéculation intellectuelle s'il n'était solidement étayé par ailleurs.

Chaque opération de fusion ou de capture neutronique est ce que l'on appelle, après Frédéric Joliot et Irène Curie, une réaction nucléaire, par analogie avec une

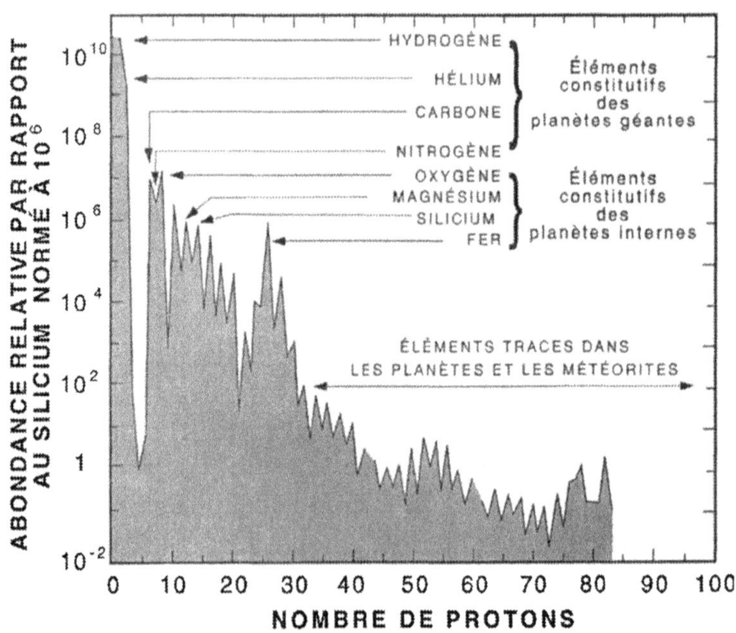


Fig. 33. — Diagramme d'abondance des éléments dans lequel on a repéré les éléments chimiques constitutifs des planètes.

réaction chimique. On l'écrit comme une équation de bilan, par exemple :

$^{12}$C (carbone) + $^{4}$He (hélium) → $^{16}$O (oxygène) + chaleur

ou :

$^{12}$C (carbone) + n (neutron) → $^{13}$C (carbone) + chaleur

Comme beaucoup de réactions chimiques, toutes les réactions nucléaires dégagent de la chaleur, mais les quantités de chaleur mises en jeu sont ici considérables.

En effet, lorsqu'on est au niveau du noyau, les réactions se produisent avec de légères modifications de masse. Or, depuis Einstein, on sait que $\Delta$m (variation de masse) × $c^2$ (vitesse de la lumière) = $\Delta$E (variation d'énergie). Ces réactions nucléaires dégagent des énergies considérables, qui sont de mille à un million de fois plus grandes que dans les réactions chimiques.

Pourtant, même lorsqu'elles dégagent de l'énergie, les réactions nucléaires ne se produisent que si les noyaux eux-mêmes sont suffisamment « chauds », c'est-à-dire suffisamment agités pour se jeter les uns contre les autres à très grande vitesse et vaincre la répulsion naturelle électrique que leurs charges positives leur imposent. Ainsi, pour amorcer la fusion de l'hydrogène, il faut une température de un million de degrés. Il faut 100 millions de degrés pour fusionner les noyaux d'hélium, et 600 millions de degrés pour fusionner le carbone et l'oxygène.

Ces conditions peuvent être obtenues « en laboratoire » dans les accélérateurs de particules, où l'on a pu étudier les caractéristiques de toutes ces réactions, leur facilité plus ou moins grande à se produire ; de même, on étudie ainsi la température nécessaire à ces réactions

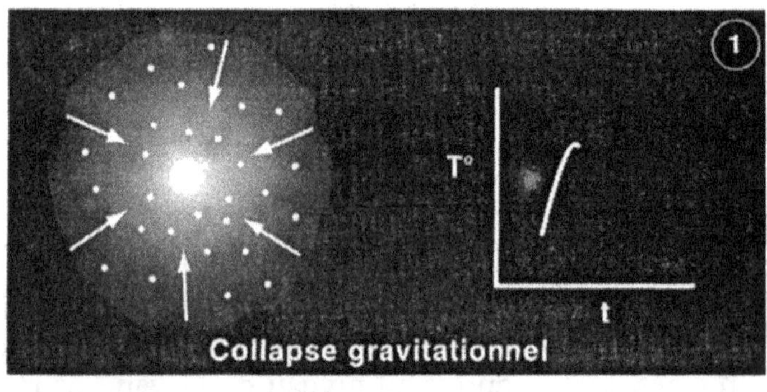


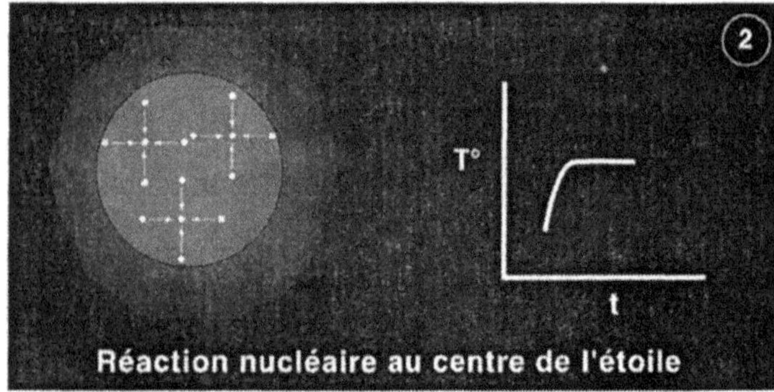


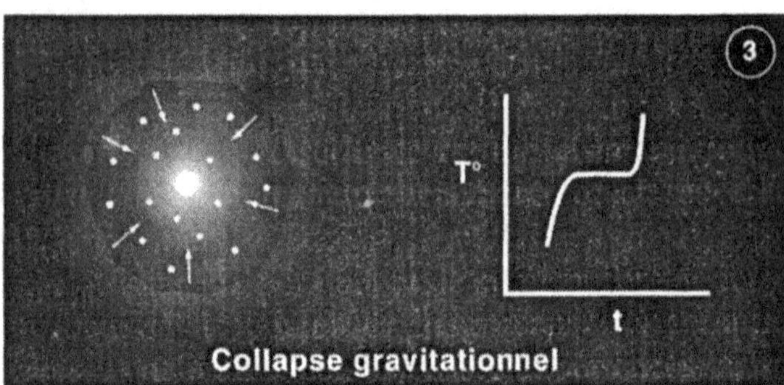


Fig. 34. — Série de schémas montrant comment évolue une étoile par alternance de phases de contraction et de réaction nucléaire. Le diagramme à droite représente les évolutions de la température (T) en fonction du temps (t).

4
T°
t
Réaction nucléaire

5
T°
t
Collapse gravitationnel

Bang
T°
Supernova
t
6

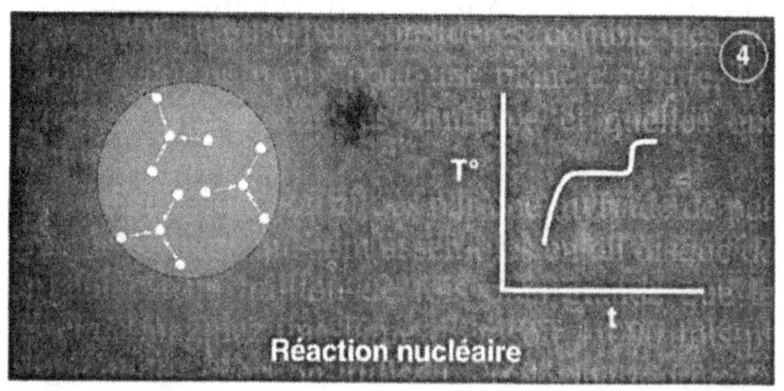

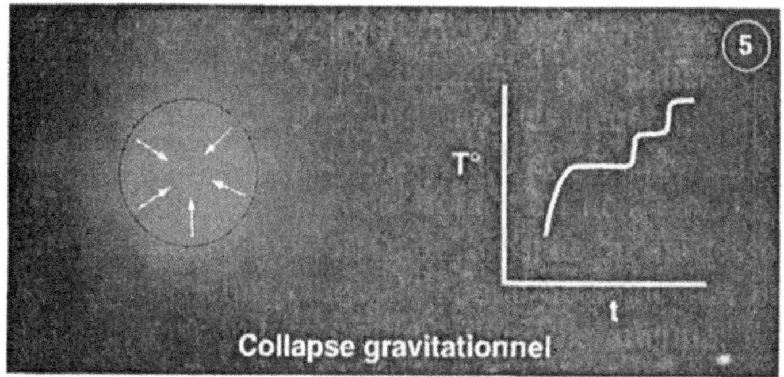

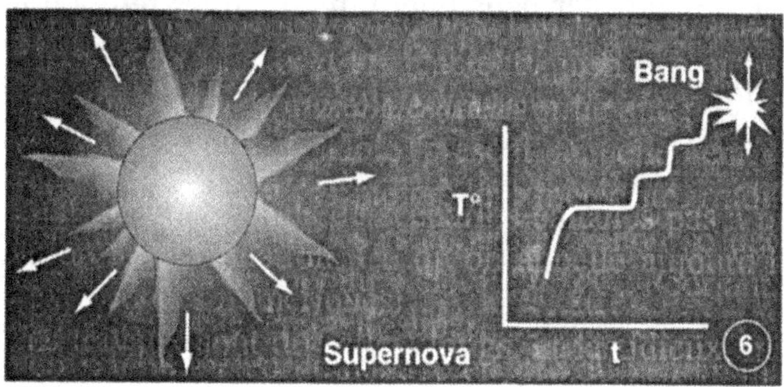

(Suite fig. 34).

et la chaleur dégagée par chacune d'elles. Avec tout ce catalogue, nous sommes déjà armés pour calculer les caractéristiques des réactions de fusion que nous avons imaginées. Mais le problème reste toujours théorique. Théorie certes améliorée, confortée par l'expérience, mais théorie tout de même. Dans la nature, où peut-on atteindre des températures aussi importantes pour déclencher des réactions nucléaires ?

## L'astration

La réponse est à chercher dans les étoiles. Les étoiles sont de gigantesques réacteurs nucléaires dont l'activité lumineuse est entretenue grâce à la formidable quantité de chaleur dégagée par la fusion des noyaux atomiques. La lumière qu'elles émettent permet de déterminer pour chacune d'elles la température de surface (couleur), la quantité d'énergie rayonnée (intensité) et, grâce à la spectroscopie, la composition chimique. Il est donc possible de chercher dans quel type d'étoiles telle ou telle réaction nucléaire peut avoir lieu. Ainsi notre Soleil fabrique continuellement de l'hélium, car sa température de quelques millions de degrés ne lui permet que la fusion de l'hydrogène. La fusion de l'hélium n'a lieu que dans des étoiles plus grosses, que l'on appelle géantes rouges ; la fusion de l'oxygène, dans les supergéantes, etc.

Les étoiles sont donc des réacteurs nucléaires dont la température permet le déclenchement de réactions nucléaires qui, à leur tour, dégagent de la chaleur en se réalisant.

Ces réactions deviennent à leur tour les sources d'énergie de l'étoile. Ainsi, une étoile peut être décrite comme un gigantesque réacteur nucléaire, qui dégage de l'énergie en son cœur et dissipe cette énergie en émettant de la lumière à sa surface.

Mais une étoile est aussi une immense cuisine qui fabrique les éléments chimiques.

Ce scénario, qui est l'un des fondements de l'astronomie moderne, n'a émergé que lentement.

Depuis que l'on observe le Soleil, la question de sa source d'énergie a été une énigme pour les astronomes.

Ce soleil brille depuis des milliards d'années. Il dissipe des quantités énormes d'énergie pour briller comme il le fait. Quel est donc le combustible mystérieux qui l'alimente et qui semble tout à la fois puissant et inépuisable ?

Après avoir démontré qu'aucune combustion chimique d'aucune sorte ne peut rendre compte de cette extraordinaire activité, Sir Arthur Eddington, l'astronome royal, avait dans les années 1920 suggéré à son collègue de Cambridge Ernest Rutherford que l'énergie qui se dégageait dans les réactions nucléaires qu'il réalisait au laboratoire pouvait être la solution. Impossible, lui avait répondu péremptoirement Rutherford, car la température du Soleil n'est pas suffisante pour déclencher les réactions nucléaires. L'allumage, toujours l'allumage !

Eddington, pas convaincu pour autant, répondait, prophétique : « J'ai peine à croire que ce que vous réalisez dans votre laboratoire le Soleil ne puisse pas le faire ! » Eddington avait raison.

Mais avant que cette intuition géniale ne se transforme en théorie scientifique, il fallut franchir une étape supplémentaire, ce que seule la mécanique quantique permit. C'est la découverte de l'effet tunnel par Gamow.

L'effet tunnel, c'est cette propriété qu'ont parfois quelques particules microscopiques de traverser des barrières d'énergie apparemment infranchissables. Ainsi, la température du Soleil est trop faible pour démarrer les réactions nucléaires et pourtant quelques noyaux peuvent transgresser cette interdiction et réagir. Comme la réaction dégage de la chaleur, ce début permet ensuite, à la réaction de ce poursuivre.

Après la découverte de Gamow, ce sont Atkinson et Houterman qui auront le courage d'annoncer que la synthèse des éléments chimiques a lieu dans les étoiles et d'en décrire quelques modalités.

Leur hypothèse sera confirmée par l'observation du technétium dans certaines étoiles. Or, le technétium est instable, il est radioactif, il se désintègre vite. Si on l'observe dans les étoiles, c'est qu'il s'y fabrique, car sinon, il serait déjà désintégré, mort.

A partir de là, une formidable aventure scientifique s'est déclenchée. Il fallait construire un scénario de la nucléosynthèse qui rende compte des abondances chimiques des éléments, des observations astronomiques et des mesures de physique nucléaire.

Formidable défi intellectuel qui fut surmonté par une poignée d'hommes, Willy Fowler, Fred Hoyle, Al

Cameron, Edward Salpeter, une femme, Margareth Burbidge et son mari Jeff.

Ils ont construit en quelques années le scénario de la nucléosynthèse stellaire, de la synthèse des éléments dans les étoiles.

## Nucléosynthèse

Supposons un nuage d'hydrogène errant dans le cosmos. S'il est assez massif, il va se contracter sous l'action des forces de gravitation. Par cette contraction, les particules se choquant, il va s'échauffer. Lorsque sa

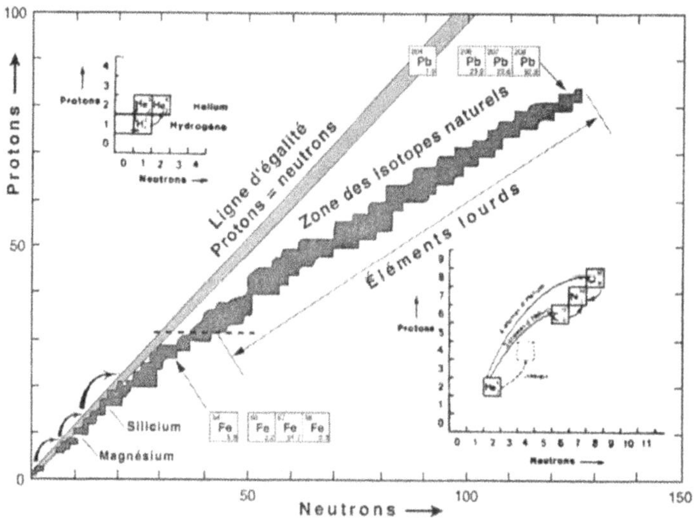


Fig. 35. — Diagramme. Nombre de protons. Nombre de neutrons. On y voit la zone d'égalité en grisé clair et la zone de stabilité des isotopes naturels en grisé foncé.

Comme on le voit, quand le numéro atomique augmente, la zone de stabilité est enrichie en neutrons par rapport à la zone d'égalité.

température va atteindre un million de degrés, les réactions nucléaires mettant en jeu l'hydrogène deviennent possibles. La fusion de l'hydrogène pour donner du deutérium puis de l'hélium 3 puis 4 va commencer. Cette fusion dégage une chaleur considérable. La boule de gaz devient donc une étoile, c'est-à-dire un réacteur nucléaire cosmique, et brille de tous ses feux. Mais en émettant de la lumière, l'étoile perd de l'énergie. Un équilibre s'établit entre l'énergie créée en son intérieur par réaction nucléaire et sa brillance, qui est le signe visible qu'elle dissipe cette énergie vers l'extérieur. Mais, naturellement, les réactions nucléaires usent petit à petit leur carburant. Va arriver un moment où le réacteur ne pourra plus fonctionner, faute de carburant. C'est le stade qu'atteindra notre Soleil dans 5 milliards d'années. L'étoile contient alors beaucoup de noyaux d'hélium ; comme chaque noyau d'hélium est formé de quatre noyaux d'hydrogène, le nombre de particules a diminué, il a été divisé par quatre, la densité du gaz est donc devenue plus faible. L'étoile va donc se contracter à nouveau sous l'effet des forces de gravitation. En se contractant, les particules vont se choquer et dissiper de la chaleur. La température de l'étoile va encore augmenter, de nouvelles réactions nucléaires, plus difficiles à amorcer, vont pouvoir se déclencher. Ainsi, la fusion de l'hélium pour donner du carbone se déclenche lorsqu'on atteint 100 millions de degrés. Mais l'étoile n'est plus alors un Soleil, elle a grossi, elle s'est enflée, elle est devenue ce qu'on appelle une géante rouge. On voit là une correspondance entre l'activité nucléaire et les caractéristiques de l'étoile. Peut-on aller plus loin ?

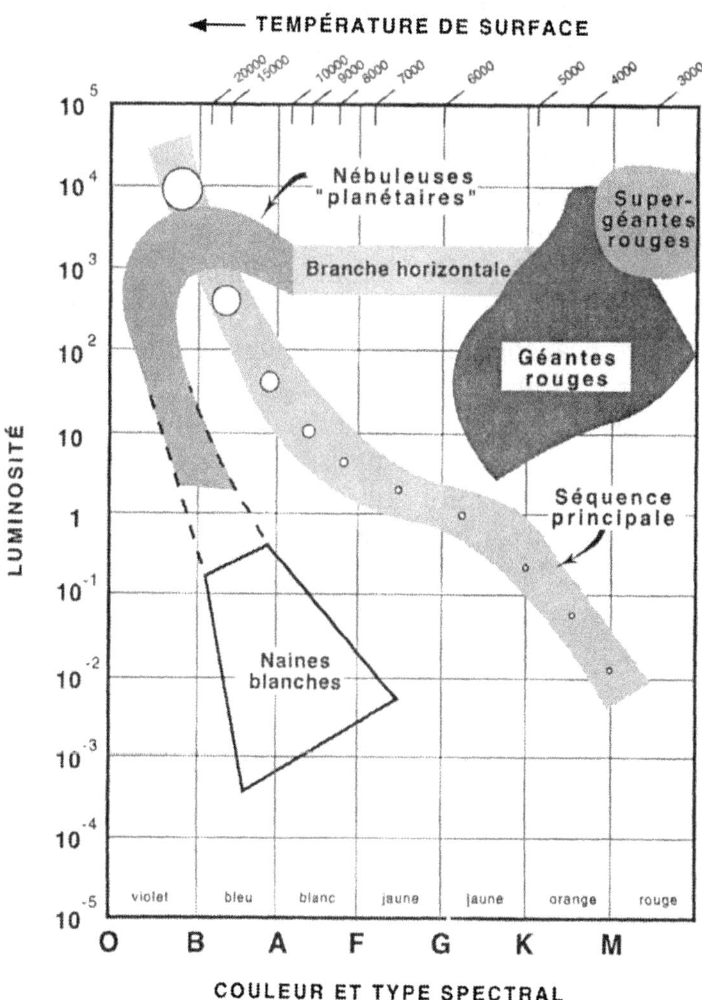


Fig. 36. — Diagramme Hertzsprung-Russell de classification des étoiles, simplifié à partir d'un dessin d'Hubert Reeves.

Les astronomes Hertzsprung et Russell ont établi depuis longtemps un diagramme destiné à classer les étoiles en fonction de leur luminosité et de leur température de surface. C'est ce que l'on appelle le diagramme Hertzsprung-Russell, *H-R* en abrégé. Toutes les étoiles qui réalisent actuellement la fusion de l'hydrogène se placent sur une même bande dans ce diagramme. Cette bande définit ce que les astronomes appellent la séquence principale. Outre notre Soleil, on y trouve beaucoup d'étoiles connues, comme Alpha du Centaure, Sirius, Castor ou Véga. Les géantes rouges sont hors de la séquence principale et situées en haut à droite. Ainsi peut-on suivre dans le diagramme H-R par le calcul la trajectoire que suit une étoile au cours de son évolution, par exemple son passage de la séquence principale à la zone des géantes rouges ou du nuage préstellaire à la séquence principale.

Comme nous venons de le voir, notre jeu de la nucléosynthèse s'est maintenant considérablement raffermi, puisque non seulement il explique l'abondance des éléments et des isotopes, mais il le fait quantitativement, en s'appuyant à la fois sur les expériences de physique nucléaire et sur les observations astronomiques.

Pourtant, nous n'avons pas tout expliqué, en particulier comment se fabriquent les éléments plus lourds que le soufre, ceux dont le numéro atomique est supérieur à 32, ni comment les étoiles meurent...

## La famille du fer

Les éléments que nous avons « fabriqués » par le petit jeu des « briques » d'hélium et de deutérium, ainsi que l'oxygène ou le silicium, sont les plus abondants dans l'Univers, parce que les plus faciles à synthétiser. Ce sont eux qui constituent les étoiles, les planètes, les roches. Pourtant, un élément important manque à la liste : le fer, qui constitue le noyau de la Terre et sans doute de nombreuses planètes, qui constitue à lui seul certaines météorites et que les observations astronomiques donnent comme plus abondant dans l'Univers que le silicium, alors qu'il est presque deux fois plus lourd. Comment s'est-il fabriqué ?

Pour déclencher les réactions de fusion nucléaire qui « dépassent » le soufre ou l'argon vers des masses atomiques plus élevées, il faut atteindre des températures de l'ordre du milliard de degrés. A ces températures, qui ne sont atteintes qu'au cœur des géantes rouges vers la fin de leur vie, un jeu de collisions multiples s'amorce, jeu qui détruit autant de noyaux qu'il en fabrique. Destruction-création, destruction-recombinaison, désintégration : entre ces divers processus s'établit un équilibre et les noyaux qui survivent sont ceux dont la stabilité nucléaire est la plus grande. Le fer a la structure nucléaire la plus stable. C'est donc lui qui survit le mieux à ce jeu de massacre, et cela au détriment de ses voisins. Lorsqu'on s'éloigne de part et d'autre du fer (c'est-à-dire vers les masses plus lourdes ou plus légères), la stabilité diminue, donc l'abondance diminue.

D'où le nom de « pic » pour désigner l'abondance du fer.

## Au-delà du fer : les usines à neutrons

Lorsqu'on cherche à dépasser la zone du fer, à fabriquer des noyaux plus lourds que lui, le problème posé à la physique nucléaire est très difficile. En effet, si l'on essaie de fusionner deux noyaux lourds, disons deux noyaux de fer, ou un noyau lourd et un noyau léger, disons un noyau de fer, et un noyau de carbone, le noyau est plus instable que les noyaux initiaux. Donc, il ne se forme pas.

Comment dépasser cette barrière, car on sait bien qu'il existe dans la nature des noyaux lourds comme celui de l'or, de l'argent ou du plomb. Comment se sont-ils formés ?

Ils se sont formés par un tout autre processus, l'addition de neutrons. Le neutron est neutre, donc il réagit avec un noyau sans mettre en jeu de répulsion électrique, et il accroît la masse du noyau d'une unité.

En faisant cela, on peut donc faire grossir le noyau.

Mais si cette addition de neutrons est trop importante, le noyau devient instable, il se désintègre et par ce biais, par expulsion des charges électriques, tout se passe comme si un neutron se transformait en proton. On a donc créé un nouvel élément.

Ces problèmes d'addition de neutrons sont variés.

Certains sont rapides, on les appelle R, d'autres sont lents, on les appelle S (slow). C'est ainsi que, petit à petit, par l'addition de neutrons suivie de désintégrations, on a compris comment fabriquer tous les éléments lourds, du fer à l'uranium.

Mais dans quel site astronomique ces réactions ont-elles lieu ? On sait par la physique nucléaire qu'il faut des températures considérables, beaucoup plus élevées que les millions de degrés des étoiles ordinaires.

La localisation astronomique de la synthèse des éléments lourds est plus controversée que pour les éléments légers. On imagine volontiers de très grosses étoiles dont la structure serait faite de couches successives et qui, au centre, synthétiseraient le groupe du fer. En revanche, pour les éléments très lourds, on s'accorde à penser que seules les explosions de supernovae ou de novae sont capables de réaliser en quelques fractions de secondes les conditions nécessaires à leur synthèse. En explosant, en mettant ainsi fin à leur vie, les supernovae dissémineraient dans l'Univers les éléments lourds synthétisés en quelques millièmes de seconde.

Ces éléments, étant très difficiles à fabriquer car les explosions de supernovae sont rares, sont extrêmement peu abondants dans le cosmos. Ils sont le fruit de ce feu d'artifice cosmique qu'est une supernovae.

## Lithium, béryllium, bore et Big-Bang

Quelle que soit la beauté de la théorie de la nucléosynthèse dans les étoiles, que l'on appelle parfois l'astration, elle recèle encore quelques lacunes, par exemple pour rendre compte de l'abondance des éléments légers lithium-béryllium et bore. Ce sont les successeurs immédiats de l'hélium dans l'ordre de la complexité croissante des noyaux. Ils ont les numéros atomiques 3, 4, 5. Ils devraient être presque aussi abondants que l'hélium, en tout cas plus que le carbone. Pourtant, ils sont $10^8$ fois moins abondants que ce dernier.

Lors de notre jeu de Meccano nucléaire, nous avons évacué ce problème en disant : leurs noyaux ne sont pas stables. Pourtant ils existent, en faible abondance certes, mais ils existent. Comment se sont-ils formés ? Le problème est semblable pour le deutérium, produit si difficile à fabriquer et si facilement « consommable ». Comment se fait-il qu'il puisse survivre ? Autrement dit, d'où vient le deutérium que nous observons ? Et puis, finalement, la question capitale et presque incongrue : et l'hydrogène, ancêtre primitif de tout, d'où vient-il ?

A toutes ces questions, la théorie du Big-Bang a donné une réponse, si ce n'est définitive, du moins plaisante.

Dans le Big-Bang initial, instant zéro de notre Univers, une quantité importante d'hydrogène, puis de deutérium, d'hélium, et un peu de lithium-béryllium et de bore aurait été synthétisée à partir d'un milieu fait de « bruit et de lumière ». Ultérieurement, il s'en serait fabriqué par réaction nucléaire sous l'influence du rayonnement cosmique galactique. Pour le scénario, nous renverrons aux bons auteurs [1, 2]. Selon ce scénario aujourd'hui standard, c'est à partir de ce gaz originel

_______________

1. H. Reeves, *op. cit.*
2. S. Weinberg, 1981.

qu'aurait démarré l'astration, superposant à ses éléments primitifs des éléments synthétisés dans les étoiles. Ces synthèses stellaires modifient donc constamment la composition de l'Univers, si bien que l'on peut raisonnablement parler d'évolution chimique continuelle des galaxies. En gros, plus elles sont évoluées, plus elles ont synthétisé d'éléments lourds. La cartographie chimique du ciel nous permet ainsi de repérer l'histoire des galaxies, comme la cartographie chimique des étoiles nous permet de les situer dans le diagramme H-R.

## Éléments et isotopes

La théorie de la nucléosynthèse a permis d'expliquer les abondances des éléments dans l'Univers tels qu'on peut les déterminer grâce à la spectroscopie astronomique. Mais nous savons que chaque élément chimique est formé par le mélange de plusieurs isotopes. Les isotopes étant des variétés d'un même élément chimique qui ne diffèrent que par leur nombre de neutrons. Le processus de synthèse de ces isotopes est autonome. Chaque isotope est fabriqué suivant le processus nucléaire et stellaire qui lui assure son nombre de neutrons et de protons. Pour expliquer tous les isotopes de tous les éléments, il a fallu compliquer un peu le scénario de la nucléosynthèse stellaire. L'oxygène 16, formé des quatre briques d'hélium 4 stable, se forme bien différemment de l'oxygène 18, qui doit accepter deux neutrons de plus. L'hélium 4 stable se forme bien différemment de l'hélium 3, qui a un neutron de moins, etc. En plus du scénario simple qui fabrique les isotopes les plus abondants, carbone 12, oxygène 16, etc., les astrophysiciens ont développé un scénario un peu plus complexe destiné à expliquer aussi les abondances relatives des isotopes de chaque élément chimique.

Ainsi, les astrophysiciens nucléaires cherchent donc à expliquer les abondances isotopiques aussi bien que les abondances chimiques. Malheureusement, dans le cosmos, les déterminations de compositions isotopiques précises n'existent que pour quelques éléments. Dans un premier temps, ils ont donc borné leur ambition à expliquer les compositions isotopiques terrestres que, depuis Aston et Nier, on avait systématiquement mesurées, notamment pour calculer les poids atomiques.

Les études de météorites se développant, on a été amené à se poser la question de la possible variation des compositions isotopiques des éléments à l'intérieur du système solaire.

Ces mesures, dans les années 1960, étaient très difficiles, les résultats furent décevants. Les compositions isotopiques de tous les éléments présents dans toutes les roches terrestres et météoritiques semblaient être identiques. On en concluait que, quelle qu'ait été la manière dont les isotopes s'étaient formés, ils s'étaient très bien mélangés ou ils avaient tous la même origine. La seconde hypothèse semblant exclue, la première explication ne faisait que renforcer le scénario de la nébuleuse protosolaire chaude, turbulente, bien mélangée. Les grains solides étaient nés par condensation à partir de cette « soupe gazeuse » chaude et homogène. Tout semblait clair dans la synthèse des isotopes, donc dans la synthèse des éléments.

Mais quelle était l'échelle de temps de toutes ces évolutions, de toute cette cuisine cosmique ?

## L'échelle du temps cosmique

Le calendrier géologique a fixé son premier janvier au moment de la formation de la Terre et des météorites, il y a 4,55 milliards d'années. Mais comment ce calendrier se situe-t-il au milieu de la grande chronologie de l'Univers ? Par rapport à la synthèse des éléments chimiques ? Par rapport au Big-Bang ?

Comme nous le savons, parmi les isotopes naturels, certains sont radioactifs et leur désintégration de longue période est à la base même de la chronologie géologique. On peut pousser plus loin leur utilisation. Prenons l'uranium. Il possède, nous le savons (chapitre II), deux isotopes radioactifs : $^{235}$U et $^{238}$U, qui se détruisent selon deux périodes très différentes. De nos jours, l'uranium 235 ne représente plus que 1/137,8 de l'uranium 238. La physique nucléaire nous dit pourtant que, lors de la nucléosynthèse, ce rapport devait être proche de l'unité. Il est alors facile de remonter le temps par la méthode du sablier et de déterminer l'époque où l'abondance des deux isotopes était égale. On obtient un âge de 15 milliards d'années. C'est le résultat qu'ont obtenu Willie Fowler et Fred Hoyle, il y a déjà trente ans[1]. On peut vérifier un tel résultat en utilisant d'autres isotopes

---

1. W. Fowler et F. Hoyle, 1960.

radioactifs et un principe un peu plus complexe. Les deux isotopes de l'osmium, 187 et 186, sont fabriqués par le même processus stellaire. Leur abondance primitive peut être calculée. Or, on constate aujourd'hui que l'isotope 187 a beaucoup augmenté. Cela est dû à la désintégration du rhénium 187 ($^{187}$Re). Connaissant la période de ce $^{187}$Re et son abondance cosmique, il est possible de calculer le temps qu'il a fallu pour créer l'excès d'osmium 187. On trouve un âge de $17 \pm 4$ milliards d'années[1]. Ainsi, par deux méthodes différentes, on obtient un âge similaire, disons de $15 \pm 5$ milliards d'années.

Mais que signifie exactement ce chiffre ?

Dans une première étape, les astronomes ont pensé que c'était l'époque où les éléments lourds se sont formés, peu après le Big-Bang. Les éléments lourds seraient donc tous de même origine. Pourtant, on l'a dit, l'observation de certaines étoiles géantes rouges montre qu'elles synthétisent des éléments lourds, comme le technétium, dont la durée de vie radioactive est si courte (quelques jours) qu'il ne peut s'être formé que dans l'étoile elle-même.

Cette observation corrobore la découverte, faite par John Reynolds, d'un isotope radioactif à vie courte, l'iode 129, dans certaines météorites. Or, la fabrication de cet isotope ne peut remonter qu'à quelques centaines de millions d'années avant la formation des météorites, et certainement pas à quelques milliards !

Reprenant alors leurs calculs, astrophysiciens et cos-

---

1. I.M. Luck *et al.*, 1980.

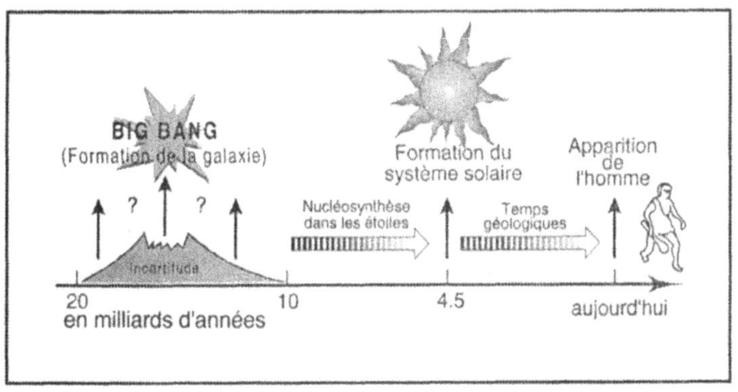


mochimistes ont pu montrer que le chiffre de 15 milliards d'années était compatible avec le scénario suivant :

Il y a 15 milliards d'années a commencé la synthèse des éléments lourds dans des étoiles géantes et des supernovae qui se formaient et se détruisaient dans l'Univers. La synthèse des éléments s'est poursuivie continuellement depuis lors, mais à un rythme qui a sans doute décru, car l'abondance des grosses étoiles explosives a probablement décru elle aussi. Les éléments lourds que l'on trouve aujourd'hui dans le système solaire sont donc un mélange d'atomes d'âges variables. Certains sont très vieux, d'autres plus jeunes. Mais tous sont antérieurs à 4,5 milliards d'années, tous sont antésolaires, puisque le Soleil ne sait pas fabriquer d'éléments lourds.

Cette interprétation du chiffre de 15 milliards d'années est en accord avec le calcul fait par les astronomes sur l'âge du Big-Bang, fondé sur les mesures de l'éloignement des galaxies et de l'expansion de l'Univers commencées pas l'astronome Hubble vers 1930.

Ainsi, tout semble converger vers l'idée que, dès après le Big-Bang, qui eut lieu vers 15 milliards d'années, la nucléosynthèse dans les étoiles, l'*astration*, a commencé et se perpétue depuis cette époque.

Le monde n'a pas commencé il y a 4,5 milliards d'années avec notre système solaire. Il a existé un monde présolaire, préterrestre. La chronologie radioactive a donc dissocié des notions que les Anciens mélangeaient quelque peu, à savoir genèse de l'Univers, genèse de la Terre, genèse des continents, genèse de la vie, genèse de l'Homme... Ce qui n'était pour eux que quelques jours, comme dans la mythologie judéo-chrétienne, s'étale en fait sur 15 milliards d'années !

Extraordinaire dilatation de la perception humaine du temps : le système solaire s'est formé il y a 4,5 milliards d'années, mais les atomes qui forment notre Terre, notre corps sont bien plus âgés. Certains ont sans doute près de 15 milliards d'années !

## L'histoire des isotopes de l'oxygène

L'histoire des sciences est pleine d'imprévus et la manière dont les idées naissent et se développent est rarement conforme au « modèle cartésien ». L'imprévu dérangeant est souvent la règle !

A la fin des années 1970, l'avenir de la cosmologie planétaire semblait radieux. Grâce aux efforts de chercheurs comme Willie Fowler au Caltech, de Fred Hoyle à Cambridge, d'Al Cameron à Harvard, et de quelques autres, le scénario de la nucléosynthèse, tel que nous l'avons schématiquement évoqué plus qu'exposé, était admis par tous. Il expliquait les abondances chimiques et isotopiques de l'Univers, la nature des différentes étoiles. Il intégrait les connaissances les plus modernes sur la physique du noyau. Au niveau de la formation des planètes, la théorie de la condensation d'une nébuleuse chaude, telle que l'avaient développée Cameron[1] et Anders[2], expliquait l'existence des divers composés chimiques minéraux ou molécules présents dans le système solaire. Relayée par la théorie de l'accrétion homogène, la théorie de la condensation dans une nébuleuse chaude et héliocentrée expliquait la variété chimique existant entre les diverses planètes, aussi bien proches que lointaines. John Lewis, jeune prêtre de cette synthèse, pouvait considérer que notre connaissance de l'origine du système solaire avait fait un pas décisif, et que seuls quelques détails secondaires restaient encore à expliquer[3] ! On semblait avoir tout compris de l'évolution de l'Univers depuis le Big-Bang jusqu'à la formation de la Terre.

Robert Clayton, professeur à l'université de Chicago, est spécialisé depuis trente ans dans la mesure de l'abondance des isotopes de l'oxygène. L'oxygène est l'élément le plus abondant sur Terre. Il est abondant dans l'air, dans l'eau, mais aussi dans les silicates où,

---

1. A. G. W. Cameron, 1970.
2. A. Anders, 1971.
3. J. Lewis, 1973.

avec le silicium, il constitue la charpente de ces composés. La mesure de la composition isotopique de l'oxygène, et notamment celle de l'abondance d'un isotope mineur $^{18}O$ par rapport à l'isotope majeur $^{16}O$, traduite par le rapport $^{18}O/^{16}O$, permet de déchiffrer les mécanismes intimes des réactions chimiques naturelles. Par exemple, l'étude du rapport $^{18}O/^{16}O$ des coquilles de carbonate de calcium des fossiles permet de déterminer la température des eaux dans lesquelles ils vivaient. L'étude du rapport $^{18}O/^{16}O$ des eaux de pluie permet de déterminer de quelles régions du globe provient le nuage correspondant[1], etc.

Si le rapport $^{18}O/^{16}O$ est un indicateur géochimique extrêmement puissant, il faut dire en contrepartie que sa mesure est difficile. Les variations observées dans ce rapport isotopique sont extrêmement faibles, si bien qu'on en exprime les mesures en dix-millièmes. Afin de rendre ces variations plus parlantes, on les mesure en déviation par rapport à un étalon reconnu qui est l'eau de mer. Ainsi, lorsqu'on dit que tel composé isotopique $^{18}O/^{16}O$ est de $+ 12$, cela signifie que l'isotope 18 est enrichi de douze dix-millièmes par rapport à l'eau de mer ; une composition négative voudrait dire qu'il est appauvri.

Comme on peut s'en douter, la maîtrise de la mesure des compositions isotopiques de l'oxygène, qui se fait au spectromètre de masse, est difficile et demande une attention de tous les instants, avec des contrôles et des calibrations fréquents. C'est au cours d'une de ces

---

1. H. Urey *et al.*, 1951.

calibrations que Robert Clayton constata un fait en apparence banal, à savoir que l'isotope 17 de l'oxygène, $^{17}O$, l'isotope auquel on ne prête en général aucune attention, l'isotope oublié, semblait anormalement abondant dans certains échantillons. Habituellement, les déviations du rapport $^{17}O/^{16}O$ sont systématiquement moitié moindres que celles du rapport $^{18}O/^{16}O$. Cela s'explique, si l'on remarque que la différence de masse entre $^{17}O$ et $^{16}O$ est la moitié de celle qui existe entre $^{18}O$ et $^{16}O$. Or, dans les échantillons « bizarres » que détecta Clayton, les déviations étaient identiques pour le rapport $^{17}O/^{16}O$ et le rapport $^{18}O/^{16}O$. $^{17}O$ semblait surabondant ou, ce qui revient au même, $^{18}O$ semblait sous-abondant. Multipliant alors les mesures, Robert Clayton constata que toute une série d'échantillons de roches présentait cette anomalie. Toutes sont des météorites, et celles qui présentent les anomalies les plus marquées sont les chondrites carbonées. A l'aide d'une construction graphique simple, Clayton montra que toutes les anomalies observées s'expliquent si on mélange un oxygène de composition isotopique terrestre (T) avec un oxygène qui serait très anormal (A) et formé exclusivement de l'isotope 16. Les différences observées seraient dues au fait que les proportions du mélange varient entre les météorites. Certaines sont très riches en oxygène A, d'autres le sont moins.

La découverte de Clayton fit l'effet d'une petite bombe dans le monde des scientifiques. Pour la première fois, on mettait en évidence des variations isotopiques d'un élément chimique qui ne peuvent être expliquées ni par la radioactivité ni par des phénomènes physico-chimiques. Les hétérogénéités isotopiques de l'oxygène sont d'origine. Elles résultent de l'existence de plusieurs fabrications de noyaux d'oxygène. Certaines étoiles ont fabriqué de l'oxygène 16, avec en plus des impuretés $^{18}O$ et $^{17}O$, alors qu'une autre étoile a su fabriquer un oxygène 16 presque exempt d'« impuretés » $^{18}O$ et $^{17}O$ !

L'idée d'une variabilité dans les scénarios nucléosynthétiques n'est à première vue pas surprenante, et les astrophysiciens avaient admis depuis longtemps une telle éventualité. Ce qui était plus surprenant, c'était l'existence de telles variations entre des objets appartenant au même système stellaire.

Robert Clayton poursuivit ses recherches. Il montra rapidement que chaque classe de météorites avait une signature isotopique d'oxygène caractéristique[1]. Elles étaient moins variées que les signatures des chondrites carbonées, mais elles différaient d'un groupe de météorites à l'autre, H, L, E ou carbonées. Dans cette typologie isotopique, les échantillons terrestres sont différents des diverses météorites chondritiques, mais ont une signature identique à celle des roches lunaires : argument très fort en faveur d'une origine commune.

Ainsi naquit petit à petit l'idée que dans la nébuleuse présolaire existait une répartition spatiale, une cosmographie de la composition isotopique de l'oxygène. Les météorites apparaissent dans cet ensemble comme homogènes par groupe, mais hétérogènes dans leur ensemble. Se pose alors la question suivante : la cein-

---

1. R. Clayton *et al.*, 1976.

ture d'astéroïdes ne serait-elle pas une région de l'Univers où seraient venus « se piéger » des objets planétaires d'origine variée, allant des comètes à des morceaux de planètes déchiquetés par les impacts ? L'existence de Jupiter, grand centre d'attraction gravitationnelle, ne serait-elle pas à l'origine de la formation d'un puits gravitationnel ?

Mais Robert Clayton et son équipe continuent : disséquant une même météorite, ils montrent qu'elle est isotopiquement hétérogène. Les divers morceaux des diverses météorites ont des compositions si différentes qu'il faut admettre qu'ils proviennent d'endroits de la nébuleuse très divers[1]. Ce n'était plus là une hétérogénéité entre planètes, entre familles de météorites, c'est à l'échelle même du caillou qu'il faut envisager le problème ! Cette fois, c'est la théorie de la nébuleuse présolaire chaude et de la condensation qui est atteinte.

Les promoteurs de la théorie de la nébuleuse chaude avaient admis que cette nébuleuse était animée de mouvements violents, turbulents, assurant par là même une bonne homogénéité à ce gaz. Si ce gaz était initialement formé par des composants variés d'origine stellaire, la chaleur et les mouvements de la nébuleuse avaient homogénéisé le tout. A l'appui de ce scénario, chacun apportait un fait d'observation alors bien établi, à savoir que les compositions isotopiques des éléments étaient uniformes dans tous les objets du système solaire. Objets terrestres comme météorites ou roches lunaires.

Les hétérogénéités isotopiques découvertes par Clay-

---

1. R. Clayton *et al.*, 1982.

ton mettent à bas tout ce scénario. Comment de telles hétérogénéités auraient-elles pu subsister dans un milieu chaud et turbulent ? Et l'existence d'hétérogénéités à l'intérieur d'une même météorite contraint d'aller plus loin encore : comment admettre que les grains solides qui composent les météorites proviennent de la condensation d'un même gaz d'une même région, s'ils présentent entre eux de telles différences isotopiques ? Ne vaut-il pas mieux admettre que les météorites sont des assemblages faits à froid de grains et de gaz dont l'origine est multiple ? Donc que la nébuleuse solaire était un mélange froid de gaz et de poussière, et non pas ce gaz incandescent et tourbillonnant que Cameron avait imaginé ?

Cette idée prend d'autant plus de poids que l'on se rappelle alors les déclarations de Gerarth Kurat[1], minéralogiste viennois, lequel avait affirmé que l'examen minutieux d'Allende ne conduisait pas aux conclusions de Grossman[2]. Pour Kurat, les oxydes riches en aluminium et titane ne sont pas des condensats primaires, ce sont des résidus, les minéraux qui ont résisté à un chauffage secondaire violent. Pour lui, l'examen de la météorite d'Allende n'évoque pas un assemblage minéralogique fait par refroidissement, mais, au contraire, un assemblage très hétérogène dans sa composition, qui aurait été soumis à un réchauffement secondaire ultérieur à sa formation. Une telle interprétation des textures ne cadre pas avec l'hypothèse de la condensation,

---

1. G. Kurat, 1970.
2. L. Grossman, 1972.

mais évoque davantage la formation des météorites à partir d'un nuage froid de gaz et de poussières, qui aurait été violemment chauffé, secondairement, par exemple par l'activité d'un Soleil embryonnaire.

## L'aluminium disparu

Les découvertes si étonnantes et si fécondes de Robert Clayton appelaient pourtant une question : pourquoi les hétérogénéités dans les compositions isotopiques seraient-elles limitées à l'oxygène ? Vingt ans après les premières recherches qui s'étaient soldées par l'affirmation de l'homogénéité isotopique des éléments du système solaire, sans doute fallait-il se reposer la question pour tous les éléments chimiques.

Un candidat naturel pour cette recherche était l'aluminium 26. L'aluminium actuel, celui que l'on trouve dans toutes les roches du système solaire, n'a qu'un seul isotope, de numéro atomique 27. Or, diverses théories nucléosynthétiques indiquent qu'il a dû se former en même temps que lui son frère, son isotope l'aluminium 26. Mais l'aluminium 26 est radioactif, avec une période de désintégration de deux millions d'années, et cet aluminium est donc aujourd'hui éteint, mort, transformé en son isotope fils, le magnésium 26. En somme, la situation est analogue à celle de l'iode 129, qui est mort, mais s'est transmuté en xénon 129.

La différence avec l'iode, c'est que l'aluminium est un élément abondant dans l'Univers, et surtout dans les planètes. S'il a existé, sa désintégration a été une source de chaleur importante pour les corps planétaires en formation. La découverte d'un volcanisme datant de 4,56 milliards d'années sur les petits corps parents (astéroïdes) des achondrites basaltiques implique l'existence d'un échauffement précoce. Urey avait émis l'hypothèse que l'aluminium 26 était à la source de ce dégagement de chaleur.

Le groupe australien de Bill Compston[1], puis le groupe californien de Jerry Wasserburg[2] mirent en évidence l'existence de variations du rapport isotopique $^{26}Mg/^{24}Mg$. Ils purent montrer que ces variations se corrélaient avec les rapports chimiques aluminium/magnésium à l'intérieur même d'une des fameuses inclusions blanches de la météorite d'Allende. La « découverte » de l'aluminium 26 donnait aux corps planétaires petits et grands une source d'énergie précoce, mais elle démontrait en outre qu'un élément chimique avait été synthétisé moins d'un million d'années avant la condensation des grains solides du système solaire : en effet, l'aluminium 26 meurt en 2 millions d'années. Les éléments chimiques du système solaire n'étaient donc pas tous très anciens. Certains étaient des nouveau-nés.

A partir de là, des considérations plus complexes sur la nucléosynthèse amenèrent les cosmochimistes à avancer l'idée que la formation des matériaux solides du système solaire avait été précédée, moins d'un million d'années avant, par l'explosion d'une nova ou supernova susceptible de synthétiser, au cours de son

---

1. M. Gray et W. Compston, 1974.
2. T. Lee *et al.*, 1977.

explosion finale, le fameux aluminium 26. Les théoriciens de la nucléosynthèse firent alors remarquer que l'oxygène 16 pur peut être synthétisé dans la fusion carbone + hélium (12 + 4 = 16), dont les conditions énergétiques cadrent bien avec l'explosion d'une supernova. L'hypothèse d'une supernova présolaire prenait corps [1].

## Les anomalies isotopiques des éléments lourds

La découverte de l'aluminium 26 déclencha une fébrile activité dans les quelques laboratoires qui, de par le monde, possèdent la technologie capable de mesurer des compositions isotopiques à la précision du dixième ou centième sur des quantités de roches de 0,1 milligramme. S'il existe des variations isotopiques pour l'oxygène et pour l'aluminium, il doit en effet en exister pour d'autres éléments.

La météorite d'Allende, en particulier ses inclusions blanches formées par les fameux oxydes riches en aluminium et en titane, est le matériel de base de la majorité des recherches. Sous l'impulsion de l'équipe de Jerry Wasserburg, qui sera la plus active, comme elle l'avait été dans l'exploration lunaire, les résultats ne se feront pas attendre [2]. On découvre des variations dans la composition isotopique du baryum, du calcium, du néodyme, du samarium, puis du titane, du chrome, du nickel. Chemin faisant, on a découvert trois nouvelles radioactivités éteintes : celle du palladium 107, qui

---

1. D. Schramm et R. Clayton, 1981.
2. G. J. Wasserburg *et al.*, 1979.

décroît en argent 107, celle du manganèse 53, qui décroît en chrome 53, du fer 55, qui décroît en nickel 55 en se désintégrant[1]. Tous deux ont des périodes très courtes et leur fabrication, leur synthèse a dû se faire moins d'un million d'années avant la constitution des grains de la météorite d'Allende.

Ainsi, il ne fait plus guère de doute aujourd'hui qu'il existe des variations isotopiques pour tous les éléments chimiques lourds du système solaire. Les variations isotopiques mesurées pour les éléments lourds restent modestes par leur valeur — quelques dix-millièmes —, et sont restreintes à quelques types d'objets. Cela est dû au fait que les compositions isotopiques très anormales sont « diluées » par des matrices normales. L'utilisation des méthodes d'analyses isotopiques ponctuelles a permis en effet de détecter des compositions isotopiques très anormales, d'autant plus grandes que la dimension de l'objet analysé est plus petite.

Ces observations appuient fortement deux idées fondamentales.

Premièrement, la synthèse des éléments chimiques, la nucléosynthèse est multiple. Il existe non pas un scénario, comme l'avaient développé les astrophysiciens, mais plusieurs scénarios. Plusieurs étoiles, plusieurs centres différents. On croyait le ciel formé d'objets uniformes, on découvre grâce aux météorites la diversité.

Secondement, l'existence d'éléments radioactifs de courte période, au moment où les météorites se sont formées, atteste, par l'abondance anormale des isotopes

---

1. G. J. Wasserburg *et al.*, 1981.

produits par ces désintégrations, qu'il y a eu synthèse d'éléments lourds juste avant la formation du système solaire. Une supernova a sans doute explosé juste avant la formation du Soleil et peut-être n'est-elle pas étrangère à la formation de notre étoile ?

## Les isotopes des éléments légers

Un nouvel épisode de la saga isotopique a commencé à Paris, où François Robert, Liliane Merlivat et Marc Javoy[1] étudiaient les compositions isotopiques deutérium/hydrogène (D/H) des météorites carbonées. Après un an de difficile mise au point technique — l'hydrogène est un constituant de l'eau, il est donc aisé de contaminer accidentellement l'expérience —, ils ont découvert que certaines météorites contiennent des enrichissements en deutérium considérables. Ces enrichissements dépassent très largement tout ce que l'on connaît sur Terre, et ne peuvent être liés à des contaminations terrestres ou extra-terrestres. Ils dépassent, et de loin, tout ce que l'on connaît pour l'oxygène. Johannes Geiss, de l'université de Berne, et Hubert Reeves[2], du CNRS, identifient très rapidement la cause des variations observées dans le rapport (D/H) des météorites.

Rappelons que le deutérium est principalement produit lors du Big-Bang et qu'il a tendance à être détruit lors des processus de nucléosynthèse stellaire. Son abondance dans le système solaire est $D/H = 2.10^{-5}$.

---

1. F. Robert *et al.*, 1979.
2. J. Geiss et H. Reeves, 1981.

Toutefois, il existe dans les molécules interstellaires des enrichissements considérables en deutérium allant jusqu'à $10^{-2}$ pour le rapport (D/H).

Geiss et Reeves montrent que ces enrichissements en deutérium, aussi bien dans les météorites que dans les molécules interstellaires, ne sont pas dus à des phénomènes de nucléosynthèse, mais à des réactions chimiques dites ions-molécules ayant eu lieu à basse température dans l'espace interstellaire. Dans de telles conditions, les isotopes de l'hydrogène peuvent se séparer, se fractionner, comme on dit, le deutérium plus lourd réagissant plus lentement que l'hydrogène léger. Kolodny, Kerridge et Kaplan, à l'université de Californie, complètent le travail du groupe français en montrant que les enrichissements en deutérium ne sont pas dispersés dans l'ensemble d'une météorite carbonée, mais concentrés dans les parties organiques, riches en carbone, caractéristiques de ce type de météorites[1]. Cette seconde découverte a des conséquences fondamentales qui dépassent la synthèse des éléments...

Dans les années 1960-1970, quelques scientifiques avaient étudié la composition de la matière organique contenue dans les météorites. Ils avaient montré qu'il existait là des molécules très complexes, allant jusqu'aux acides aminés, c'est-à-dire jusqu'à des molécules qui sont à la base même de la chimie du vivant. Naturellement, ces molécules complexes ne sont pas en grande abondance dans les météorites, et leur origine par contamination de produits terrestres n'est donc pas

---

1. Y. Kolodny, J. K. Kerridge et J. R. Kaplan, 1980.

a priori à exclure. C'est vers cette interprétation que s'était rangée la communauté scientifique dans les années 1970, refusant d'admettre la présence de molécules organiques complexes dans les météorites. Comment auraient-elles pu se former ? Encore un argument fourni à ceux qui croient aux OVNI et aux extra-terrestres ? Pourtant, les mesures des rapports (D/H) de ces molécules complexes attestent aujourd'hui leur origine extra-terrestre. Si l'on met en regard la découverte des molécules interstellaires par les radioastronomes, il n'y a plus là matière à s'étonner. Il faut toutefois noter que les molécules des chondrites carbonées sont infiniment plus évoluées, plus complexes que celles révélées par les radioastronomes.

Les spéculations vont alors aller bon train. Si des acides aminés extra-terrestres existent, pourquoi pas l'ADN ? Pourquoi pas la vie ? La vie aurait-elle pu naître ainsi dans l'espace, sur des grains de poussières interstellaires ? Grâce à l'irradiation des rayonnements cosmiques galactiques ? Ces grains fertiles n'auraient-ils pas ensemencé les planètes dont quelques-unes, comme la nôtre, se seraient révélées accueillantes ? Voilà un scénario hardi sur l'origine de la vie, mais pourtant bien séduisant !

Revenons à notre carbone des météorites. La mesure directe des compositions isotopiques du carbone des météorites carbonées faites par le groupe de Pillinger à Cambridge est venu confirmer les travaux sur l'hydrogène[1]. Les travaux effectués par Zinner et Anders vont

---

1. S. Swart *et al.*, 1983.

permettre de comprendre toutes ces anomalies. Combinant séparations chimiques et analyse à la microsonde de slodzian, ces chercheurs vont mettre en évidence des grains de carbure, carbure de silicium, de titane, dont les compositions isotopiques du carbone, de l'azote ou de l'hydrogène varient du simple au double. Ces enrichissements ressemblent à ceux mesurés par les radioastronomes dans les molécules interstellaires et dont l'origine est à rechercher dans les fractionnements physico-chimiques ayant eu lieu dans le cosmos à basse température. On a bien dans les météorites des vestiges de grains interstellaires.

Ainsi, l'étude des compositions isotopiques des éléments légers nous fait déboucher sur une nouvelle perspective. Il ne s'agit plus là de réactions nucléaires survenues à des millions ou à des centaines de millions de degrés, au cœur des étoiles géantes ou lors de leur explosion. Il s'agit de réactions qui ont lieu sur quelques grains de poussière, sur quelques molécules de gaz isolées au milieu des vides intersidéraux, où règnent des températures proches du zéro absolu. Les mesures isotopiques sur les cailloux extra-terrestres nous promènent dans des lieux décidément bien variés ! Pourtant, le scénario que l'on peut en déduire pour la formation du système solaire rejoint celui que Clayton nous avait fait entrevoir. Les matériaux du système solaire ne se seraient pas formés à partir d'une nébuleuse chaude, mais à partir d'un nuage de gaz et de poussières froid, d'origine interstellaire. Les chondrites carbonées seraient les meilleurs témoins de ces matériaux, rassemblés peut-être par les comètes.

Mais si les variations de l'hydrogène et du carbone sont engendrées par des réactions chimiques, on peut se demander si les variations isotopiques mesurées dans la météorite Allende ne peuvent pas également s'expliquer ainsi.

En ce qui concerne les éléments lourds comme le calcium, le titane ou le chrome, sûrement pas : leurs masses élevées interdisent pratiquement des fractionnements chimiques de l'importance de ceux qui y ont été mesurés. Mais, pour l'oxygène, la réponse est moins claire.

Le problème, aujourd'hui, n'est toujours pas tranché. En dépit de l'avis négatif de Robert Clayton, Mark Thiemens de l'université de Californie à San Diego défend l'idée que les variations isotopiques de l'oxygène ont des causes analogues à celles qui conduisent aux variations deutérium/hydrogène (avec un effet isotopique un peu particulier).

Ainsi, les variations de compositions isotopiques des éléments légers, qui sont très importantes et très répandues, seraient dues à la chimie fine des molécules du cosmos ; les variations des éléments lourds, qui sont faibles et souvent spécifiques de la météorite d'Allende, à des phénomènes de nucléosynthèse explosive variés, qu'il nous reste encore à bien comprendre. Les deux processus pouvant se combiner pour expliquer les variations observées pour l'oxygène ou le carbone. Un nouveau scénario pour la formation du système solaire est ainsi en perspective. Décidément, les météorites sont bien les messagers de l'Univers !

Il est quelquefois des coïncidences heureuses dans le développement des sciences. Dans le même temps où les cosmochimistes découvraient les anomalies isotopiques dans les météorites, des astronomes s'intéressaient aux étoiles en formation grâce, en particulier, aux observations dans l'infrarouge et en ondes millimétriques. Ces études très récentes se sont révélées d'une fécondité et d'une complémentarité extraordinaires pour ce qui nous occupe. Il semble en découler que les jeunes étoiles naissent à partir de nuages moléculaires *dilués et froids*.

Les étoiles ne naissent généralement pas d'une manière isolée, unique, mais en essaim. Très rapidement, ces essaims se dispersent et chaque étoile prend sa place distincte dans le cosmos. Ces associations d'étoiles naissantes sont observées aujourd'hui dans la *nébuleuse d'Orion*[1]. On constate que les nuages interstellaires d'étoiles en gestation sont illuminés par de grosses étoiles très brillantes appelées O et B, dont la durée de vie est fort brève (quelques millions d'années) et qui, après être passées par toutes les phases déjà décrites, explosent en supernovae — tel est du moins le scénario prévu d'après l'observation de leur évolution. Si le système solaire s'est formé dans un tel environnement, on comprend bien la présence d'anomalies isotopiques et la rémanence d'aluminium 26. Et d'ailleurs, grâce aux délicates mesures d'astronomie $\gamma$, on a détecté dans l'espace l'existence d'aluminium 26. Le même qu'on avait détecté dans les météorites.

---

1. H. Reeves, *op. cit.*

D'autres observations, notamment celles faites en astronomie X et γ, montrent qu'une activité d'émission intense de particules existe dans la région des nuages moléculaires de la nébuleuse d'Orion, appuyant l'idée qu'à la formation des étoiles est associée une grande activité de nucléosynthèse.

Ces nuages moléculaires froids contiennent, comme leur nom l'indique, des particules solides, mais aussi, sur ces particules, des molécules organiques, les fameuses molécules interstellaires. Ces molécules organiques vont du simple acide cyanhydrique (HCN) à des molécules contenant des fonctions alcool. Elles ont été détectées depuis vingt-cinq ans, grâce à l'utilisation intensive de la radioastronomie, et ont donné lieu à bien des rêves. La vie serait-elle née dans le cosmos ?

Voyons comment nous pouvons rassembler toutes ces informations disponibles pour esquisser timidement un nouveau scénario de formation du système solaire. Il est sans doute provisoire mais c'est déjà un grand progrès.

L'hypothèse de la nébuleuse chaude et de la condensation des minéraux à partir de ce gaz de composition solaire a été détruite. Les objets planétaires, donc la Terre, se sont sans doute formés à partir d'un nuage de gaz et de poussières, nuage d'abord froid dont l'origine est sans doute multiple. Ces gaz et ces poussières se sont constitués graduellement, tout au long de l'histoire du cosmos. Du Big-Bang à 4,5 milliards d'années, les poussières qui deviendront la partie solide des planètes se sont condensées dans les enveloppes des géantes rouges, dans celles des novae ou des supernovae, ou dans les espaces interstellaires. Peu avant la formation du système solaire, une supernova a peut-être explosé dans le voisinage. Dans l'enveloppe de cette supernova encore chaude, des grains solides se sont condensés, donnant les inclusions d'Allende, mais aussi un certain nombre de grains solides des futures planètes. Ces grains et un peu de gaz jeune, nouvellement formé, ont été injectés dans le nuage interstellaire froid. C'est ce nuage de poussières et de gaz, froid, calme, plus poussiéreux qu'on ne l'imaginait, qui est à l'origine du système solaire. Lorsque le Soleil s'est formé, nul doute que cette nébuleuse est devenue chaude, et que des phénomènes de réchauffement et de condensation sont superposés, ajoutés aux phénomènes froids. Mais ces processus chauds n'ont pas effacé le message, le palimpseste de l'histoire antérieure. Merveilleux isotopes qui gardent la mémoire du temps passé !

Il peut paraître étrange que l'explosion d'une supernova — événement assez rare dans le cosmos (les dernières explosions bien observées depuis la Terre l'ont été par des astronomes chinois en 1054, par Tycho Brahé en 1572 et par Kepler en 1604, puis très récemment dans le grand nuage de Magellan) — se soit précisément produite avant la formation du système solaire, juste pour lui injecter sa « semence nouvelle ». Ce n'est peut-être pas là une coïncidence fortuite. Certains astronomes pensent que c'est *parce qu'il* y a eu explosion d'une supernova que le système solaire a pu se former. Le nuage protosolaire était sans doute de dimensions trop réduites et trop dilué pour s'effondrer, pour imploser sous son propre poids ; il a donc fallu une impulsion extérieure. Cette impulsion pourrait être l'onde de choc créée par l'explosion de la supernova qui, en densifiant le nuage, l'aurait aidé à se condenser. Supernova et formation du système solaire ne seraient donc que deux étapes du scénario — d'un nouveau scénario peut-être tout aussi précaire que le précédent ?

Le fait que ce scénario soit issu de l'analyse isotopique ultraprécise de quelques grammes de roche n'est-il pas le plus beau témoignage de la mémoire de pierres ? Ou plutôt, de celle des atomes de pierres ? Car en dépassant l'écriture superficielle qui s'exprimait par la logique des minéraux et en analysant la composition intime, isotopique des atomes, le palimpseste météoritique nous a révélé son véritable message.

CHAPITRE VIII

# Les sociétés d'atomes

La Terre est issue du cosmos. Les éléments chimiques qui la constituent ont été synthétisés dans le cosmos, depuis le Big-Bang jusqu'à l'explosion de la supernova présolaire. Quelle relation existe-t-il entre la composition chimique de l'Univers et celle de la Terre, entre les abondances cosmiques des éléments et leur concentration sur Terre ? La réponse n'est pas simple.

Tous les éléments chimiques connus dans le cosmos existent sur Terre, mais ils n'y sont pas tous présents dans les mêmes proportions. Ainsi l'hydrogène, qui est de loin l'élément le plus abondant dans le cosmos, est peu abondant sur la Terre. A l'inverse, le fer, élément important mais modeste dans l'Univers, est sur Terre l'un des éléments les plus abondants (bien qu'"invisible"). L'hélium, numéro deux du cosmos, est un composant mineur de la Terre, bien moins important que l'oxygène et le silicium. Ainsi, la hiérarchie, l'abondance relative des éléments chimiques sur Terre sont autres que dans l'Univers.

Mais ces abondances, cette hiérarchie ne sont pas elles-mêmes uniformes sur toute la Terre. La Terre est composée de diverses structures, de divers réservoirs ; chaque unité a sa composition, sa signature chimique propres. L'atmosphère est riche en azote et oxygène, l'océan est constitué presque exclusivement d'hydrogène et d'oxygène combinés sous forme d'eau, la croûte continentale est riche en silicium et en oxygène, mais aussi en aluminium, ce qui la différencie du manteau, le noyau est le domaine central où règne le fer. Ainsi, non seulement les abondances des éléments chimiques sur la Terre sont différentes de ce qu'elles sont dans le cosmos, mais chaque portion de Terre, chaque domaine a sa composition chimique particulière.

Pourquoi l'atmosphère de la Terre n'est-elle pas constituée de gaz carbonique comme celles de Mars ou de Vénus, ou d'hélium et d'hydrogène comme celle de Jupiter ? Pourquoi la croûte continentale a-t-elle concentré préférentiellement l'aluminium alors que, après le silicium et l'oxygène, c'est le magnésium qui domine dans le manteau ? En répondant à ces questions, nous allons du même coup expliquer comment tel réservoir ou telle roche terrestre se sont formés ; pourquoi ils ont attiré tel élément plutôt que tel autre. D'un côté, nous répondons à une curiosité chimique, d'un autre côté, à une question géologique. Car la chimie de la Terre — la géochimie — est un approfondissement de la géologie, une explication microscopique de la géologie. La géochimie est à la géologie ce que la physique atomique et nucléaire est à la macrophysique. Dire que les continents sont une concentration de silicate d'alumine, alors que le manteau est constitué de silicate de magnésium, c'est expliquer la manière dont la croûte continentale se différencie par rapport au manteau en expulsant de l'aluminium mais aussi le gros ion qu'est le potassium. Dire qu'au cours de l'altération, le fer et l'aluminium restent sur place dans le sol alors que le sodium et le calcium sont évacués par les eaux courantes, c'est décrire de manière fine le processus qui desagrège les roches et érode les continents, etc.

Mais allons-nous pour cela devoir étudier un à un les comportements terrestres des 92 éléments chimiques que nous avons rencontrés dans le cosmos ? L'ensemble du livre ne suffirait pas à pareil catalogue, qui, par ailleurs, serait fort aride et fastidieux.

Heureusement, nous pouvons grandement simplifier la démarche grâce à deux caractères fondamentaux du comportement des éléments chimiques sur Terre : leurs *abondances* relatives et les parentés de propriétés qu'ils ont, permettant de les grouper *en familles*. Nous pourrons alors substituer à l'étude du comportement des individus celui des familles, et au numéraire le cardinal.

L'abondance cosmique d'un élément chimique est déterminée par la structure de son noyau, la complexité plus ou moins grande de ce dernier, donc en première approximation sa masse. L'abondance terrestre d'un élément est gouvernée par son abondance cosmique, donnée de départ incontournable, mais aussi par la nature du cortège d'électrons qui entoure son noyau. C'est lui qui détermine comment un atome peut se lier avec un autre atome. Ce sont donc les électrons externes qui déterminent les composés chimiques que peut former un élément chimique, donc toutes ses propriétés chimiques. Les électrons externes sont en quelque sorte les « bras » des atomes, les organes qui permettent à l'atome de s'associer, de devenir « sociable », de participer aux groupements d'atomes qui s'appellent molécules et cristaux. Dans le cosmos, nous étions au royaume de la *chimie du noyau* ; en revenant sur Terre, nous pénétrons dans la *chimie électronique*.

## La classification périodique de Mendeleïev

Pour qui se préoccupe de logique simple, les éléments chimiques forment une succession, une suite d'objets classés de 1 à 92. Ces numéros indiquent le nombre d'électrons (et de protons) que contiennent les atomes des éléments successifs, en partant de l'hydrogène (1) et en s'arrêtant à l'uranium (92). On les appelle numéros atomiques. Ce sont les numéros matricules des atomes.

Pour le chimiste qui connaît ces 92 éléments à travers leurs comportements, les composés et molécules qu'ils peuvent former, leurs propriétés — d'être ou non solubles dans tel ou tel solvant, d'être plus ou moins volatils, etc. —, la réalité est tout autre, beaucoup plus riche. Chaque élément chimique a ses caractères spécifiques, ses comportements originaux, sa personnalité définie, ses affinités, ses liaisons dangereuses et interdites. Si le

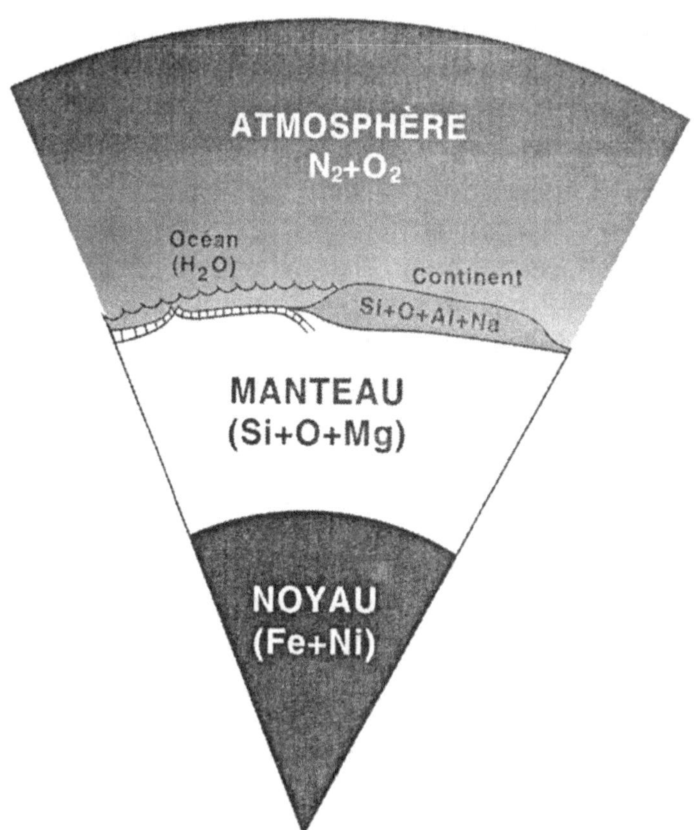



Fig. 37. — Structure chimique de la Terre. Il s'agit d'une coupe sur laquelle on a représenté les principales compositions chimiques des divers réservoirs.

chlore se lie bien au sodium (pour former le chlorure de sodium ou sel de cuisine), il ne se lie jamais au fluor. Si le magnésium se lie bien au silicium et à l'oxygène, pour former le minéral vert bouteille qu'on appelle olivine, il ne s'associe pas au carbone, etc. Cherchant alors à rapprocher ces caractères pour faire apparaître des groupements, des lois simples, on constate que lorsqu'on parcourt la numérotation chimique de 1 à 92, il existe une périodicité marquée des comportements chimiques. Cette périodicité apparaît aussi clairement lorsqu'on porte, en fonction du numéro de l'élément, tel ou tel indice quantitatif. Par exemple, la facilité avec laquelle un atome peut perdre un électron puis se transformer en ion, que l'on appelle potentiel d'ionisation, ou la facilité de se volatiliser, etc. Loin de varier progressivement du plus léger au plus lourd, soit en croissant, soit en décroissant, on constate que les divers paramètres chimiques varient selon une certaine périodicité. Ainsi, les éléments de numéros atomiques 3 (lithium, noté Li), 11 (sodium, noté Na), 19 (potassium, symbole K), 37 (rubidium, symbole Rb), 55 (césium, symbole Cs) ont des propriétés chimiques et physiques voisines, ils forment la famille des alcalins. Les éléments de numéros 9 (fluor, noté F), 17 (chlore, noté Cl), 35 (brome, noté Br), 53 (iode, noté I) forment la famille chimique des halogènes. Les numéros 2 (hélium, He), 10 (néon, Ne), 18 (argon, Ar), 36 (krypton, Kr), 54 (xénon, Xe) forment la tribu des gaz rares de l'air, découverts par Ramsay et dont le caractère commun est d'avoir une réactivité chimique nulle, de ne se lier à aucun autre élément, de ne former aucun composé. On notera que dans les trois familles choisies, on passe du numéro matricule d'un élément à celui de son frère en ajoutant le nombre 8, puis, pour les deux derniers, 18.

A l'inverse, la proximité du numéro de matricule n'implique pas la parenté chimique. Ainsi, le potassium de numéro 19 a des propriétés chimiques plus proches de celles des éléments 37 (rubidium) et 55 (césium) que des deux éléments qui l'entourent "horizontalement", à savoir l'élément 18 (argon) et l'élément 20 (calcium).

Systématisant ce caractère périodique des comportements et des propriétés chimiques des éléments, le chimiste russe Mendeleïev enferma, en 1869, tous les éléments chimiques dans un tableau dit tableau périodique, formé par huit colonnes qui se subdivisent vers le bas en 18 colonnes [1].

Dans ce tableau des éléments chimiques (fig. 38), il existe deux types d'associations, de groupements :

— les familles verticales, qui se définissent par colonne ; ce sont celles que nous venons d'évoquer ;

— les affinités horizontales, en somme celles de voisinage.

Les groupes verticaux sont prononcés et presque exclusifs pour le haut du tableau (éléments de faible numéro atomique), mais les affinités horizontales deviennent plus importantes au fur et à mesure que le numéro atomique s'accroît. Il y a ainsi, dans le bas du tableau, de véritables associations horizontales d'éléments à propriétés chimiques voisines. Cuivre, argent et or, situés dans la colonne, sont certes dans la même famille verticale, ce qui n'empêche pas le cuivre de ressembler par certains côtés à son voisin le zinc, ni l'argent de ressembler à son voisin le cadmium, aussi bien par son comportement de laboratoire que dans ses associations naturelles. Pour certains, les affinités horizontales sont si grandes qu'ils forment de véritables familles : c'est le cas un peu particulier des terres rares, mais c'est

---

1. Mendeleïev, 1896.

aussi celui des trios fer-cobalt-nickel ou osmium-iridium-platine. On les trouve aussi associés dans leurs gisements naturels.

Toute cette logique, découverte avec beaucoup de patience et d'ingéniosité par Mendeleïev à l'aide de la collecte des propriétés des éléments chimiques, a été expliquée dès que l'on a percé les mystères de la structure des atomes. Elle est un guide précieux en géochimie.

## L'abondance relative des éléments chimiques majeurs et mineurs

Dans la nature, les propriétés chimiques des éléments, avec leurs caractères périodiques, leurs regroupements par famille, par tribu, vont s'exprimer en tenant compte d'une donnée supplémentaire qui est leur abondance. D'après ce que nous savons des abondances chimiques dans le cosmos, les éléments chimiques à structure simple, légers, à numéro atomique petit, situés en haut du tableau de Mendeleïev, sont les plus abondants. Est-ce vrai pour la Terre ?

En première approximation, on peut répondre oui. On peut décrire la composition chimique des grandes enveloppes de la Terre avec seulement 12 éléments chimiques. Ce sont l'hydrogène (H), le carbone (C), l'azote (N), l'oxygène (O), situés sur la première et la deuxième ligne du tableau ; le sodium (Na), le magnésium (Mg), l'aluminium (Al), le silicium (Si), le soufre (S), situés sur la troisième ligne ; le potassium (K), le calcium (Ca), situés au début de la quatrième ligne, et le fer à la fin de celle-ci (voir fig. 38).

Comme on le voit, tous ces éléments sont des éléments du haut du tableau périodique, sauf le fer, et ce sont bien des éléments abondants dans la courbe du cosmos. Si l'on excepte l'hydrogène et l'hélium, ce sont même les plus abondants. Pourtant, si on analyse chaque réservoir terrestre, chaque enveloppe, atmosphère, océan, croûte, manteau, noyau, les 12 éléments n'y sont pas également abondants. Dans chaque enveloppe, deux à cinq éléments seulement dominent. H et O pour l'océan, N et O pour l'atmosphère, Si, O, Mg pour le manteau, etc.

Les autres éléments du tableau, les 80 autres, la très grande majorité, ne représentent à eux tous que moins de 1 % de la masse de la Terre (si l'on excepte le nickel, allié au fer dans le noyau).

L'abondance des éléments chimiques sur la Terre ne varie pas progressivement. Il y a les *majeurs* et il y a les autres, les *mineurs*, dont l'abondance ne se mesure plus en pourcentage, mais en parties par million (ppm), ou en parties par milliard (ppb[1]). Ces éléments ne jouent pas de rôle essentiel dans la constitution des composés chimiques qui dominent la planète. Ainsi en est-il d'éléments pourtant aussi célèbres que l'uranium, l'argent, l'or ou le platine.

Si l'abondance relative des éléments est une donnée essentielle, la notion de famille, de tribu chimique, ne perd pas ses droits dans le monde géologique. Les élé-

---

1. b pour *billion* (en anglais).

ments mineurs vont s'associer dans la Terre avec l'élément majeur de la même famille ou, à défaut, avec celui à qui ils ressemblent le plus et qui sera en quelque sorte leur guide. Ainsi le rubidium (mineur) est-il fidèlement associé au potassium (majeur) ; le cobalt (mineur) au fer, le gallium à l'aluminium, le sélénium au soufre, etc.

Subordonnés en abondance, les éléments mineurs ne sont pas pour autant négligeables. Certains, comme l'uranium ou le thorium, sont radioactifs et leur désintégration constituent en fait la source d'énergie interne la plus importante pour les phénomènes géologiques terrestres. D'autres, comme l'or ou l'argent, ou plus modestement le cuivre ou le molybdène, jouent le rôle économique majeur que l'on connaît. Enfin, nous allons voir qu'en recourant à la notion de tribu, nous allons pouvoir utiliser les éléments mineurs pour pister, espionner les évolutions des grands phénomènes géologiques. Dans le décodage des messages géologiques, les mineurs joueront un rôle majeur...

## Atomes, minéraux, roches

Nous l'avons dit, les atomes se lient entre eux pour donner des composés chimiques. Ainsi, en s'alliant, deux atomes d'hydrogène et un atome d'oxygène donnent naissance à la molécule d'eau, agent géologique essentiel de la surface terrestre. Les liaisons de deux atomes d'azote, d'une part, ou d'oxygène, d'autre part, constituent les deux molécules essentielles de l'atmosphère. Tout cela est de la chimie élémentaire bien connue.

En géologie, dans la terre solide, les composés chimiques à qui nous aurons affaire sont plus complexes. Ils sont constitués par des molécules géantes, formées non pas d'un, deux ou dix atomes, mais de milliers de milliards d'atomes. Ces composés sont les cristaux naturels que l'on appelle les minéraux. Ces minéraux sont si nombreux et si variés que leur étude est en soi une discipline : la minéralogie. Sans ignorer la présence d'oxydes, de sulfures ou de carbonates, si l'on veut simplifier et aller à l'essentiel, une famille de minéraux dépasse en importance toutes les autres : les silicates. En simplifiant abusivement, on pourrait dire que la chimie de la Terre, la géochimie, est en grande partie la chimie des silicates.

Ces silicates sont formés de deux parties : une trame et des « locataires ». La trame est un vaste réseau, assemblant des milliards de fois une structure de base de forme tétraédrique, le tétraèdre $SiO_4$. Les « locataires » sont toute une série d'ions (c'est-à-dire d'atomes ayant perdu quelques électrons, donc chargés électriquement) comme l'aluminium, le sodium, le magnésium, le potassium ou le calcium. Charpente et « locataires » inter-réagissent suivant la taille des ions, leurs charges électriques et compte tenu aussi des conditions de température et de pression dans lesquelles ils sont plongés. Ainsi prend naissance la grande variété de la famille des minéraux silicatés.

Les silicates qui se trouvent dans la croûte terrestre, vers la surface, sont des silicates à structure lâche, légère, qui implique de gros ions comme le potassium et l'aluminium. Les silicates du manteau, soumis aux hautes pressions, sont compacts, denses, et impliquent seulement des ions de petites dimensions, comme le magnésium.

Dans la nature, les minéraux ne sont en général pas isolés. Ils s'associent en des assemblages complexes et pourtant familiers : les roches. Les roches sont des mélanges de minéraux. Certes, rarement des mélanges insignifiants, liés au hasard des rencontres, mais des associations qui obéissent à des règles souvent précises. Certains minéraux ne peuvent cohabiter. Ainsi en est-il de l'olivine et du quartz qui mis en présence réagissent l'un sur l'autre pour engendrer un troisième minéral appelé pyroxène. D'autres ont à l'inverse une affinité telle que l'on rencontre rarement l'un sans l'autre : olivine et pyroxène, plagioclases et pyroxène, feldspaths potassiques et quartz sont des couples célèbres dans cette science des roches à laquelle on a donné le nom de pétrologie. En fait, la plupart des associations de minéraux sont en équilibre thermodynamique et obéissent donc à des lois précises de cette discipline, dont on a tiré toutes les conséquences vis-à-vis des roches.

Aussi, comme les minéraux sont des sociétés d'atomes, les roches sont des sociétés de minéraux, obéissant les uns et les autres à des règles précises. Chaque assemblage minéralogique reflète d'une certaine manière les conditions de température et de pression dans lesquelles il a cristallisé, il s'est formé.

L'architecture de la croûte terrestre apparaît donc clairement comme organisée par niveaux : atomes, minéraux, roches, les roches constituant les unités structurales fondamentales de la croûte, comme du manteau.

## La Terre, usine chimique

La Terre est constituée de composés chimiques variés. Mais cette composition n'est pas un lot défini une fois pour toutes, immuable, immobile et figé. Les différents composés chimiques naturels, molécules et cristaux, à l'état solide, liquide ou gazeux, se défont, s'assemblent, se combinent, réagissent les uns sur les autres pour donner naissance à d'autres composés, d'autres combinaisons chimiques, tout au long de l'histoire géologique. Les réactions chimiques naturelles sont les opérations par lesquelles les composés chimiques naturels prennent naissance ou se transforment en d'autres composés. Ce sont ces transformations qui, en se combinant, en s'additionnant et en se succédant, constituent les grands phénomènes géologiques. Ainsi la Terre est-elle une immense usine chimique qui fabrique, détruit, transporte, recombine, dissout, précipite constamment des tonnes de composés chimiques dans les océans, sur les continents, dans l'intérieur de la Terre, peut-être même jusqu'au noyau.

Comme toutes les réactions chimiques, celles qui ont lieu dans la nature consistent à casser les liaisons de certains composés chimiques pour en contracter de nouvelles. Mais, dans la nature, ces transformations n'auraient qu'un rôle restreint si elles n'étaient amplifiées et étendues par les phénomènes de transport de matière qui séparent, trient et classent les divers produits.

Ainsi, à la surface du globe, les réactions chimiques qui ont lieu lors de l'altération détruisent les charpentes silicatées des minéraux d'origine interne. Certains ions ainsi libérés sont entraînés vers la mer. D'autres restent sur place dans les sols. Un gigantesque tri chimique s'opère. Il est à l'origine de toute l'activité géologique externe.

Lorsque des mouvements ascendants ont lieu dans les profondeurs, et que la diminution de pression détruit certaines liaisons chimiques et fait fondre quelques minéraux, ce phénomène est suivi par le transport du liquide vers la surface et, avec lui, par celui d'éléments chimiques particuliers qu'il a concentrés. Transformations chimiques et transport sont donc deux processus dont le rôle géologique se complète et se renforce pour façonner continuellement la chimie de la planète.

Les opérations chimiques qui ont le globe pour théâtre, et pour cadre : les phénomènes de surface comme l'altération, le transport ou la sédimentation, tantôt les phénomènes des profondeurs comme le magmatisme ou les transformations métamorphiques, peuvent être classées en deux catégories :

1) Celles qui séparent, isolent ou différencient quelques éléments par rapport aux autres. Ce sont elles qui créent des ensembles chimiques originaux, qui font naître des structures chimiques. Ainsi en est-il de la formation des calcaires, assemblages de coquilles de carbonate de calcium, ou de la différenciation de la croûte continentale.

2) Celles qui mélangent, uniformisent et détruisent les structures ; celles qui, partant d'ensembles organisés, les démantèlent. Tel est le cas pour l'érosion mécanique et la sédimentation détritique, ou pour les

mouvements du manteau qui, en les brassant, tendent à effacer les hétérogénéités.

Les premières concentrent certains éléments chimiques, les secondes les dispersent. Les premières sont créatrices d'ordre, les secondes ne génèrent que le désordre.

Nous allons voir une claire illustration de cette dualité fondamentale à qui veut comprendre la chimie de notre planète.

## Éléments mineurs et gisements minéraux

Les éléments mineurs, dont l'abondance est faible, ne sont évidemment pas les constituants des minéraux essentiels de l'écorce terrestre. Ils ne s'y trouvent qu'à l'état d'impuretés, d'intrus camouflés. Ils ne jouent aucun rôle dans les réactions géochimiques, se contentant de se répartir tant bien que mal entre les produits de la réaction. Ils suivent le plus souvent l'élément majeur auquel ils ressemblent le plus.

Pourtant, ils sont utilisés par l'homme de manière constante, parfois depuis plusieurs millénaires. Tel est le cas de l'or, de l'argent ou du platine, mais aussi plus modestement du plomb, du cuivre, de l'étain. D'autres sont aujourd'hui des éléments essentiels pour notre société moderne : l'uranium certes, mais aussi les terres rares, composants essentiels des écrans de télévision, le chrome ou le titane, constituants des alliages à partir desquels sont fabriqués les vaisseaux spatiaux. Comment se les procure-t-on ? Doit-on dissoudre des kilomètres cubes de roches pour récupérer les quelques tonnes nécessaires ?

Une grande partie d'entre eux ont une propriété étrange et fascinante : malgré leur faible abondance, la nature les a concentrés en des endroits privilégiés. Là, ils forment des minerais, des composés bien définis, des cristaux bien visibles, parfois énormes et décoratifs. C'est le cas du cuivre, du plomb, du zinc, du molybdène, de l'argent, qui s'allient très bien avec le soufre pour donner des sulfures à l'éclat brillant. C'est le cas du chrome, du titane, de l'étain, qui s'allient à l'oxygène pour donner des oxydes. En filons, en amas ou en couches, les gisements métalliques sont des sortes de monstres géologiques, des anomalies de la nature, des concentrations anormales et localisées d'éléments chimiques mineurs.

Songeons que dans un gisement de chrome, cet élément est 3 000 fois plus concentré que dans les roches « normales » de la croûte ; pour l'étain, cet enrichissement est de 2 500, pour le plomb de 4 000 ; par contre, pour le nickel, il n'est que de 50. Les phénomènes responsables de ces concentrations sont multiples mais aujourd'hui on peut grossièrement en distinguer trois sortes :

— les phénomènes magmatiques, qui sont responsables des concentrations de nickel ou de chrome ;

— les circulations d'eaux chaudes, qui dissolvent ici et reprécipitent là certains métaux ;

— les phénomènes détritiques, qui concentrent en placers les minéraux lourds, que ce soit le platine, l'or, le fer ou le titane.

Pourtant, cette vertu n'est pas universelle. Certains éléments mineurs se concentrent très mal. S'ils sont utiles, il faut accepter pour les extraire de les séparer d'énormes quantités de roches stériles. Tel est le cas pour des éléments mineurs comme le gallium, le germanium ou les terres rares.

Toutes ces propriétés ont une traduction économique : leur prix. Celui-ci dépend bien sûr de la demande, mais aussi de la plus ou moins grande facilité à l'obtenir. L'or est 10 000 fois moins abondant que le cuivre, et coûte 10 000 fois plus cher. Le gallium, qui est 40 000 fois plus abondant que l'or, ne coûte que cinq fois moins car il se concentre beaucoup plus mal.

## Les tribus géologiques d'éléments

Nous commençons à concevoir comment les 92 éléments chimiques se comportent sur la Terre. Les combinaisons d'éléments majeurs permettent d'expliquer la constitution des principaux réservoirs terrestres : atmosphère, hydrosphère, croûte. Les éléments mineurs sont répartis entre ces réservoirs, plus enrichis dans certains qu'en d'autres mais toujours discrètement. Parfois, comme nous venons de l'évoquer, ces éléments mineurs forment les concentrations exceptionnelles que sont les gisements minéraux.

Entre toutes ces répartitions, nous savons qu'il existe des liens, des corrélations qui nous sont suggérés par la topologie du tableau de Mendeleïev. Mais peut-on aller plus loin dans les regroupements géologiques fondés sur la similitude chimique entre éléments ?

L'un des pères de la science qui étudie la chimie de la Terre, l'Allemand Viktor M. Goldschmidt, a abordé ce problème il y a déjà quarante ans[1]. S'inspirant des analyses effectuées sur les roches terrestres, sur les eaux, mais aussi sur les météorites, il a regroupé les éléments du tableau de Mendeleïev en quatre familles géologiques (voir fig. 38) :

— *Les atmophiles.* Ce sont les éléments de l'atmosphère et de l'hydrosphère : outre l'azote (N), l'oxygène (O) et l'hydrogène (H), ce sont les gaz rares : hélium (He), néon (Ne), argon (Ar), krypton (Kr), xénon (Xe).

— *Les lithophiles* — ceux qui « aiment les pierres », ceux qui sont localisés préférentiellement dans les silicates. Ce sont le silicium (Si), l'aluminium (Al), le calcium (Ca), le potassium (K), le sodium (Na), le magnésium (Mg), autrement dit les éléments qui constituent la charpente des silicates. Mais ce sont aussi les éléments mineurs qui leur ressemblent. Ceux qui ressemblent au potassium et qui figurent dans sa famille chimique, comme le rubidium (Rb) et le césium (Cs) ; ceux qui ressemblent au calcium, comme le strontium (Sr) et le baryum (Ba) ; ceux qui ressemblent au silicium, comme le germanium (Ge), ou à l'aluminium, comme le gallium (Ga), etc.

— *Les sidérophiles* — ceux qui « aiment le fer ». Ce sont, outre le fer lui-même, le nickel (Ni), le cobalt (Co), mais aussi l'osmium (Os), le rhénium (Re), l'iridium (Ir), l'or (Au), etc. Ils abondent dans les météorites de fer.

---

1. V. M. Goldschmidt, 1954.

— *Les chalcophiles* — ceux qui comme le cuivre « aiment le soufre » et qui se concentrent en gisements minéraux exploitables sous cette forme. Ce sont le fer, dont le caractère, comme on le voit, est divers, le plomb (Pb), le zinc (Zn), l'arsenic (As), etc. Le caractère chalcophile permet à beaucoup d'éléments mineurs de se concentrer en gisements minéraux sous forme sulfurée : tel est le cas du zinc, du cuivre, du plomb ou du molybdène.

Chaque famille de Goldschmidt est composée de quelques éléments majeurs abondants, les chefs de famille en quelque sorte, et d'une abondante cohorte d'éléments mineurs dont les propriétés chimiques ressemblent à celles de leur chef. Chaque tribu géologique

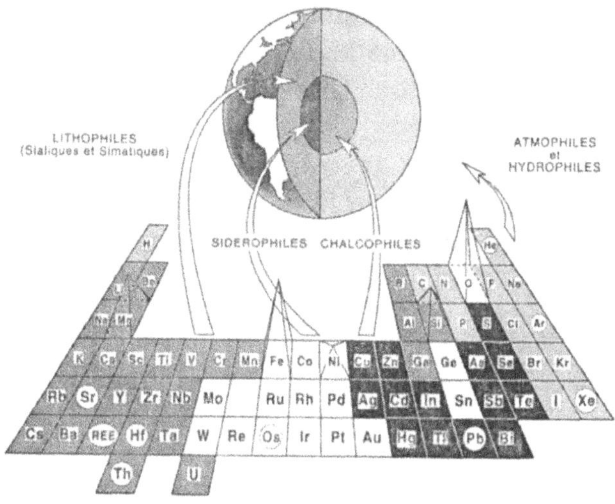


Fig. 38. — Schéma illustrant la classification géochimique de Goldschmidt et la correspondance entre la famille et le lieu où ces éléments sont concentrés dans la Terre.

définit une zone, un domaine dans le tableau de Mendeleïev.

Pour Goldschmidt, la répartition de ces familles géologiques entre les divers réservoirs terrestres est simple : les atmophiles dans l'atmosphère, les sidérophiles
avec le fer dans le noyau ; les lithophiles se répartissent
entre la croûte et le manteau supérieur ; quant aux chalcophiles, ce sont pour Goldschmidt les constituants du
manteau profond. L'exhalation des gaz sulfureux par les
volcans et la fameuse odeur de soufre associée étaient
considérées à l'époque comme une preuve évidente de
l'abondance de soufre dans le manteau.

En proposant de distribuer ainsi les familles chimiques dans les diverses enveloppes terrestres, Goldschmidt accomplit alors un acte scientifique d'une
portée considérable : il établit une relation directe entre
la répartition des éléments dans le tableau de Mendeleïev et leur répartition dans les enveloppes terrestres.
Il affirmait l'existence d'une liaison directe entre la
structure des atomes et celle de l'Univers qui nous
entoure. Il admettait que les structures mégamétriques
résultent en fait de la structure intime de la matière dont
elles constituent la traduction fidèle. Il y a là un transfert d'échelle qui efface toutes les étapes intermédiaires
— minéraux, roches ou massifs rocheux.

Sa démarche est analogue à celle des astrophysiciens
faisant correspondre à un type de synthèse nucléaire un
type d'étoile.

## Les traceurs isotopiques

Nous avons déjà dit que la composition isotopique des éléments est conservée dans les processus physico-chimiques complexes. Nous avons vu combien cette propriété était utile pour retrouver les vestiges de la nucléosynthèse dans les météorites. De même, les isotopes de certains éléments lourds peuvent être utilisés pour reconstituer leur histoire géologique.

La clef est alors la radioactivité de longue période. Nous l'avons utilisée pour dater les roches et les minéraux, pour calculer l'âge de la Terre, pour établir le calendrier géologique et l'âge des éléments. Nous allons maintenant utiliser le même phénomène pour comprendre comment fonctionnent les grands phénomènes géologiques.

Prenons, par exemple, le cas du rubidium 87 dans le manteau. Il se désintègre en donnant naissance au strontium 87. Le nouveau strontium 87 ainsi formé est mélangé avec le strontium primordial qui a existé dans le manteau « depuis le début ». Comme, dans le manteau, le strontium primordial est abondant par rapport au rubidium, la perturbation introduite par la radioactivité du rubidium dans la composition isotopique du strontium sera faible.

Supposons maintenant que le même phénomène ait lieu mais dans la croûte continentale. Ici, la situation est inverse, il y a beaucoup de rubidium, peu de strontium. La désintégration du rubidium 87 va totalement modifier la composition isotopique du strontium en augmentant fortement l'isotope 87.

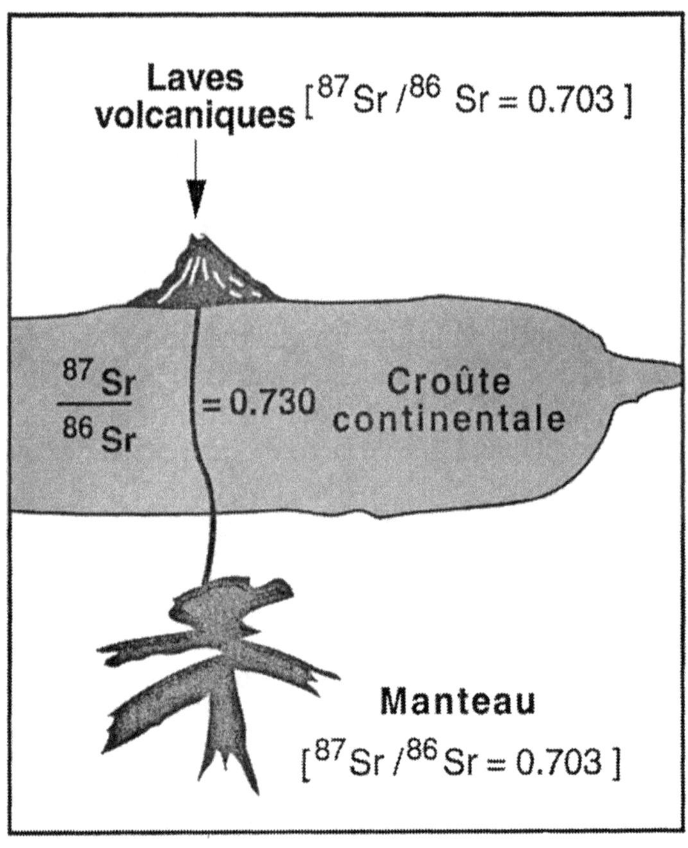



Fig. 39. — Principe du traçage isotopique par le strontium.

Ainsi, la composition isotopique du strontium du manteau est très différente de celle de la croûte continentale. La seconde a une abondance de l'isotope 87 importante, la première faible. A partir de cette simple constatation, il est possible de faire des déductions importantes.

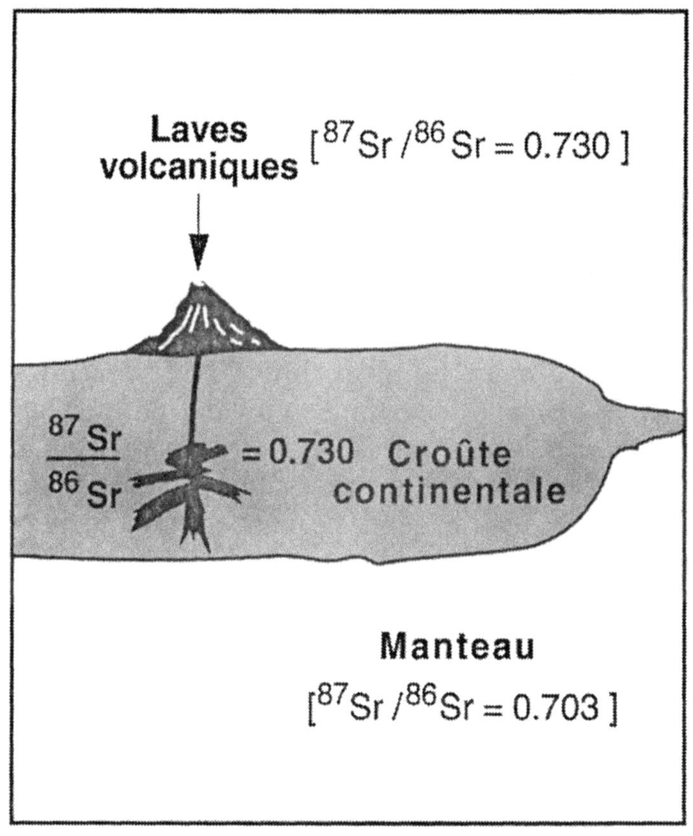



(suite de la figure 39)

Supposons que l'on se trouve en présence d'une roche magmatique dont on ne sait si elle provient du manteau ou de la croûte. Un granite, par exemple. Lors de la fusion d'une roche, on montre que la composition isotopique se conserve (contrairement à la composition chimique, qui est modifiée parce que certains minéraux fondent mieux que d'autres). Il suffit alors de mesurer la composition isotopique du granite. S'il vient du manteau, son « pic » de strontium 87 est faible. S'il vient de la croûte, il est grand.

Supposons à présent que l'on veuille déterminer quelle est l'origine de tel sédiment marin. On adoptera la même méthode. Souvent, bien sûr, la réponse ne sera pas celle d'un choix mais celle d'une combinaison.

Le rapport mesuré sera intermédiaire entre les deux. Il faudra admettre que l'objet d'origine énigmatique est un mélange entre les deux origines. Là encore, la mesure du rapport isotopique permettra de calculer la proportion de mélange. Mais le strontium n'est pas l'unique élément dont la composition isotopique varie. On possède une batterie de rapport isotopique du plomb, du néodyme, de l'osmium, de l'argon, de l'hélium, etc.

L'alternative croûte-manteau n'est pas la seule incertitude que l'on puisse aborder de cette manière. Des distinctions plus fines peuvent être faites entre les signatures des réservoirs manteau superficiel et manteau profond, croûte superficielle et croûte profonde, atmosphère, noyau, etc.

Ainsi, on peut « tracer », reconstituer l'histoire des objets géochimiques grâce aux traceurs isotopiques. Comme chaque famille géochimique a au moins un traceur isotopique lithophile (strontium, néodyme), sidérophile (osmium, tungstène), atmophile (hélium, argon, xénon), chalcophile (plomb), il est possible à partir du traçage isotopique de généraliser à toutes les familles par raisonnement de proximité géochimique.

Ainsi, l'analyse de la composition isotopique des

divers atomes, analyse que l'on sait faire avec précision sur des quantités infimes de produits grâce au spectromètre de masse, donne aux géochimistes les mêmes possibilités que le traçage par éléments radioactifs donné aux biologistes. Mais ce que les isotopes du géologue donnent en plus, c'est une mesure du temps, car tous ces isotopes, dont la composition isotopique varie, sont tous des produits de la radioactivité. Leurs variations obéissent donc à la chimie mais aussi au temps. Merveilleux outils que ces isotopes pour reconstituer l'histoire de la Terre.

## Du Soleil à la Terre

Les éléments chimiques se répartissent donc entre les divers réservoirs terrestres suivant la logique des familles de Goldschmidt. Pour obtenir une vision globale de la composition de la planète Terre, il faut dresser un inventaire de tous ces réservoirs. A partir de là, nous pourrons espérer comprendre la nature du phénomène qui, partant des abondances cosmiques, aboutit à la composition de la Terre, et reconstituer ainsi le trajet de *l'étoile à la pierre*. Celui qu'a suivi la nature.

L'inventaire est difficile à effectuer, car la Terre est non seulement composée de plusieurs réservoirs, mais ces derniers sont eux-mêmes hétérogènes et, pour certains, difficilement accessibles.

Qu'y a-t-il de commun entre un granite et un calcaire ? un basalte et un schiste ? Nous disposons bien de quelques roches du manteau supérieur, ramenées à la surface par les volcans ; mais quid du manteau inférieur ou du noyau ? Tout ce que nous savons, de ces parties

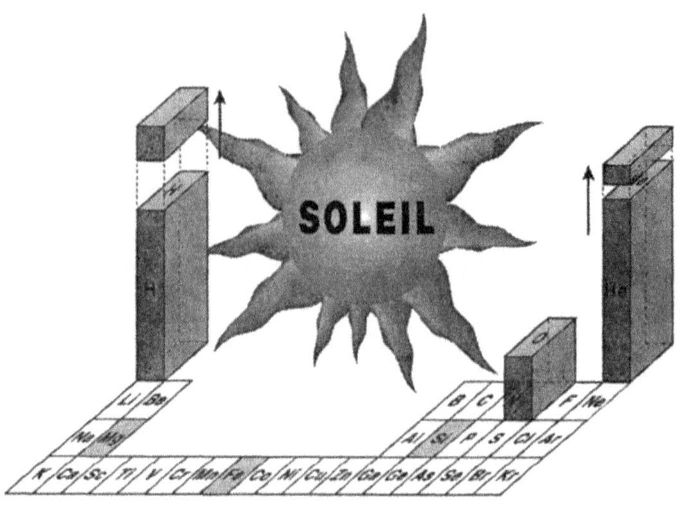


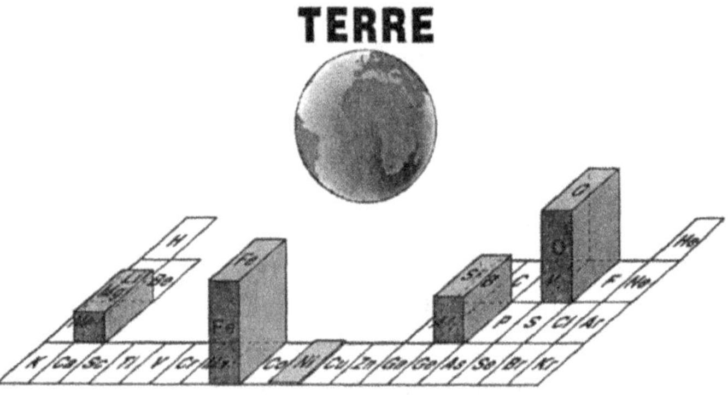


Fig. 40. — Abondance comparée des éléments dans le Soleil et dans la Terre.

profondes, ce sont les informations indirectes fournies par la sismologie.

Comment, à partir d'informations aussi indirectes que sont les vitesses sismiques ou la densité peut-on espérer calculer valablement une composition chimique moyenne pour la Terre ?

C'est l'un des grands succès de la science géochimique que d'avoir réussi cette estimation avec une bonne précision. Nous allons simplifier le raisonnement pour en dégager la ligne directrice, l'esprit.

Le réservoir de base est le manteau, car c'est à partir de lui que se sont séparés, « autonomisés » la croûte continentale d'une part, le noyau de l'autre. Le manteau actuel est donc un résidu. Or sa composition peut être approchée de deux manières : d'une part, les basaltes émis par les volcans sont des produits du manteau ; d'autre part, les volcans ramènent à la surface des morceaux de péridotites qui sont des morceaux de manteau non transformés. A partir de là, par une série de recoupements multiples, on peut reconstituer la composition chimique du manteau supérieur. Comme celui-ci est animé d'importants mouvements internes, traduits à la surface par la dérive des continents, on peut supposer qu'il est bien « mélangé », donc que les informations chimiques obtenues sur le manteau supérieur peuvent être généralisées au manteau tout entier.

La croûte terrestre est plus directement accessible ; sur les continents, où la cartographie géologique nous permet de donner à chaque roche son importance relative ; sous les océans, où les campagnes de dragage et de forage nous ont montré que le basalte est le constituant majeur du plancher des océans. On peut donc connaître la composition de la croûte continentale. Par « addition » avec le manteau, on peut en effet reconstituer la composition du manteau primitif, celui qui existait au début de la Terre, avant même que se différencient les continents.

Pour le noyau, la situation est plus difficile, car nous n'avons bien sûr aucun accès direct au centre de la Terre. Nous savons, depuis Birch, qu'il est constitué d'un alliage fer-nickel. Nous savons aussi, grâce aux météorites, comment les éléments chimiques se répartissent entre fer-métal et silicate. Disposant de la composition du manteau silicaté, on peut en déduire par le calcul celle du noyau.

Par ces raisonnements que nous avons outrageusement simplifiés, on accède donc à une estimation de la composition chimique des diverses enveloppes terrestres. On en fait la moyenne pondérée pour obtenir une composition moyenne de la Terre. L'exercice a été fait par différents auteurs au cours de ces dernières années et converge vers une composition aujourd'hui admise par tous [1, 2].

On peut alors comparer cette composition moyenne de la Terre à celle du Soleil, référentiel obligé de tout objet du système qu'il préside. On constate que la Terre est enrichie en certains éléments et appauvrie en d'autres, ce qui signifie la même chose puisque le total d'une analyse chimique fait toujours 100 %. Mais enrichissement et appauvrissement ne correspondent pas aux familles de Goldschmidt...

Certains lithophiles sont enrichis, d'autres appauvris. Tous les atmophiles sont appauvris, mais certains plus

---

1. R. Ganapathy et R. Anders, 1974.
2. H. Wänke, *Origin of the Earth in the Solar System*, 1983.

que d'autres. Les chalcophiles, à commencer par le soufre, semblent très appauvris. Quelle est donc la logique qui détermine cette composition chimique de la Terre ?

C'est le moment d'utiliser les enseignements tirés des études de météorites. Grâce aux travaux d'Anders, nous avons compris l'importance du caractère plus ou moins volatil d'un élément, et nous avons construit à cette occasion une échelle de volatilité des éléments, allant des éléments réfractaires jusqu'aux très volatils.

Appliquons ces concepts à la composition chimique de la Terre comparée à celle du Soleil.

Les roches terrestres sont appauvries en éléments volatils, comme le sont d'ailleurs les chondrites métamorphisées ou les roches lunaires.

Le caractère de plus ou moins grande volatilité affecte les éléments majeurs, mais aussi les éléments mineurs. L'utilisation intensive de tous les éléments nous permet alors de mesurer exactement le degré de perte en volatils (plus exactement de non-incorporation en volatils) de la Terre. On voit là une illustration de la nécessité de s'intéresser à *tous* les éléments, et pas seulement aux seuls éléments majeurs. Ils offrent une palette, un registre plus étendus.

La logique des familles de Goldschmidt ne s'avère pas très utile pour déterminer la composition globale de la Terre à partir de celle du Soleil. En revanche, celle du tableau de Mendeleïev, de la structure électronique des atomes, reste fructueuse et traduit également les degrés de volatilité. Le classement par volatilité de tous les éléments chimiques majeurs ou mineurs s'exprime par des groupements dans le tableau périodique, différents de ceux de Goldschmidt. Si l'on veut construire une *classification géochimique universelle*, il faut donc compléter celle de Goldschmidt par un indice de volatilité.

Il faut aussi faire quelques modifications qui tiennent compte des progrès faits depuis vingt ans. Parmi la famille des lithophiles, on doit distinguer aujourd'hui deux sous-familles : celle des éléments concentrés dans la *croûte continentale* — ce sont les éléments *sialiques*[1], comme le potassium ou le rubidium, l'aluminium ou l'uranium ; celle des éléments concentrés dans le *manteau*, dits *simatiques*[1], comme le magnésium ou le chrome. Ils ont des comportements géochimiques totalement différents.

On doit encore modifier le schéma de Goldschmidt sur un autre plan : contrairement à ce qu'il pensait, le manteau inférieur n'est pas riche en sulfures et en éléments chalcophiles, mais a une composition chimique de lithophiles, comme le manteau primitif pouvait en avoir. Les observations sismiques, alliées aux expériences de hautes pressions, ont éliminé l'hypothèse d'un manteau inférieur soufré.

Ainsi petit à petit la classification en familles géochimiques disjointes et exclusives fait place aujourd'hui une typologie à affiliations multiples. On garde la logique de Goldschmidt, mais en l'assouplissant, en l'enrichissant...

---

1. Sial vient de la contraction *s*ilicium *a*luminium.
Sima vient de la contraction *s*ilicium *ma*gnésium

## L'histoire en deux épisodes

Le va-et-vient entre analyses des roches terrestres, calculs des bilans de masse des divers réservoirs, d'une part, comparaisons avec les météorites, les planètes, le Soleil, de l'autre, a conduit à se faire une idée sur l'histoire chimique de la Terre.

La composition des divers réservoirs terrestres résulte de deux opérations chimiques successives. La première opération a lieu dans le cosmos, lorsque la matière Terre s'est différenciée, s'est autonomisée à partir d'un nuage de gaz et de poussières. A ce moment s'est formé l'objet Terre, en perdant ses volatils. Il s'est donc enrichi en éléments réfractaires. Les éléments chimiques étaient présents dans la nébuleuse selon les abondances cosmiques. La condensation et l'agglomération de la planète Terre ont opéré un tri parmi ces éléments, une filtration chimique, et fixé une nouvelle suite d'abondances. L'abondance des éléments terrestres ainsi déterminée par la planétogenèse, ceux-ci se sont répartis entre les diverses enveloppes terrestres.

Planétogenèse et différenciation terrestre sont les deux opérations successives qui ont déterminé la composition chimique de la Terre telle qu'on la voit aujourd'hui.

Comment s'effectuent ces deux différenciations chimiques successives ?

Pour ce qui est de la différenciation des enveloppes terrestres, nous allons lui consacrer beaucoup de temps, car elle affecte l'ensemble de notre compréhension de la géologie.

Pour ce qui est de la différenciation cosmique, la faillite du scénario de la nébuleuse chaude nous complique bien la tâche. Dans le scénario traditionnel, la séparation entre volatils et non-volatils était définie par la température de condensation planétaire, celle à laquelle s'était arrêtée cette condensation, température dépendant de la distance héliocentrique de la planète. Or, nous ne sommes plus dans ce scénario, mais dans celui de la nébuleuse froide où beaucoup de grains et de poussières ont pris naissance auparavant, soit dans les espaces interstellaires, soit dans l'enveloppe de la supernova présolaire. C'est à partir d'un nuage de gaz et de poussières froid qu'il nous faut construire la Terre.

Tentons l'exercice. Les planètes internes s'accrètent à partir du lot de poussières disponibles dans le disque présolaire. Mais ce disque est de plus en plus chaud vers le centre, et le lot de poussières est donc soumis à un rayonnement intense dès lors qu'il s'en approche.

Cette poussière solide est constituée d'un peu d'oxydes d'aluminium et de titane (l'équivalent des fameuses inclusions d'Allende), de particules de fer natif, de grains silicatés et sulfurés. Les grains de fer métallique sont plus lourds et plus résistants à la chaleur que les silicates ou les sulfures. Le rapport fer/silicates sera donc plus important vers le centre du disque solaire que vers ses bords. Ainsi s'expliquent la densité et la composition de la planète Mercure, la plus proche du Soleil.

Ces grains s'agglomérèrent petit à petit, suivant le processus des boules de neige, incluant entre eux un peu de gaz interplanétaire. Alors que toutes ces boules solides s'étaient déjà formées sans pour autant avoir atteint le stade de planète, l'étoile centrale a commencé à briller de tous ses feux, comme toutes les étoiles en formation. Son éclat était très supérieur à celui du Soleil d'aujourd'hui. De là partait un vent de particules et de rayonnements extrêmement intense, qui a chassé de la couronne interne tous les gaz qui s'y trouvaient rassemblés. Le sort des planètes internes est alors scellé : elles ne contiendront pas cette imposante couverture gazeuse qui sera réservée aux planètes externes. Jupiter sera la plus volumineuse de ces dernières, car elle se localise à l'orée de la zone balayée par le vent solaire primitif, là où s'accumule une partie des gaz chassés par le vent solaire. Avec ses gaz, Jupiter a peut-être hérité aussi du moment angulaire du Soleil... Peut-être.

Pour terminer, cherchons à replacer ces différenciations planétaires dans un contexte chronologique précis.

Le scénario de Goldschmidt était le suivant : la constitution de la Terre, telle que nous la connaissons aujourd'hui avec ses enveloppes concentriques que sont l'atmosphère, la croûte, le manteau, le noyau, remonte à l'orée des temps géologiques, à l'époque où la Terre a pris naissance en tant que planète, il y a 4,5 milliards d'années. La différenciation planétaire n'a été qu'une conséquence de l'individualisation planétaire. Elle a dû se produire très tôt dans l'histoire de notre Terre.

Afin de préciser ce qui avait dû se passer à cette époque, Goldschmidt utilisa l'analogie des hauts fourneaux. Comme on le sait, le minerai de fer y est fondu en l'absence d'oxygène, et transformé en fer métallique. Le fer y pénètre à l'état de minerai oxydé, y gagne deux ou trois électrons, passe à l'état de fer métallique et tombe au fond. Les silicates restants constituent le laitier léger et surnagent sur le bain fondu, formant une sorte de croûte. Les gaz de réaction se dégagent en une imposante vapeur.

Pour Goldschmidt, à l'orée des temps géologiques, la Terre, presque totalement fondue, avait ainsi laissé se dégazer son atmosphère pendant que le fer métallique tombait au centre pour constituer le noyau, le manteau étant formé par les sulfures et les silicates lourds, riches en magnésium. La croûte continentale, celle que nous observons lors de nos études géologiques, était formée de silicates légers, riches en calcium, potassium et sodium. C'était la « matte géologique », qui flottait à la surface de ce gigantesque océan de magma.

Cette vision de la différenciation archaïque conduit naturellement à une vision de l'histoire chimique de la Terre en deux épisodes : une assez brève période archaïque, mouvementée, pleine de bruit et de fureur, inaccessible aux méthodes géologiques traditionnelles, suivie d'une longue série d'épisodes cycliques, constamment renouvelés, répétés, identiques à eux-mêmes, dont l'étude relève de la géologie mais dont les effets cumulés restent insignifiants pour la structure globale de la planète Terre. La géologie était ainsi restreinte à l'« épiderme » et aux temps récents. Utilisant une métaphore religieuse, on pourrait dire que l'histoire était divisée en une Genèse — action d'un Dieu dont on concevait bien les effets chimiques —, puis en un temps géologique beaucoup plus long, celui que la science des hommes était à même de comprendre.

A ce scénario l'on peut en opposer un autre, plus graduel, plus évolutif. C'est celui par lequel les divers réservoirs terrestres — continents, atmosphère, noyau, océans — se sont constitués progressivement, continuellement, tout au long des temps géologiques. Aux deux épisodes distincts s'oppose ici le scénario de l'évolution continue de la Terre, de l'action continue et irréversible du temps. Où est la vérité ?

A priori, il est difficile de trancher.

Sauf si l'on cherche à résoudre le problème non pas a priori par un raisonnement théorique, mais en allant chercher dans les archives géologiques des indices, des témoignages. Faire parler les pierres c'est depuis Hutton, notre règle d'or. Gageons que cette méthode va encore nous donner bien des surprises, bien des satisfactions.

# CHAPITRE IX

# La planète Terre

L'histoire de la Terre scindée en deux épisodes, celui des débuts et celui de l'après, celui de l'astronomie et celui de la géologie, avait bien pénétré les esprits. Jusqu'en 1960, on considérait l'intérieur du globe comme refroidi depuis longtemps et géologiquement insignifiant. L'activité géologique, les transformations intéressantes, celles qui étaient enregistrées dans les terrains, avaient lieu vers la surface, si ce n'est à la surface même de la planète. Certes, l'intérieur manifestait de temps à autre son existence par des crises de rage et de fureur appelées séismes ou éruptions volcaniques, mais ce n'était là qu'épiphénomènes pour une géologie résolument huttonienne. Cette idée de passivité de l'intérieur conduisait à admettre que continents et océans occupaient des positions immuables, établies une fois pour toutes lors du grand chambardement originel. Certes, les limites entre océans et continents, les lignes de rivage variaient avec le temps, mais ce n'était là que le résultat de mouvements essentiellement verticaux qui voyaient les continents alternativement s'élever ou s'affaisser, induisant ces vastes retraits ou avancées de la mer appelés régressions ou transgressions marines. Et puis, pour tous les géologues de surface, le manteau situé à plus de 50 kilomètres sous leurs pieds paraissait bien lointain, bien inaccessible, bien inutile...

Cette vision fixiste, où le champ de la géologie, la vie de la planète restent cantonnés à la surface, va s'écrouler à partir de 1960.

On sait aujourd'hui que les séismes et les volcans ne sont pas des événements « mineurs » pour la planète, mais les indicateurs brutaux d'une vie interne intense et puissante, laquelle gouverne en fait bon nombre de phénomènes géologiques qui, contrairement à ce que pensait Goldschmidt, modifient constamment la planète.

## De la dérive des continents à la tectonique des plaques

Comme on le sait, le météorologue allemand Wegener avait, entre 1910 et 1929, cherché à convaincre la communauté des géologues et des géophysiciens de l'existence de mouvements horizontaux de l'écorce terrestre, d'une dérive des continents. Sans succès. Il fallut attendre les années 1960-1970, soit près de cinquante ans plus tard, pour voir resurgir l'idée d'une mobilité horizontale de la surface terrestre. Sans revenir sur une série d'événements dont nous avons ailleurs raconté les péripéties[1], retraçons les caractères principaux de ce que l'on appelle aujourd'hui la théorie de la tectonique des plaques.

Au niveau des grands reliefs linéaires sous-marins qui, sur un réseau de 60 000 km, parcourent les grands océans du globe et que l'on appelle dorsales océaniques, il se fabrique en permanence du plancher océanique. Cette fabrication procède d'une suite presque ininterrompue d'éruptions volcaniques. La croûte océanique ainsi formée dérive de part et d'autre de la dorsale à la vitesse moyenne de 2 centimètres par an (20 kilomètres par million d'années). Les dorsales océaniques sont donc créatrices de surface terrestre. Comme la surface du globe ne croît pas, il faut compenser quelque part ce phénomène de création de surface. C'est ce qui a lieu au niveau des grandes fosses océaniques où la croûte océanique plonge dans le manteau, emportant avec elle une partie des sédiments qui se sont déposés sur son dos au cours de son étalement. Ce mécanisme, dit du *sea-floor spreading*, proposé par l'Écossais Holmes vers 1950[2], puis par l'Américain Hess en 1960[3], et démontré grâce aux observations des anomalies magnétiques par le Canadien Morley et les Anglais Vine et Matthews en 1963, établit que la durée de vie maximale de la croûte océanique est de 200 millions d'années. La croûte océanique est donc éternellement jeune, elle ne date pas des premiers jours.

---

1. C. Allègre, 1983.
2. A. Holmes, 1945.
3. H. Hess, 1962.

Le mécanisme du *sea-floor spreading* a été systématisé dans la théorie de la tectonique des plaques. Dans ce modèle, le globe est divisé en calottes sphériques rigides, sortes de superprovinces que l'on appelle les *plaques*. Les plaques sont limitées par trois types de frontières : les dorsales, les fosses et une nouvelle catégorie de failles appelées failles transformantes. Les plaques sont créées aux dorsales, détruites aux fosses encore appelées zones de subduction. Entre les deux, elles s'étalent de manière rigide, sans se déformer. Leur épaisseur est supérieure à la croûte étudiée par les sismologues, et atteint 100 km. Leur nombre est réduit : environ une dizaine. A la frontière des plaques se dissipe une grande quantité d'énergie interne sous forme de tremblements de terre, ainsi que sous forme de volcanisme. Ces phénomènes se produisent aux dorsales, certes, mais aussi au niveau des zones de subduction où la plaque plongeante fond pour donner naissance aux volcans, par exemple à ceux qui bordent le Pacifique.

Et les continents, dans tout cela ?

Constitués de matériaux riches en silicate de potassium et en silice pure, légers, ils flottent à la surface de la Terre. Emprisonnés au milieu des plaques océaniques, comme des morceaux de liège pris dans la glace, ils se déplacent avec elle, ils dérivent, mais ne plongent jamais dans le manteau. Contrairement aux fonds océaniques toujours jeunes, parce que renouvelés, les continents semblent éternels ! Les études qui se sont poursuivies après 1970 ont montré que leur activité géodynamique est beaucoup plus grande que ce que l'on supposait alors. Ils subissent la tectonique des plaques,

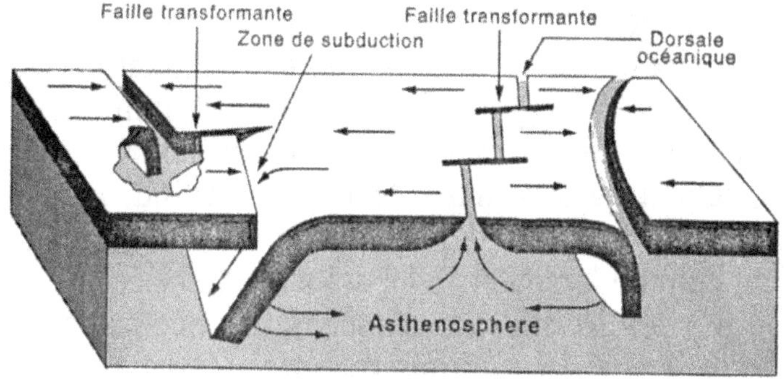


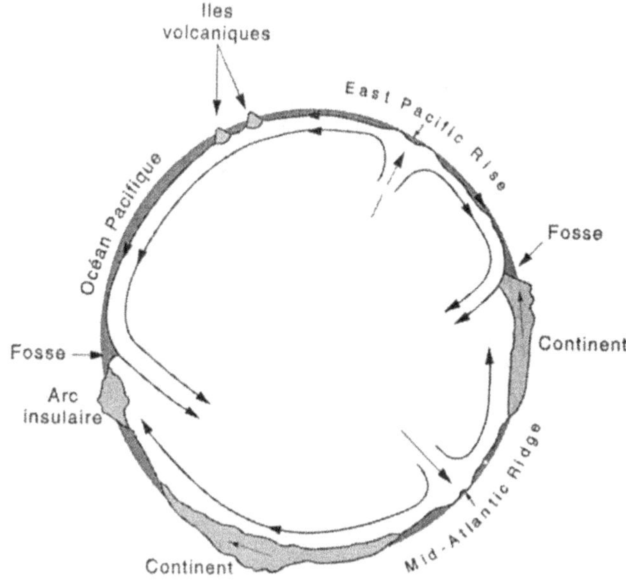


Fig. 41. — Schéma de principe de la tectonique des plaques, où l'on voit les dorsales océaniques, les failles transformantes et les zones de subduction.
Le schéma du haut est un bloc diagramme synthétique, celui du bas est une coupe de la Terre.

mais ils agissent aussi en en modifiant son cours : il leur arrive de se casser, comme le continent de Gondwana qui s'est fragmenté à partir de 200 millions d'années pour donner naissance en cinq morceaux qui s'appellent aujourd'hui l'Amérique du Sud, l'Afrique, l'Inde, l'Australie et l'Antarctique. Ils entrent en collision, comme lorsque l'Inde, qui s'est décollée de l'Afrique il y a 120 millions d'années, a rencontré au nord l'Asie, il y a 55 millions d'années. Cette collision a donné naissance aux chaînes de montagnes de l'Himalaya et du Tibet. Par ce processus, deux morceaux de continent se sont ressoudés pour en donner un nouveau, beaucoup plus grand : l'Asie.

Ainsi les continents, croûtes légères flottant sur un manteau sous-jacent, se cassent, dérivent, entrent en collision, se soudent, se recassent, etc. Leurs mouvements produisent à la surface du globe un véritable ballet dont la vitesse, quelques centimètres par an, est à la mesure des temps géologiques.

Mais le problème qui n'est pas abordé par la tectonique des plaques est de savoir comment ces continents se sont formés, et quand ? Sont-ils aussi anciens que la Terre elle-même ? Il faudrait alors en conclure que la dérive des continents a sans doute existé pendant toute la durée des temps géologiques. Ou bien sont-ils les produits mêmes de cette tectonique des plaques qui, au niveau des zones de subduction, émet des laves volcaniques dont la composition est voisine de celle des continents ? Dans ce cas, la face de la Terre, l'importance relative des continents et des océans auraient continuellement varié.

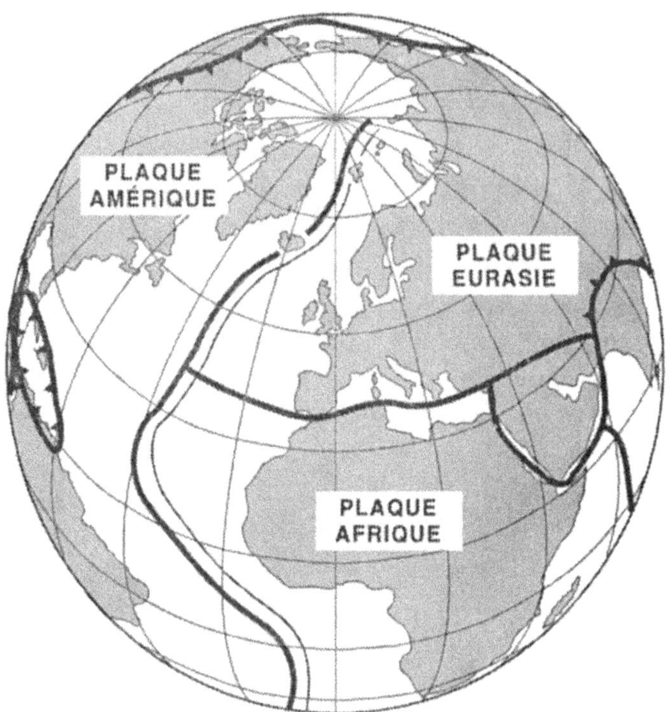


Fig. 42. — Carte du globe sur laquelle sont dessinées les principales plaques actuelles et leurs limites.
Les limites en dents figurent les zones de subduction, les limites pleines, les dorsales et les failles transformantes.

Question fondamentale qui engage toute la vision de
l'histoire de la Terre, toute la vision de la géologie.
Dans le premier cas, force est d'admettre que la géologie est cyclique, un éternel recommencement. Dans le
second, la géologie est constamment changeante, toujours renouvelée.

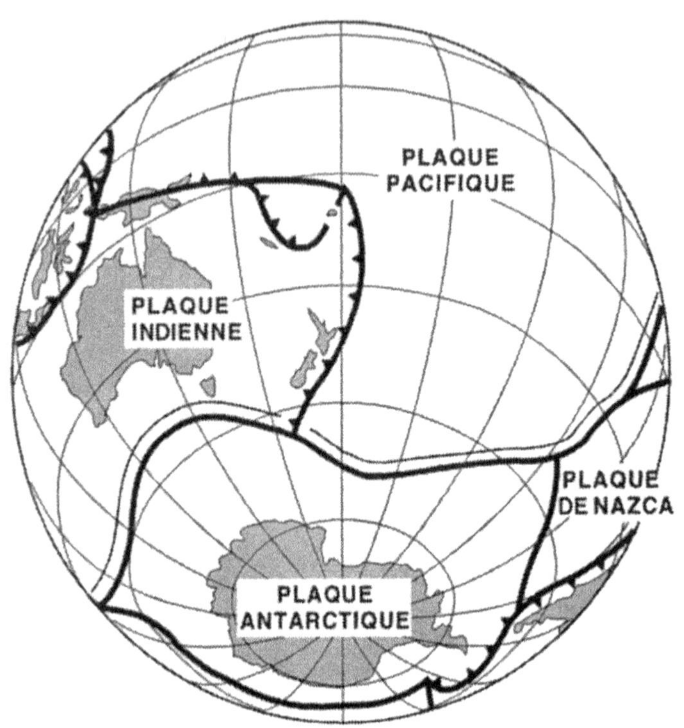


(suite de la figure 42)

## La formation des continents

Les continents terrestres, ceux sur lesquels nous vivons, ont des formes et des compositions à première vue très variées. Certaines régions sont plates, recouvertes de roches sédimentaires disposées en strates : ce sont les bassins sédimentaires. D'autres forment des zones de hauts reliefs dans lesquels les roches sont plissées et cassées : ce sont les chaînes de montagnes. Ce qu'avait bien observé Hutton et que toutes les générations de géologues ont confirmé après lui, c'est que les intrusions de granites coïncident dans le temps et l'espace avec les plissements montagneux. Tel est le cas pour les granites du mont Blanc dans les Alpes, du Canigou dans les Pyrénées, du Makalu, du Manaslu ou de l'Everest dans l'Himalaya.

Cette présentation rapide des continents peut être complétée par une étude portant sur la nature des roches et l'âge des événements géologiques. Les roches des continents sont très variées, depuis les roches sédimentaires comme les calcaires, les grès ou les schistes, jusqu'aux roches ignées comme les granites ou les basaltes. Si l'on fait une statistique des roches continentales, on constate que la roche la plus abondante est le granite. Si l'on adjoint au granite les roches qui lui sont très voisines, on répertorie alors plus de 80 % des continents. L'importance des roches sédimentaires n'est donc qu'une apparence trompeuse, due à leur répartition privilégiée vers la surface. En fait, elles ne forment qu'une mince pellicule, tout au plus 1 ou 2 kilomètres sur les 35 kilomètres d'épaisseur de la croûte continentale. Sous les sédiments horizontaux des bassins, les forages ont montré qu'il existait des ensembles rocheux toujours formés de roches plissées et injectées de granites. Ainsi les soubassements des bassins sont de vieilles chaînes de montagnes érodées et aplanies.

Le granite a une composition très spécifique. C'est un assemblage de deux minéraux, quartz et feldspath. D'un point de vue chimique, c'est un assemblage silicaté, mais qui concentre le silicium, l'aluminium et le potassium : il est vingt fois plus concentré en alumi-

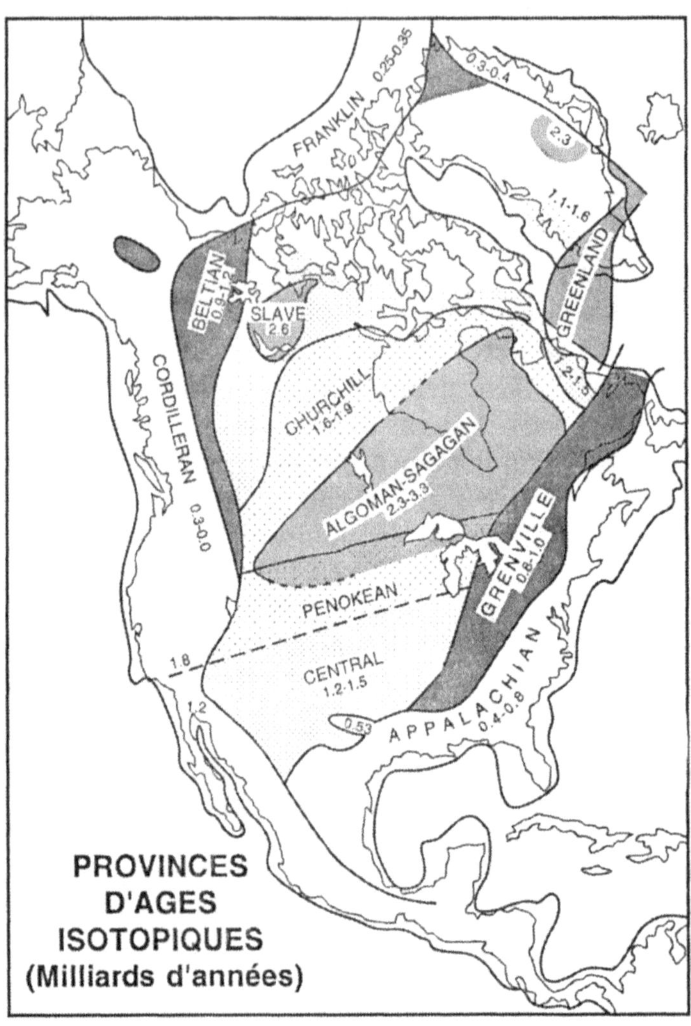



Fig. 43. — Provinces d'âge du continent nord-américain établies par Hoffman. Chaque province porte un nom spécifique. On verra que l'on peut imaginer une croissance par addition du centre vers l'intérieur.

nium et mille fois plus en potassium que les roches du manteau.

La cartographie des terrains continentaux, combinée à leur datation par les méthodes radioactives, a permis de constater que les roches plissées et les granites de même âge constituent des provinces dont les dimensions sont de plusieurs centaines ou milliers de kilomètres. Ces provinces sont cartographiquement accolées les unes aux autres, dessinant sur la carte des continents une véritable mosaïque. En certains endroits comme l'Amérique du Nord, l'assemblage a en outre une polarité. Autour d'un nucleus central âgé de 2,7 milliards d'années et plus, il semble que de véritables ceintures se soient moulées les unes sur les autres. Elles sont de plus en plus jeunes vers l'extérieur[1].

Rassemblant bout à bout toutes ces informations, on peut bâtir le scénario suivant : les continents ou plutôt les morceaux de croûte continentale se fabriquent au cours d'épisodes géologiques bien définis, ceux-là mêmes qui engendrent les montagnes. La formation des montagnes, l'orogenèse, est donc le processus fondamental de la genèse continentale. Après la formation des montagnes, l'érosion agit sur les reliefs et les rabote, jusqu'à en faire des presque plaines, des pénéplaines, des continents évolués, adultes.

Comme il existe des chaînes de montagnes d'âges variés, allant de 2,7 milliards à 30 millions d'années, on considère que les continents terrestres se sont formés progressivement tout au long des temps géologiques.

---

1. Voir B. Windley, 1978.

« Au début », il n'existait que quelques noyaux qui, comme les nénuphars à la surface d'un lac, ont progressivement augmenté de surface. Traduisant la cartographie des provinces continentales en histogrammes de surface, on constate même que les continents semblent croître de plus en plus vite au fur et à mesure que le temps s'écoule. La question se pose : les océans sont-ils destinés à disparaître ou à l'inverse à submerger tous les continents ?

Pourtant, ce scénario, qui semble rassembler l'essentiel des observations géologiques, peut être radicalement modifié si l'on admet que l'orogenèse ne fabrique pas de nouveaux morceaux de continents, mais ne fait que réutiliser, rajeunir d'anciens morceaux de continents préexistants. En somme, si l'orogenèse ne fait du neuf qu'avec du vieux.

Supposons que tous les continents se soient formés il y a 4,5 milliards d'années, mais qu'à chaque période géologique une partie soit détruite par érosion, transportée au fond des océans sous forme de sédiments, puis que ces sédiments soient plissés, cuits, fondus et ainsi transformés en granites au cours de l'orogenèse. C'est là un véritable recyclage de la croûte continentale. Dans ce scénario, la croûte continentale n'aurait pas varié de volume au cours des temps géologiques, elle aurait seulement changé d'aspect et changé d'âge géologique, elle se serait progressivement rajeunie par endroits.

Les deux scénarios donnent des résultats apparemment identiques, mais par des processus totalement différents. Comment trancher entre la théorie d'après laquelle chaque province contient en majorité de nouveaux matériaux, récemment extraits du manteau, des matériaux « néoformés », et celle qui prétend que ces matériaux sont crustaux depuis très longtemps déjà ? Pour trancher entre la théorie du neuf et de l'ancien, de la fabrication et du bricolage, il faudrait être capable de dater l'époque à laquelle un élément chimique, un atome contenu dans une province est sorti du manteau pour entrer dans la croûte continentale. Il faudrait reconstituer l'histoire des atomes des provinces orogéniques. La géologie classique ne dispose d'aucun moyen pour résoudre ce problème. Comme nous l'avons dit, la géologie isotopique le peut grâce à la technique des traceurs.

## L'itinéraire géologique des atomes continentaux

Supposons que, dans un pays de légende, tous les hommes s'enrichissent uniformément. Chaque jour, ils reçoivent la même somme d'argent. En se promenant au hasard, il est facile de reconnaître les immigrés récents : ce sont les pauvres. Les autochtones établis là depuis plusieurs générations sont au contraire très riches.

Dans le monde géologique des atomes, la situation est très semblable. Les atomes de strontium présents dans la croûte continentale s'enrichissent régulièrement en isotope 87. Ce strontium 87 est produit par la désintégration radioactive du rubidium. Comme le rubidium est un élément sialique, la croûte continentale est riche en cet élément, et la production de strontium 87 dans ce milieu est abondante. A l'inverse, hors de la croûte

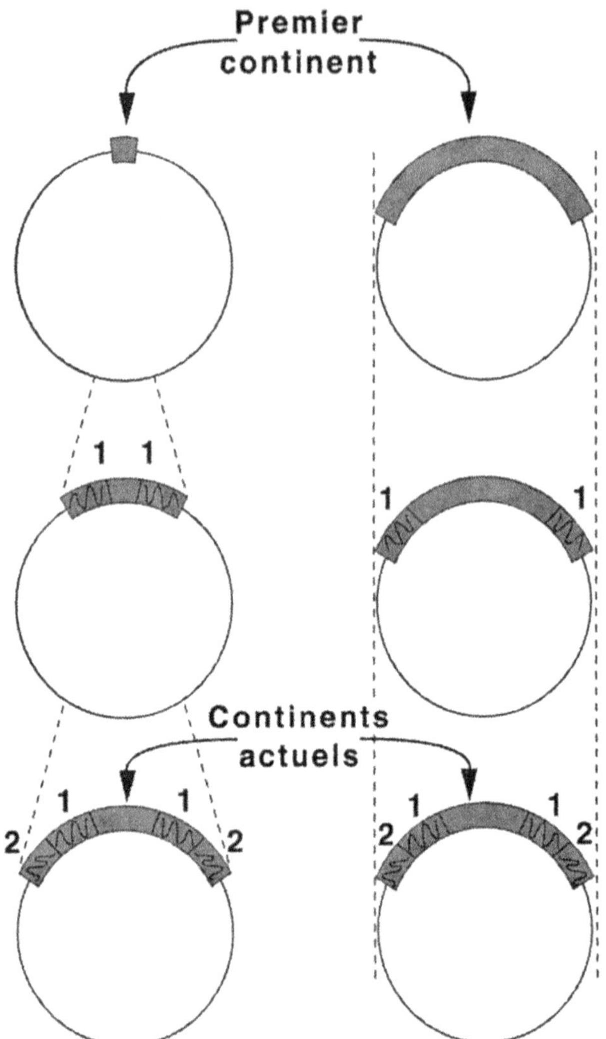



Fig. 44. — Schémas montrant les deux conceptions sur la formation des continents. A gauche, les continents sont supposés s'être formés successivement. A droite, ils semblent s'être formés brutalement en une fois au début de l'histoire de la Terre, puis s'être constamment recyclés.

continentale, dans le manteau, pauvre en rubidium, la quantité de strontium 87 produite par unité de temps est faible. Nous l'avons déjà dit.

Si l'on analyse le strontium d'une roche continentale, sa teneur en isotope 87 va révéler immédiatement si cette roche est de souche continentale ou si c'est une roche nouvellement continentale, une roche « immigrée ». La mesure de la composition isotopique du strontium permet donc de reconstituer l'histoire géologique de cet élément.

Mais le cas du strontium n'est pas unique. Nous avons à notre disposition plusieurs traceurs isotopiques, comme le néodyme ou le plomb. Il est possible d'étudier le problème à l'aide de plusieurs de ces traceurs isotopiques, donc de vérifier les résultats.

On a ainsi pu aborder la question qui nous préoccupe. Les provinces continentales sont-elles issues du manteau ou sont-elles des reprises, des remobilisations d'anciennes croûtes ? Les études commencées à partir de 1965 ont d'abord donné des résultats décevants et surtout contradictoires. Patrick Hurley, du MIT, travaillant avec le strontium comme traceur isotopique, conclut que la croûte continentale se forme continuellement et avec du matériel neuf[1]. Clair Patterson, au Caltech, qui utilise le plomb comme traceur, propose une conclusion opposée[2] : pour lui, la croûte s'est différenciée très tôt dans l'histoire de la Terre (4 milliards, 3,5 milliards

---

1. P. M. Hurley *et al.*, 1962.
2. C. C. Patterson, 1963.

d'années ?) et, depuis lors, les orogenèses ne font que recycler, réutiliser le même matériel continental.

Ce n'est qu'avec la mise au point de la méthode du traçage par le néodyme qu'on a pu parvenir à réconcilier les points de vue dans une conclusion surprenante. On a pu montrer que, dans chaque morceau de continent géologiquement daté, une partie est ancienne, recyclée, mais une autre partie est nouvelle, néoformée[1]. En somme, ce n'est ni du neuf ni du vieux, mais un mélange de neuf et d'occasion !

De plus, au fur et à mesure que l'on se rapproche des temps présents, la proportion de matériel usé, recyclé, s'accroît par rapport au matériel neuf, nouvellement extrait du manteau[1]. Les continents archéens étaient presque entièrement faits de matériels neufs, les morceaux de continents récents contiennent à l'inverse une majorité de matériaux d'occasion.

Contrairement à l'opinion de Goldschmidt, la majorité des continents ne se sont pas formés à la période primitive de l'histoire de la Terre, mais beaucoup plus tard.

Mais, à la période primitive, y avait-il déjà des continents ?

## Les plus vieilles roches du monde

Les plus vieux ensembles rocheux du monde sont situés au Groenland occidental. On trouve là un complexe de roches métamorphisées et plissées en tout

---

1. C. Allègre et D. Ben Othman, 1982.

point comparable à ceux que l'on connaît dans les périodes récentes. Dans ces formations rocheuses que l'on appelle gneiss d'Amitsoq et d'Isua, près de la petite ville de Godthab, on trouve des formations rocheuses âgées de 3,75 milliards d'années. Ces formations-reliques ont été découvertes et datées par l'équipe anglaise d'Oxford de Steve Moorbath[1]. Le complexe d'Isua contient un conglomérat dont les éléments sont des roches continentales métamorphisées. Avec Annie Michard, Joël Lancelot et Steve Moorbath, nous avons pu dater ces roches à 3,78 milliards d'années[2].

Depuis lors, Sam Bowring, du MIT, a découvert au Canada, à Acasta, un affleurement de gneiss dont il prétend que l'âge est aussi élevé que 3,96 milliards d'années. Malheureusement, sa datation est mise en doute par Steve Moorbath avec de solides arguments. Alors prudence. Quoi qu'il en soit, 3,8, 3,96, on est dans les mêmes ordres de grandeur.

Mais ces résultats représentent-il vraiment la réalité ? Le temps n'a-t-il pas irréversiblement effacé ce qui aurait été notre plus beau document, à savoir la roche datant de l'époque de la Genèse ? Pour répondre à cette question, adressons-nous aux sédiments.

Les sédiments qui se déposent au fond de la mer sont les produits de l'érosion des continents. Les courants marins les entraînent et les mélangent. Les sédiments marins constituent donc de véritables moyennes naturelles des affleurements continentaux.

---

1. P. Black *et al.*, 1971.
2. A. Michard *et al.*, 1977.

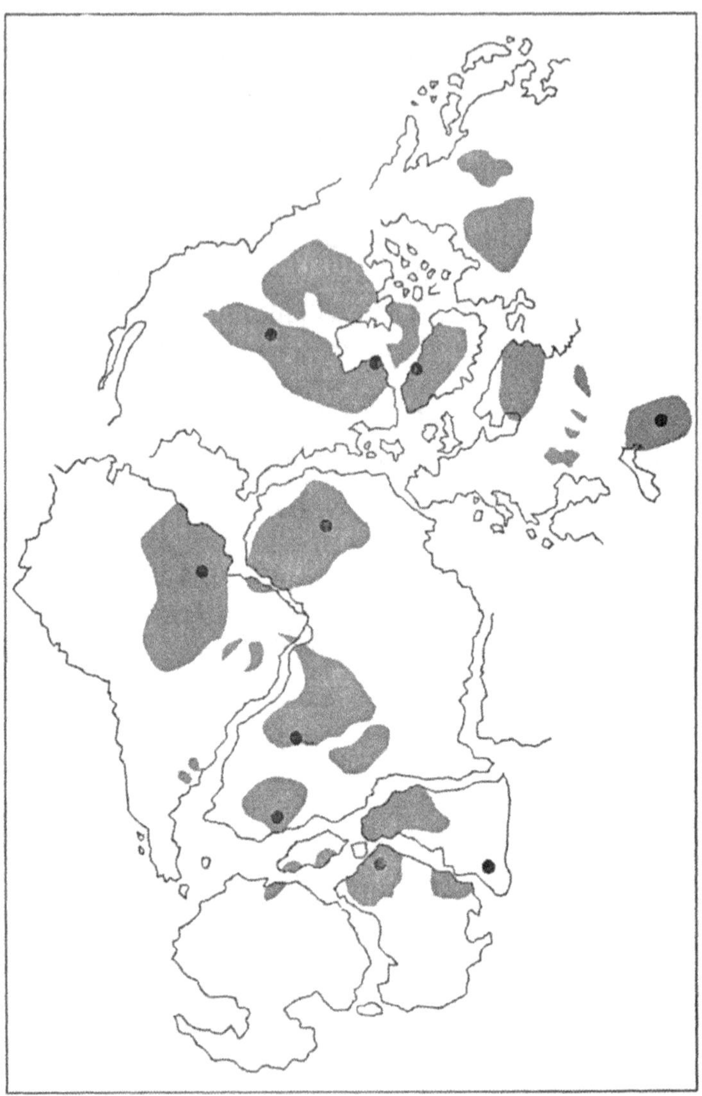

Fig. 45. — Reconstitution du continent de Gondwana avec indication des résidus des boucliers précambriens et les noyaux très anciens, plus vieux que 3 milliards d'années, figurés par des points.

On trouve des sédiments très âgés, de 2,7, 3,5 ou 3,8 milliards d'années. Leur étude est donc une source d'informations sur ce qui émergeait à la surface terrestre à l'époque où ils se sont déposés, sédimentés, avant peut-être de disparaître. S'il avait existé de vieux continents primitifs beaucoup plus anciens que l'époque où les sédiments se déposaient, leur influence se retrouverait dans la composition des sédiments.

Les zircons, minéraux granitiques indestructibles, que l'on retrouve dans tous les sédiments du monde, sont de précieux témoins, des reliques des croûtes continentales qui auraient existé mais dont la majorité aurait été détruite. Nous avons commencé cette quête il y a vingt ans. Pendant longtemps, nous n'avons rien trouvé de plus vieux qu'Isua. Reprenant le problème avec une nouvelle technique analytique, l'Australien Compton a trouvé des zircons vieux de 4,2 milliards d'années.

Si ce résultat est confirmé, il faut admettre que la croûte continentale a existé il y a au moins 4,2 milliards d'années, à l'orée de l'histoire de la Terre.

## La croissance des continents

A partir de toutes ces informations, il est possible d'esquisser la courbe d'évolution des continents. Dans la période archaïque, antérieure à 4,3 milliards d'années, il n'y avait sans doute pas de continents. La Terre était entièrement recouverte par un grand océan. A partir de 4,2 milliards d'années, un ou plusieurs noyaux continentaux ont commencé à émerger. A partir de là, la surface continentale s'est mise à croître. Sa période de croissance rapide se situe entre 3,5 et 1,7 milliards d'années. Dans cet intervalle de temps, se sont constitués les fondements de l'Amérique du Nord, du Brésil, de l'Afrique, de l'Inde, de l'Asie centrale, de la Scandinavie et de l'Écosse, d'une partie de l'Europe moyenne. Puis la croissance continentale s'est ralentie. Depuis 500 millions d'années, la surface des continents ne s'accroît pratiquement plus. Les océans ne disparaîtront pas !

Comme on peut le comprendre, cette croissance continentale a profondément modifié la géologie et la géographie du globe : son climat, sa circulation océanique, la masse de sédiments formés, le système d'érosion. La division de l'histoire géologique en deux épisodes ne peut plus être maintenue. Certes, il a existé une période très ancienne, sans continent, et une période moderne bien décrite par la tectonique des plaques. Mais il faut inclure entre les deux une très longue période de transition. L'étude de cette période, qui couvre tous les terrains précambriens, soit 3 milliards d'années, est en plein développement. Son importance est fondamentale par les problèmes qu'elle pose ; par la vision nouvelle qu'elle donne de l'histoire géologique : une histoire des longues durées et des évolutions irréversibles ; par notre besoin de comprendre la répartition géologique des gisements minéraux. L'Afrique du Sud, l'Australie, le Canada, les États-Unis, le Bouclier sibérien seraient-ils des pays riches parce que le manteau a expulsé une partie importante des métaux qu'il contenait initialement, au cours des trois premiers milliards d'années de l'histoire de la Terre ? S'il en est ainsi, le Sahara, le Brésil, la Chine du Nord, tous les boucliers précambriens encore inexplorés ont devant eux un avenir minier des plus radieux, ce qui est probable.

## L'extracteur continental

Les éléments chimiques aluminium, potassium, silicium, ainsi que quelques métaux utiles s'extraient donc du manteau tout au long des temps géologiques, pour former cette écume de la Terre insubmersible que sont les continents. Mais comment peuvent-ils ainsi s'extraire du manteau ? quel est l'extracteur, celui qui transforme de la péridotite en granite, l'olivine compacte en quartz et feldspaths légers et accueillants pour les gros ions ? quel est l'ascenseur qui transporte la matière de la profondeur vers la surface ? Le volcanisme, seul phénomène à transférer de la matière des profondeurs vers la surface, est l'intermédiaire obligé. Mais l'est-il automatiquement ? Où opère-t-il ? Quand ?

La zone qui paraît le plus favorable pour extraire la matière continentale du manteau est celle où le plancher océanique plonge dans le manteau, comme c'est le cas dans le pourtour de l'océan Pacifique. Ce sont les zones que l'on appelle de subduction. Il y existe une activité volcanique intense. Au Japon, au Chili comme en Indonésie ou aux Philippines. Ce volcanisme est bien différent de celui des dorsales médio-océaniques ou celui qui, au milieu des océans, forme des archipels comme celui des îles Hawaii. A l'inverse, le volcanisme lié à la subduction émet des andésites (roche des Andes) dont la composition se caractérise par leur richesse en aluminium et en potassium, et qui sont chimiquement voisines de celle de la croûte continentale. L'idée, déjà évoquée, est donc que la croûte continentale est formée par l'accumulation, à l'aplomb des zones de subduction, de produits magmatiques de composition andésitique.

Pourtant, la majorité des roches continentales sont faites de granites ou d'anciens sédiments métamorphisés. Comment transformer des andésites en sédiments, en roches métamorphiques, en granites ?

On imagine qu'à l'extraction volcanique se superpose un épisode d'érosion, de dépôt dans les fosses marines, peut-être même de refusion, qui après un cycle complexe finira par donner la croûte continentale. Les détails de ce processus sont encore aujourd'hui mal connus, mais les grandes lignes chimiques semblent comprises et plusieurs scénarios ont été proposés.

Le lieu de ce processus où le manteau enfante le continent semble lié à la subduction, donc situé aux bordures des continents. La polarité centrifuge des provinces géologiques, notée depuis longtemps, comme nous l'avons expliqué, apparaît ainsi comme une conséquence logique de la localisation de l'extracteur continental au voisinage des bordures continentales, là où le plancher océanique plonge dans le manteau.

La formation des continents est donc un processus continu, qui utilise favorablement les grands cycles de la tectonique des plaques et qui s'est déroulé tout au long de l'histoire géologique.

Tournons-nous à présent vers le cœur de la Terre, vers son noyau, avec le désir de comprendre comment un tel organe a pu se développer.

## Naissance et croissance du noyau

Le centre de la Terre est formé par une graine solide entourée d'une couronne liquide. Le tout est constitué par du fer métallique allié à un peu de nickel, le NiFe.

La couronne liquide est animée de mouvements dont la vitesse, de plusieurs kilomètres par an, est importante, comparée aux centimètres annuels de la dérive des continents. Or, le mouvement d'un fluide conducteur de l'électricité placé dans un champ magnétique engendre un courant électrique qui crée lui-même à son tour un champ magnétique : c'est le principe de la dynamo. Walter Elsasser[1] et Teddy Bullard[2] ont proposé l'idée que le noyau était une gigantesque dynamo autoentretenue. Ces mouvements du noyau sont donc à l'origine du champ magnétique terrestre qui oriente la boussole aimantée selon un axe Nord-Sud pratiquement confondu avec celui de la rotation terrestre.

Si la séismologie a permis de définir la structure du noyau, c'est l'étude des variations du champ magnétique qui permet l'examen de sa dynamique.

Cette dynamique, que l'on pensait très turbulente, très chaotique, désordonnée, s'avère en fait extraordinairement simple, comme l'a montré Jean-Louis Le Mouël, de l'Institut de physique du globe de Paris[3]. Toute la circulation du fluide métallique est polarisée par la rotation rapide de la Terre (comme l'est égale-

---

1. W. Elsasser, 1939.
2. E. Bullard et H. Gellman, 1954.
3. J.-L. Le Mouël, 1984.

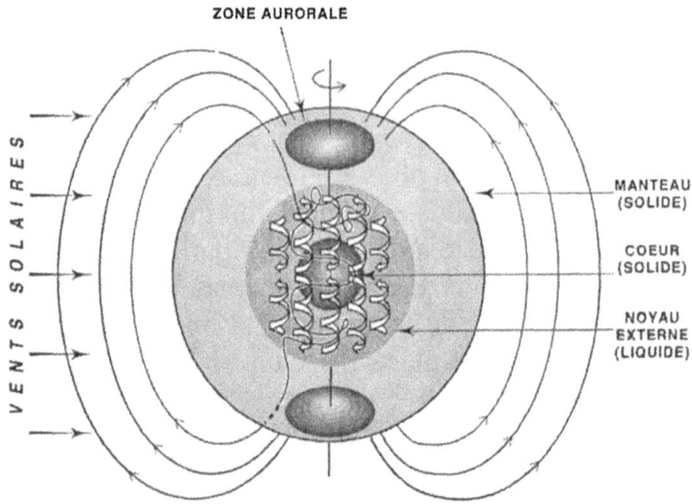


Fig. 46. — Schéma illustrant la façon dont pourrait fonctionner la dynamo du noyau, créant le champ magnétique terrestre.

ment la circulation de l'atmosphère). Cette circulation a une symétrie équatoriale.

Les grandes lignes de cette dynamique ont pu être reconstituées grâce aux observations des variations continuelles du champ magnétique terrestre faites depuis trente ans par les observatoires magnétiques dispersés de par le monde.

Tout mouvement implique l'existence d'une source d'énergie. Quelle est-elle ici ?

Le fer est plus dense que les silicates. La ségrégation d'un noyau de fer au centre de la Terre est un processus assez naturel pour qui connaît la physique newtonienne. Dans ce milieu pâteux, les particules denses tendent à se concentrer au centre. Cette concentration correspond à une variation de l'énergie potentielle du système, et donc, comme l'énergie se conserve, à une dissipation de chaleur. La formation du noyau, comme l'accrétion des planètes, comme la ségrégation de la graine, dégage de la chaleur. On peut calculer que si la ségrégation du noyau avait eu lieu en 10 millions d'années, la quantité de chaleur résultant de ce processus aurait été suffisante pour fondre toute la Terre. Si, à l'inverse, cette formation s'est étendue sur les 4,5 milliards d'années de l'histoire de la planète, la chaleur dégagée a eu le temps de se redissiper jusqu'à aujourd'hui. Comme le montre ce calcul, le mode de formation du noyau n'a pas été sans jouer un rôle dans l'histoire de la Terre. Comment cerner le rôle exact de cette différenciation du noyau ?

Il faut revenir un peu sur la composition chimique du noyau. Comme nous l'avons vu au chapitre III, les observations sismiques, comparées aux expériences de laboratoire de hautes pressions, ont permis à Francis Birch d'affirmer que le constituant principal du noyau terrestre est un alliage de fer et de nickel (NiFe). Des mesures plus fines faites depuis lors ont montré qu'il fallait compliquer un peu cette conclusion. La densité estimée par les sismologues est inférieure de 10 % à la densité des alliages fer-nickel mesurée dans l'intervalle de pressions de 1,5 à 3 mégabars, c'est-à-dire aux pressions correspondant aux conditions du noyau[1]. On est amené à admettre qu'il existe des éléments légers « dissous » dans l'alliage de fer-nickel, et qui abaissent sa densité. Quels sont ces éléments ? Par analogie avec les météorites de fer, on est conduit à supposer que ce

---

1. A. E. Ringwood, 1982.

composé léger pourrait être formé d'inclusions de silicates ou de sulfures de fer.

L'analyse des roches du manteau fournit des éléments de réponse. On constate en effet que les *éléments sidérophiles* comme le cobalt, l'osmium, le rhénium, le platine, l'or sont appauvris dans le manteau terrestre par rapport aux météorites. Cela est logique, si l'on songe que le noyau s'est séparé aux dépens du manteau. Lorsqu'on fait la même étude pour les éléments chalcophiles — ceux qui, comme le cuivre, s'allient avec le soufre, le zinc ou le plomb —, on constate qu'ils sont eux aussi appauvris : de là, la conclusion qu'ils ont été incorporés aux sulfures du noyau. Murthy et Hall, de l'université du Minnesota, remarquent que le soufre lui-même, bien que moins volatil que l'azote et les gaz rares, est plus appauvri dans le manteau terrestre que ces derniers éléments. S'il ne s'est pas évaporé, où est-il ? Dans le noyau, répondent Hall et Murthy[1].

Tournons-nous vers le processus de ségrégation lui-même. L'image ancienne du haut fourneau de Goldschmidt impliquait une Terre fondue, un immense bain au bas duquel tombaient les petites particules de fer solides. Or, ce scénario est difficilement admissible aujourd'hui, car tout nous indique que la Terre n'a jamais été totalement fondue. Ted Ringwood a bien montré que l'augmentation de la température de fusion des silicates avec la pression interdit une telle fusion totale. Il faut donc admettre que la différenciation du noyau s'est faite dans un milieu poreux, perméable, où le liquide chargé

---

1. V. Murthy et H. T. Hall, 1972.

de fer a percolé entre les grains solides de silicates. Un tel phénomène est impossible avec du fer pur ou un alliage fer-nickel, puisque la température de fusion de ces métaux est supérieure à celle des silicates : quand le fer est fondu, les silicates le sont aussi. La contradiction disparaît si l'on admet que le liquide est un mélange fer-sulfure de fer (ou oxyde de fer). En effet, une telle combinaison a une température de fusion très inférieure à la fois à celle du fer-nickel et à celle des silicates. On est donc conduit à admettre que le noyau contient 3 à 5 % de soufre. La comparaison du rapport silicium/magnésium du manteau terrestre avec les météorites primitives montre qu'il manque du silicium dans le manteau terrestre. Où est-il ? Certains pensent qu'il s'est volatilisé lors de la formation de la Terre. D'autres, dont je suis, penchent au contraire pour l'idée que 6 à 8 % de silicium est enfoui dans le noyau :

Ainsi le noyau, le NiFe, serait « allégé » par l'addition de soufre, de silicium et d'oxygène.

A partir de là, on peut tenter de dater la formation du noyau en utilisant les isotopes du plomb. Le plomb est en effet un élément chalcophile. La formation du noyau a éliminé une partie importante du plomb du manteau et a modifié le rapport uranium-plomb. Cet événement s'est traduit dans la composition isotopique du plomb en provenance du manteau. Les calculs montrent que le noyau s'est formé vers 4,45 milliards d'années, de manière assez brutale. Le dégagement de chaleur engendré, s'il a échauffé la Terre, ne l'a pas totalement fondue ou vaporisée. Il a été suffisant pour laisser le noyau fondu, donc stocker l'énergie nécessaire pour produire le champ magnétique. Cette énergie se dégage progressivement en même temps que s'accroît le noyau solide, la graine. C'est là la restitution différée de l'énergie de gravitation, source d'énergie pour les mouvements du noyau, la dynamie terrestre et, par là, le champ magnétique.

## Le manteau : ancêtre et résidus

Entre la croûte et le noyau, en situation médiane, se trouve le manteau terrestre. Du point de vue chimique, il est à la fois source de la croûte continentale et du noyau, et, nous le verrons, de l'atmosphère. Lors de l'extraction du noyau, il a perdu la majorité de son fer, de ses éléments *sidérophiles* et *chalcophiles*. Lors de l'extraction continue de la croûte continentale, il a perdu une partie de ses éléments *sialiques*, ceux qui s'allient à l'aluminium. Lors de l'extraction de l'atmosphère, il a perdu une partie de ses éléments volatils.

Du point de vue dynamique, il est la source des mouvements de surface, appelés « tectonique des plaques ». En effet, l'étalement des fonds océaniques n'est pas un phénomène autonome. Ce n'est que la manifestation de surface, épidermique, de vastes mouvements qui mettent en jeu la majorité du manteau terrestre et qui s'étendent jusqu'à des profondeurs d'au moins 700 km. Ces mouvements sont groupés sous le vocable de « convection mantellique ». Pour être lents, avoir des vitesses de déplacement qui se mesurent en centimètres ou en mètres par an, ces mouvements n'en sont pas moins, à l'échelle des temps géologiques, fantasques et capricieux. Leurs caractéristiques géométriques et leurs vitesses varient continuellement au fil du temps, c'est-à-dire au long des millions d'années sur lesquelles il convient de jauger le phénomène. En fait, si l'on accélérait ces mouvements par un facteur de quelques milliards, on les verrait très analogues à ceux que l'on peut observer dans une casserole d'eau lorsqu'on la chauffe violemment par en dessous. Mais les matériaux du manteau ne sont pas de l'eau. Il s'agit de silicates cristallisés, durs, qui ne se déforment pas aux échelles de temps humaines, mais avec les millions d'années se comportent comme un véritable fluide. Le temps géologique donne aux matériaux géologiques des propriétés que l'on trouvera peut-être étranges, mais qui sont bien réelles. La durée transforme un solide en fluide pâteux.

L'étude du manteau, nous l'avons vu, se fait par deux voies complémentaires. Les méthodes géophysiques fournissent la répartition des propriétés physiques en profondeur : densité, vitesse de propagation des ondes, conductibilité électrique. Elles définissent les grandes discontinuités, les grandes unités structurales. L'autre méthode consiste à utiliser les matériaux qui en proviennent. Le manteau n'affleure pas normalement à la surface terrestre. Les matériaux du manteau nous parviennent suivant deux occurrences. Parfois, des mouvements tectoniques amènent à la surface, le long de grandes failles, des portions de manteau. Il s'agit alors de grands massifs de péridotites dont on peut étudier la structure et la composition, mais qui sont d'étendue limitée, quelques kilomètres carrés. Plus commodément, les volcans basaltiques apportent à la surface des laves incandescentes qui se sont formées dans le manteau. Les basaltes sont très communs à la surface de la Terre, aussi bien dans les océans que sur les continents, et ils offrent un échantillonnage extrêmement représentatif. Par contre, le basalte n'est pas un morceau de manteau. Il constitue une partie du manteau, sa portion la plus fusible, celle qui, après fusion, s'est transportée à la surface sous forme de magma. Déduire les propriétés du manteau de la composition des basaltes reviendrait un peu à déterminer la composition d'un plat en goûtant uniquement sa sauce. Chacun sait qu'il y faut bien du talent et de l'habitude !

Comme pour l'étude de la formation de la croûte continentale, la mesure des compositions isotopiques des éléments liés à la radioactivité naturelle est déterminante. Outre les propriétés déjà évoquées qui en font des mémoires de l'histoire des éléments chimiques, les isotopes présentent une vertu supplémentaire. La composition isotopique se conserve au cours des phénomènes de fusion. Ainsi la composition isotopique du strontium, du néodyme ou du plomb d'un magma basaltique est la même que celle du manteau dont est issu ce basalte, ce qui n'est bien sûr pas le cas de sa composition chimique totale [1].

En analysant la composition isotopique des basaltes, ceux des dorsales, ceux des îles océaniques, ceux des zones de subduction, on a pu déceler des différences

--------

1. P. W. Gast, 1972.

d'origine et d'histoire. A partir de là, on a pu comprendre la structure et l'évolution du manteau [1, 2, 3, 4, 5].

Cette étude du manteau par les traceurs isotopiques, confirmée et précisée aujourd'hui par les mesures du champ de gravité faites à l'aide des satellites artificiels, nous permet d'en donner une description précise.

Le manteau est divisé en deux couches. La couche supérieure a 700 kilomètres d'épaisseur. Elle est animée de mouvements vigoureux qui sont à l'origine des mouvements des plaques. C'est de cette couche que la croûte continentale s'est extraite tout au long des temps géologiques. Sa composition chimique est donc appauvrie en aluminium et potassium, mais aussi en uranium, donc en source de chaleur.

Sous cette couche se situe le manteau inférieur. Sa composition est plus alumineuse et plus riche en éléments radioactifs. Comme le manteau supérieur, il est animé de mouvements de convection. Des études récentes suggèrent que les mouvements du manteau inférieur pourraient être influencés, guidés par ceux du noyau, mais ce n'est encore qu'une hypothèse qui reste à confirmer. Si c'était vrai, alors la Terre serait un système ayant une cohérence globale. Le noyau de la Terre serait ainsi son cœur !

---

1. C. Allègre, 1981.
2. R. K. O'Nions *et al.*, 1979.
3. C. Allègre *et al.*, 1983.
4. S. Jacobsen et G. J. Wasserburg, 1979.
5. O'Nions et R. Oxburgh, 1983.

## Énergétique du système Terre

Tous les mouvements que nous venons d'évoquer nécessitent de l'énergie. D'où provient-elle ? quel est le fuel ? où est-il ? En étudiant la Terre en tant que machine thermique, nous allons être conduits à préciser son fonctionnement [1, 2].

Une bonne façon d'aborder le problème consiste à faire un bilan énergétique de la Terre à partir de la mesure du flux de chaleur qui se dégage en surface.

Le flux de chaleur terrestre est la quantité de chaleur qui s'échappe à chaque instant de l'intérieur de la Terre. On a fait de gros progrès dans sa mesure et l'on possède aujourd'hui sa valeur moyenne, à savoir 1,2 microcalorie par centimètre carré et par seconde, et une carte de ses principales variations [3].

Comment peut-on expliquer ce flux de chaleur mesuré ?

En se souvenant d'abord que la radioactivité dégage de la chaleur. Rutherford avait utilisé cet argument pour combattre le raisonnement de Kelvin. Depuis lors, on a beaucoup progressé : en mesurant d'une part la quantité de chaleur produite par la désintégration de l'uranium 238 et 235, du thorium 232 et du potassium 40, leur période, et d'autre part leurs abondances dans le manteau (les manteaux, devrions-nous dire) et la croûte.

---

1. J. Verhoogens, 1980.
2. W. Elsasser, 1963.
3. J. Sclater *et al.*, 1980.

Tous calculs faits, le total de ces désintégrations radioactives ne peut expliquer que 50 % du flux de chaleur actuel mesuré. Quelle est donc l'origine des 50 % restants ? On pourrait penser qu'il s'agit d'un résidu de l'énergie issue de la différenciation primitive du globe, de l'accrétion de la planète ou de la ségrégation de son noyau. Mais le manteau est convectif, donc bien mélangé, il transporte bien la chaleur ; le stockage d'une grande quantité de chaleur dans le manteau pendant de si longues durées est impossible.

Il faut donc admettre que la source de chaleur est le noyau, cette chaleur étant produite par la croissance de la graine solide. On comprend ainsi pourquoi le noyau pourrait influencer la circulation du manteau inférieur et, par cet intermédiaire, sans doute aussi la circulation du manteau supérieur, donc la tectonique des plaques. Bien des éclaircissements restent encore à apporter à ce schéma, mais on commence à comprendre avec une certaine cohérence la machine thermique Terre.

Le manteau supérieur porte et anime les mouvements des plaques. Pourtant, l'énergie de ces mouvements vient d'en dessous. Appauvri en éléments radioactifs par l'extraction de la croûte continentale, il ne recèle pas en lui-même assez de combustible nucléaire. Il est chauffé par en dessous et convecte passivement comme une vulgaire casserole.

Peut-on, à partir de la situation actuelle, remonter le temps et « prévoir le passé » ?

La production de chaleur à l'intérieur du globe devait y être plus importante :

1) Les éléments radioactifs étaient plus abondants, donc plus actifs. Il y a 4,5 milliards d'années, les sour-

ces radioactives devaient être 10 fois supérieures, à celles d'aujourd'hui.

2) A ces éléments radioactifs de longue période s'ajoutait peut-être l'effet de l'aluminium 26 et des autres radioéléments à vie courte. Les radioactivités éteintes, dont nous avons parlé à propos des météorites.

3) La chaleur créée par l'accrétion de la Terre et la différenciation du noyau s'ajoutait à la chaleur radioactive. Une partie de cette énergie s'exprimait d'ailleurs sous forme d'impacts de météorites et d'ondes de choc.

Dans ces conditions, l'activité interne de la planète devait être certainement beaucoup plus vigoureuse qu'aujourd'hui. Tentons d'aller plus loin et d'imaginer un scénario plausible, plus détaillé.

## Les premiers jours

Aux premiers temps de son enfance, la Terre a été partiellement fondue. Cette couche de fusion, épaisse de 200 à 400 kilomètres, est apparue dès que le rayon terrestre a dépassé 3 000 kilomètres, et s'est maintenue proche de la surface. L'influence de la pression sur le point de fusion des silicates solidifiait ces derniers dès qu'ils dépassaient 400 kilomètres de profondeur.

Cet océan de magma était séparé de l'extérieur par une mince croûte, craquelée, transportée, constamment détruite et constamment renouvelée. Cet « océan » terrestre avait sans doute bien des analogies avec son homologue lunaire, pourtant il n'a pas formé comme lui une épaisse croûte de plagioclase, ou plutôt, s'il l'a formée, il l'a aussitôt détruite.

La raison en est à rechercher dans la taille de la planète. La Terre, beaucoup plus massive, plus riche en chaleur d'accrétion, perdant moins d'énergie par sa surface, alimentait sans doute un système convectif d'une extrême violence. Ces mouvements engloutissaient les croûtes superficielles aussi rapidement qu'elles étaient formées. Cet océan magmatique n'a donc laissé que peu de traces. A la surface, la planète perdait sa chaleur par radiation et se refroidissait très vite. En profondeur, les premiers éléments du mélange liquide NiFe-sulfure de fer commençaient à percoler vers le centre, le noyau commençait à naître.

Vers 4,3 milliards d'années, le noyau était aux trois quarts formé. Le manteau était alors pratiquement à l'état solide. Des mouvements de convection très énergiques l'animaient toujours. Leur vitesse était sans doute de quelques mètres par an, cent à mille fois plus importante qu'aujourd'hui.

La forme des cellules de convection était sans doute très différente des cellules actuelles. En s'appuyant sur des analogies expérimentales, on peut faire l'hypothèse que les cellules étaient de forme hexagonale, en nids-d'abeilles, les dorsales étant les centres de l'hexagone, les subductions ses côtés. Ce cycle gigantesque se manifestait en surface par un volcanisme copieux : volcanisme au niveau des zones montantes, des dorsales archaïques circulaires, volcanisme aussi au niveau des zones descendantes, des subductions.

De quelle nature était ce volcanisme ? Basaltique comme sur Mercure, la Lune ou la Terre actuelle ? Péridotitique, comme semblent le suggérer les laves sous-marines caractéristiques des terrains antérieurs à 1,5 milliard d'années et que l'on appelle komatiites ? Andésitique, comme les zones de subduction actuelles et comme l'étaient certaines ceintures archéennes associées avec les komatiites ? Ou les trois à la fois, comme c'est probable ?

Il reste encore beaucoup de travail à faire pour préciser ces conditions, mais les témoignages existent jusqu'à 3,5 milliards d'années, les méthodes d'étude sont disponibles. Nous en saurons sûrement davantage très bientôt.

Ce qui semble probable, c'est que la surface primitive était peuplée d'une abondante population de volcans de types variés. Les séismes y étaient par contre sans doute restreints à la surface, car les plaques d'alors étaient très fines et se dissolvaient sans doute très vite dans la chaleur des profondeurs. S'ajoutaient à cette activité d'origine interne l'abondant bombardement météoritique que nous avons évoqué.

A partir de cette Terre pleine de feu et de fureur ont commencé à se former, vers 4,2 milliards d'années, les premiers morceaux de continent. Entraînés par les courants de convection, nourris par le volcanisme andésitique, ces continents archaïques ont entamé leur « ballet » incessant, tout en se nourrissant de nouveaux matériaux et en augmentant leur surface. Croître et dériver, telle a été leur règle jusqu'aux derniers 500 millions d'années. A partir de là, leur croissance terminée, les radeaux continentaux ont entamé une histoire plus calme, mieux maîtrisée, mieux cernée, bien décrite par le modèle de la tectonique des plaques.

Voilà un scénario provisoire qui semble intégrer la plupart des faits actuellement connus.

CHAPITRE X

# Le royaume de l'eau

La géologie de la surface de la Terre résulte des interactions, presque de l'antagonisme entre l'activité de l'intérieur et celle des enveloppes gazeuses externes, entre le milieu rocheux et le milieu fluide. Cette géologie est dominée par les propriétés particulières d'un composé chimique exceptionnel : l'eau. Présente sur la Terre sous ses trois états, solide, liquide, gazeux, l'eau est une espèce chimique dont la réactivité est exceptionnelle. Elle dissout, transporte, précipite bien des composés chimiques, modifiant constamment la face de la Terre. En outre, elle est le constituant essentiel d'une particularité terrestre : la vie.

## Le cycle de l'eau

Depuis Hutton, on a très bien analysé les principes de fonctionnement du cycle géologique de la surface.

Le grand acteur de cette activité, comme nous venons de le dire, est l'eau. Évaporée sur les océans, la vapeur d'eau condensée en minuscules gouttelettes forme des nuages dont une petite partie va être transportée par les mouvements de l'atmosphère sur les continents. La précipitation des nuages va, avec la pluie, apporter l'agent essentiel de l'érosion des continents. Précipitée au sol, l'eau liquide va ruisseler, former des rus, des ruisseaux, des rivières, des fleuves, constituer ce que l'on appelle le réseau hydrographique. Cet immense filet polarisé canalise l'eau vers une seule issue : l'océan. La gravité domine toute cette étape du cycle. L'eau tend à minimiser son énergie potentielle et, pour ce faire, coule des points d'altitude élevés vers le niveau de référence que constitue le niveau de la mer.

La vitesse avec laquelle une molécule d'eau parcourt ce cycle n'est pas quelconque et mesure l'importance relative des divers réservoirs. Si l'on définit le temps de résidence comme le temps moyen qu'une molécule d'eau passe dans l'un des trois réservoirs définis — atmosphère, continent et océan —, on constate que ces temps sont très variables. Une molécule d'eau reste en moyenne onze jours dans l'atmosphère, cent ans sur les continents, quarante mille ans au sein de l'océan. Ces chiffres mesurent l'importance de l'océan comme réservoir principal de l'hydrosphère, mais aussi la vitalité du transport de l'eau sur les continents.

Or ce parcours de l'eau sur les continents, son ruissellement, n'est pas inoffensif pour ces derniers. Tout au long de son parcours, l'eau, qui s'est chargée de gaz carbonique et donc d'acide carbonique, dissout, infiltre, pénètre, transforme, corrode les milieux rocheux qu'elle traverse. Dès qu'elle coule, elle transporte vers l'aval à la fois des sels dissous et des particules solides, grosses ou petites.

Une vaste séparation chimique a lieu au cours de ce processus. Les ions solubles, comme le calcium, le sodium, le potassium, un peu de magnésium, partent en solution, continuellement dissous et transportés. Les ions insolubles, comme l'aluminium, le fer, la silice, vont rester sur place, formant une mince pellicule fertile sur laquelle s'installera la végétation et que l'on appelle un sol. Parfois, ces sols seront détruits et transportés mécaniquement au cours des crues. Ils pourront l'être à leur premier stade de développement, avant même que toute végétation s'installe, à une étape où le tri chimique ne sera qu'ébauché : ce sera le cas pour les reliefs accusés. Ils pourront l'être alors que la végétation se sera solidement implantée et ils seront à l'origine des boues rouges que charrient les grands fleuves tropicaux en crue.

Ainsi l'érosion des continents se produit par deux processus étroitement imbriqués et interdépendants, l'érosion chimique et l'érosion mécanique. Leurs modalités d'interaction et d'efficacité respectives dépendent de facteurs différents.

L'érosion chimique est d'autant plus efficace qu'il y a davantage d'eau, donc que la pluviosité est plus forte et la température plus élevée. La température active en effet la vitesse des réactions chimiques et, pour les réactions de dissolution qui nous concernent, cette vitesse double chaque fois que la température augmente de dix degrés. Les zones tropicales et équatoriales sont donc particulièrement propices à l'érosion chimique. Pour simplifier grandement, disons que l'érosion chimique semble être fonction du climat.

L'érosion mécanique, elle, dépend surtout de l'altitude. Plus le relief est élevé, plus il s'érode vite. Les montagnes sont rabotées plus rapidement que les collines, les collines plus rapidement que les plaines.

Ce que l'on a compris récemment, c'est que l'érosion chimique et l'érosion mécanique étaient étroitement couplées. Et dans ce couplage, c'est l'érosion mécanique qui domine, qui impose le rythme de l'érosion. Ce couplage global fait que le facteur dominant de l'érosion n'est pas le climat mais l'altitude. C'est lui le premier paramètre.

Certes, localement, de nombreux facteurs interviennent pour déterminer la forme du relief, notamment la géologie locale, avec sa structure, sa répartition en différents types de roches, son histoire ; mais, à l'échelle des continents entiers, des régularités statistiques s'établissent et quelques règles simples émergent.

Les continents sont érodés jusqu'à ce qu'ils atteignent une altitude de quelques centaines de mètres au-dessus du niveau de la mer, stade que l'on appelle la pénéplaine. Les fleuves vont s'y traîner en méandres paresseux. L'érosion continentale s'arrête alors à ce stade.

La surrection des continents a des causes globales liées à la tectonique des plaques, et plus précisément aux phénomènes de collision entre continents. La génération des reliefs a donc une répartition aléatoire par rapport aux déterminismes de l'érosion : de cette indépendance résulte la variété du relief terrestre et l'existence à la surface du globe de stades d'érosion extrêmement divers.

Les matériaux transportés par les fleuves continentaux finissent dans l'océan. Là, ils vont s'y répartir suivant une logique bien définie. Ceux qui sont transportés mécaniquement sous forme de particules se déposent selon une zonalité guidée par les côtes : les grosses particules (graviers et sables) proches des côtes, les particules fines (argiles) au large. Les éléments chimiques qui arrivent à la mer sous forme de sels dissous ont des devenirs plus complexes. Certains, comme le sodium, vont rester en majorité en solution, contribuant ainsi à fixer la salinité de l'eau de mer. D'autres, comme le potassium ou le magnésium, vont réagir avec les particules solides en suspension, comme les argiles, pour donner naissance à de nouveaux minéraux ou « nourrir » les minéraux existants. D'autres, enfin, et c'est le cas du calcium et du silicium, vont entrer dans le cycle biologique pour donner naissance à des coquilles ou à des tests calcaires ou siliceux. A la mort des organismes, ces tests vont s'accumuler sur le fond[1].

La nature des sédiments proches des côtes traduit assez fidèlement les conditions d'érosion des conti-

---

1. G. Millot, 1964.

nents. Lorsque les continents sont de nature montagneuse, les sédiments sont de nature sableuse ; lorsque les continents sont arasés, les sédiments sont plus fins et laissent une large place aux coquillages calcaires.

La nature des sédiments au large traduit davantage les conditions propres à l'océan : profondeur du fond, éloignement des côtes, température des eaux. Lorsque les fonds marins sont peu profonds et la température de l'eau élevée, ce sont les calcaires qui dominent ; lorsqu'on explore les plaines abyssales et froides à plus de 4 000 mètres de profondeur, ce sont les boues rouges et fines qui y dominent.

Au total, la majeure partie des produits de l'érosion va se retrouver d'une manière directe ou indirecte au fond de la mer sous forme de sédiments. Ces sédiments vont s'accumuler horizontalement, donnant naissance à une série de couches superposées dont la dessiccation pourra constituer ces fameuses archives feuilletées que sont les séries sédimentaires.

La lecture du livre sédimentaire se fera feuillet par feuillet, couche après couche, en commençant par le bas. Chaque feuillet, chaque strate, chaque roche a une signification propre qu'il faut savoir interpréter, mais, en outre, la succession des messages ainsi déchiffrés doit avoir une signification séquentielle dans la langue géologique. En somme, au déchiffrage des lettres se superpose celui des mots et des phrases, suivant une grammaire précise. Si un sable grossier est surmonté d'un sable fin puis d'une argile, on peut en conclure que la mer s'est avancée de plus en plus, rendant la situation locale de plus en plus profonde. Si, à l'inverse, un calcaire est surmonté par un sable siliceux, c'est que les apports côtiers sont venus brutalement troubler une côte de mer chaude, calme, où les calcaires pouvaient se déposer en paix, etc. Ces messages, simplifiés ici à l'extrême, ne prennent sens que lorsque les informations de chaque strate sont mises bout à bout, que les séquences apparaissent. En somme lorsque les mots que sont les strates s'assemblent pour faire des phrases.

## Eaux douces et eaux salées

L'eau de mer a des propriétés spécifiques et la manière dont est fixée sa composition chimique est tout à fait révélatrice du fonctionnement de l'usine chimique Terre. Le simple bon sens semble nous indiquer que l'eau de mer est de l'eau douce concentrée par l'évaporation. Ainsi semblerait s'expliquer, dans le cadre du cycle de l'eau, le fait que l'eau de mer est plus salée que l'eau douce. C'est selon ce principe que vers 1905 l'Irlandais Joly avait voulu calculer un âge de la Terre.

Cette vision simple est pourtant fausse. L'eau de mer n'est pas simplement de l'eau douce plus concentrée. La composition chimique de l'eau de mer fait apparaître que l'ion le plus concentré est l'ion chlore, suivi de l'ion sodium. Dans les eaux douces, au contraire, l'ion le plus concentré est l'ion bicarbonate, l'ion chlore est presque absent, l'ion sodium faible, alors que les ions calcium et potassium y sont abondants.

Certes, les océans constituent le réceptacle naturel des eaux douces, mais ils n'en constituent pas l'accumulateur inerte. Une chimie complexe y a lieu. Les ions issus de l'acide carbonique et le calcium s'unissent, notamment grâce aux êtres vivants, pour donner naissance aux carbonates de calcium, constituants essentiels des calcaires. Les ions potassium, magnésium et sodium se piègent sur les argiles. Du stock d'ions apporté par les continents, un certain nombre sont donc soustraits à l'eau de mer.

Mais une série d'autres ions sont injectés dans l'océan par l'activité volcanique sous-marine, notamment celle qui a lieu au niveau des dorsales océaniques. Comme on l'a découvert il y a bientôt vingt ans, l'eau de mer pénètre la croûte océanique en formation au niveau des dorsales océaniques, et à son contact, sa composition se transforme. Ainsi naissent des sources hydrothermales sous-marines riches en métaux mais aussi en chlorures, piégeant les sulfates sous forme de sulfures, réalisant toute une série de transformations chimiques complexes. Si l'on regarde l'ensemble de la chimie de l'eau de mer, on peut dire que les eaux basiques venant des continents sont neutralisées par les eaux acides issues du volcanisme sous-marin. Telle était la description prophétique qu'en avait donnée le grand géochimiste suédois Sillen[1], il y a trente-cinq ans, alors que l'on ne connaissait pas encore le mécanisme exact de l'apport volcanique, les échanges océan-croûte océanique ni l'hydrothermalisme sous-marin...

Ainsi la salinité de l'eau de mer est la résultante d'une chimie complexe, c'est une sorte d'état d'équilibre qui, en fait, n'évolue que peu avec le temps. Con-

---

1. Sillen, 1961.

trairement à ce que pensait Joly, la salinité de l'eau de mer n'augmente pas au fil du temps. Elle est sans doute restée la même depuis quatre milliards d'années.

## Eaux de surface et eaux profondes

Toute la géologie de la surface est dominée par le rôle géologique de l'eau, mais le royaume de l'eau ne se limite pas à la surface. L'eau pénètre la croûte terrestre continentale jusque vers une quinzaine de kilomètres de profondeur. Vers la surface, dans les terrains sédimentaires, elle creuse ces cavités souterraines qui ont longtemps intrigué les Anciens et qu'explorent les spéléologues. En profondeur, elle percole de manière plus discrète, mais non moins efficace.

Avec la profondeur, la température augmente. Or l'eau chaude a des pouvoirs corrosifs encore plus grands que l'eau froide. Les eaux profondes chargées d'ions chlorures ou bicarbonates vont dissoudre et transporter des éléments chimiques avec une efficacité toute particulière. Ce sont elles qui vont être à l'origine de la formation de la majorité des gisements métalliques. Les Anciens avaient cru que l'intérieur du globe était riche en métaux et en soufre, et qu'il était ainsi le grand dispensateur de richesses pour l'homme : le manteau rejetait les métaux utiles vers la surface, dans les roches continentales, ce transfert se faisant le plus souvent sans concentration en véritables gisements. Les recherches modernes ont montré que si l'on excepte le chrome, le platine et une partie du nickel, la plupart des autres métaux se concentrent, grâce au rôle de l'eau, sur des roches déjà proches de la surface. Les eaux chaudes dissolvent les cristaux ; les métaux contenus en traces dans les minéraux passent en solution ; ils y sont alors sous forme d'ions, simples ou complexes ; alliés aux ions sulfures ou hydroxydes, ils vont donner des composés ions doubles, ancêtres des futurs minerais. Au cours des transports souterrains de ces eaux, les métaux se séparent par affinités. Un véritable filtrage sélectif a lieu.

Pour se frayer un chemin, les eaux chaudes souterraines empruntent les cassures, les failles, les discontinuités mécaniques de l'écorce terrestre. Les dépôts qu'elles y laissent finissent par les obturer pour laisser, à leur place, ces structures si particulières que sont les filons métallifères ou, plus couramment, les filons de quartz ou de calcite que l'on rencontre dans les terrains plissés des anciennes chaînes de montagnes.

La formation de ces minerais ou de ces minéraux s'est produite tout au long des temps géologiques, concentrant en des lieux privilégiés certains éléments ordinairement dispersés dans les roches.

On a pu comprendre aujourd'hui ces mécanismes chimiques qui sont à la source de nos richesses en métaux grâce en particulier à l'étude des sources chaudes. On trouve de telles sources dans toutes les régions volcaniques : en Islande, en Italie, en Nouvelle-Zélande, au Japon ou dans l'ouest des États-Unis. Depuis une vingtaine d'années, on étudie ces sources chaudes avec l'espoir — concrétisé par endroits — d'en utiliser l'énergie. L'énergie géothermique.

La première question était celle de l'origine de ces eau chaudes. D'où venaient-elles ? Harmon Craig, de l'université de Californie à San Diego, a montré, grâce à l'étude de la composition isotopique de l'oxygène et de l'hydrogène, que les eaux chaudes sont des eaux de pluie réchauffées par la chaleur contenue dans les premiers kilomètres de l'écorce [1]. Elles ne proviennent pas des entrailles de la Terre, elles ne sont pas juvéniles, comme le proclamaient certaines réclames d'eaux minérales. Leurs compositions isotopiques, loin d'être uniformes comme celle des eaux d'origine interne, miment celles des eaux de pluie dont on a répertorié et cartographié les grandes variations géologiques. Ce résultat a pu être étendu aux eaux chaudes rejetées par les volcans, qui ne font eux aussi qu'utiliser de l'eau de pluie pour dissiper en explosion leur formidable énergie.

La seconde question portait sur la composition chimique de ces sources chaudes. On a constaté depuis longtemps que les sources chaudes des pays volcaniques situées sur une croûte continentale, comme le Japon, la Nouvelle-Zélande, contiennent des métaux dissous en abondance, alors que les sources islandaises, dont le soubassement est purement *basaltique*, en sont dépourvues. Cette constatation s'est transformée en énigme lorsque, en 1978, sur la dorsale Est-Pacifique, les équipes franco-américaines ont découvert des sources chaudes sous-marines situées sur un soubassement *basaltique* et qui pourtant exhalaient d'épaisses « fu-

---

1. H. Craig, 1963.

mées » noires riches en sulfure de fer, de cuivre et de zinc [1]. Comment l'Islande pouvait-elle être pauvre en métaux alors que la dorsale Est-Pacifique rejetait au fond de la mer un véritable gisement ?

La réponse est venue des expériences de laboratoire. Elles ont montré que l'eau salée, chargée d'ions sodium et chlorure, mobilise les métaux dispersés dans les roches cent fois mieux que ne le fait l'eau pure. Dans l'eau de mer du Pacifique, les eaux continentales ayant percolé les roches sédimentaires salées ont un pouvoir minéralisant, alors que la pure eau de pluie islandaise n'en a pas. Petit à petit se lève ainsi le voile du mystère des gisements minéraux, que nous avions évoqué lors de l'examen des familles géochimiques.

Sources thermales, sources volcaniques, expulsion de l'eau par les volcans, fumerolles, veines métalliques, ou dépôts de gemmes géantes en géodes ne sont que les diverses variations d'un même phénomène : l'interaction des eaux chaudes et des roches. C'est aujourd'hui un chapitre actif de la géologie moderne qui utilise expériences de laboratoire, observations de terrain et calculs pour percer les secrets de ces mécanismes fascinants.

## Cycles des sédiments et constitution des archives

La formation des sédiments traduit les processus de séparation chimique très efficaces dont la surface du globe est le siège. L'érosion sépare les ions solubles des

---

1. Cyamex, 1978.

ions insolubles. Par le biais de la sédimentation différentielle, les divers assemblages rocheux auxquels ils donnent naissance vont trouver un lieu de dépôt bien défini. Mais les conditions de la surface du globe sont changeantes. Les formes des côtes varient, les continents se déplacent, les paysages évoluent. Ces variations ont leur traduction dans les séquences lithologiques des grandes séries sédimentaires. A partir des roches continentales solides se fabriquent des séries sédimentaires. Quel est à son tour le devenir de ces sédiments ?

Le mérite de Robert Garrels et Fred MacKenzie[1] est d'avoir posé ce problème auquel on n'avait guère prêté attention avant eux : celui de la conservation des archives sédimentaires. Les sédiments du fond des mers ont quatre avenirs possibles :

— Dans leur grande majorité, desséchés, transformés en roches sédimentaires, transplantés à la surface des continents, ils sont soumis à leur tour à l'érosion. Ils sont détruits, transportés, resédimentés et redonnent de nouveaux sédiments. Dans l'aventure, ils ont perdu leur identité et leur âge. La masse globale des sédiments a un comportement cannibale. Elle se nourrit partiellement de ses ancêtres.

— Une seconde fraction assez importante est détruite non par l'eau, mais par le feu. Enfouis dans les profondeurs au cours des processus de formation des chaînes de montagnes, les anciens sédiments sont transformés par la chaleur et la pression, métamorphisés,

---

1. R. Garrels et F. MacKenzie, 1971.

parfois même fondus pour donner naissance aux granites. Ils changent alors de statut : de roches sédimentaires, ils deviennent roches métamorphiques ou même magmatiques. Par là même, ils contribuent à l'édification des fondements des continents.

— Une troisième partie disparaît dans le manteau. Entraînée sur le dos du tapis roulant des fonds océaniques, elle le suit dans les zones de subduction et va donc « contaminer », « infecter » le manteau. Par ce biais, des « morceaux » de continents sont réinjectés dans le manteau et contribuent à son hétérogénéité.

— Il y a enfin la dernière catégorie, celle des survivants : les séries sédimentaires qui, passant au travers de tous ces risques, traversent aussi le temps et nous parviennent intactes. Ce sont ces rescapés qui constituent les archives géologiques. Quel est leur taux de conservation ?

Il se forme aujourd'hui 5 kilomètres cubes de sédiments nouveaux par an. Sur 4 milliards d'années, cela correspondrait à une masse de $4.10^{25}$ grammes. Or le total des roches sédimentaires et des sédiments actuels n'est que $2.10^{24}$ grammes, soit vingt fois moins.

En moyenne, un vingtième des documents sédimentaires (au plus) a été conservé.

Cette conservation est-elle fidèle ? Autrement dit, tous les sédiments sont-ils conservés avec une égale probabilité ? La réponse est négative.

La mémoire sédimentaire est biaisée. Les calcaires sont détruits plus vite que les schistes (cinq fois plus), les séries salifères plus vite que les calcaires. Si nous voulons avoir une image fidèle des anciens paysages, il

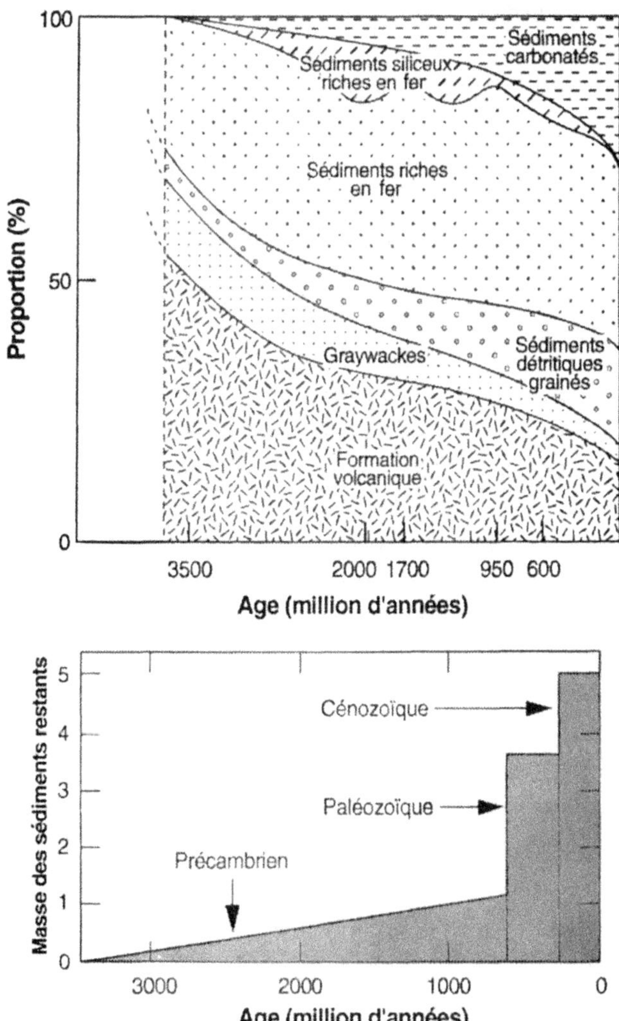


Fig. 47. — Diagramme montrant l'abondance et la nature des sédiments en fonction de l'âge, d'après Ronov.

nous faut apprendre à corriger ces déviations systématiques.

Le recensement de toutes les séries sédimentaires du monde par type de roches et par âge a été fait avec beaucoup de mérite par le Soviétique Ronov[1]. Que constate-t-on ?

Plus on remonte dans le passé, moins on trouve de témoins d'un âge donné. Il y a beaucoup de sédiments d'âge tertiaire, moins d'âge primaire, peu d'âge archéen. C'est l'effet de survie que nous avons évoqué. Les sédiments étant susceptibles d'être détruits à chaque époque, leur probabilité de survie diminue avec le temps. Lorsqu'on examine la proportion de chaque type de roche à avoir survécu au temps, on constate que plus on s'avance dans le passé, plus la proportion de calcaires diminue. On s'y attendait : c'est la traduction de la grande vulnérabilité des calcaires à l'altération. Analysant les roches carbonatées, on constate que la proportion de carbonate de magnésium — la fameuse dolomite — par rapport au carbonate de calcium augmente dans le passé.

Mais l'observation la plus nette porte sur l'abondance beaucoup plus grande dans le passé des sédiments formés de débris volcaniques. Leur résistance à l'érosion est plutôt inférieure à celle des schistes et des grès, pourtant ils ne cessent d'augmenter dès qu'on s'enfonce dans le Précambrien vers les âges de plus en plus reculés. C'est là, sans nul doute, une traduction de la grande activité volcanique des temps archéens. L'abondance de

---

1. A. B. Ronov, 1964.

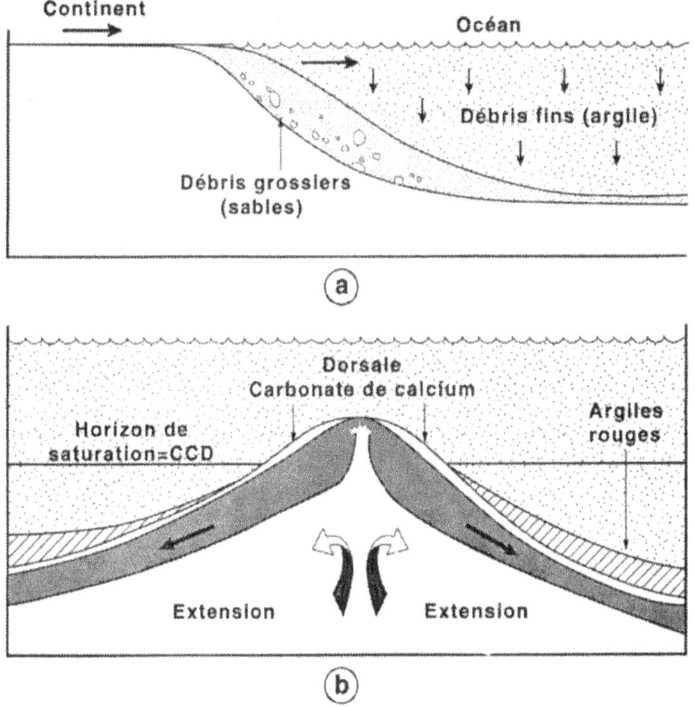


Fig. 48. — Schémas illustrant les deux types de sédimentation :
a. la sédimentation détritique proche du continent.
b. la sédimentation calcaire au niveau des dorsales océaniques.

l'ion magnésium, et donc de la dolomite, est à rapporter au même phénomène.

Les sédiments recouvrent d'un mince tapis de quelques centaines de mètres, parfois de quelques kilomètres d'épaisseur, les trois quarts de la surface du globe. Ce tapis a sans doute existé depuis les premiers jours de la Terre ; il était même peut-être plus épais. Pourtant, si l'épiderme sédimentaire est une constante géologique, sa composition, sa répartition et sa nature ont continuellement évolué. Ces variations portent le témoignage de l'évolution géologique.

## Rôle géologique de l'atmosphère

Cherchons à conserver cette vision très globale pour analyser la signification chimique du cycle érosion-sédimentation. Partons de la constatation simple que l'altération des continents est due à l'action de l'eau chargée d'acide carbonique. Cet acide se forme par dissolution du gaz carbonique de l'air dans l'eau. L'érosion des continents a donc comme résultat de « pomper » le gaz carbonique contenu dans l'air. Ce gaz carbonique, une fois dissous, se trouve engagé dans les ions bicarbonate et carbonate.

D'un autre côté, l'ensemble du cycle externe libère des cations contenus dans les roches, comme le sodium, le potassium et le calcium, les transporte sous forme soluble et les sépare des cations insolubles que sont le fer et l'aluminium.

Dans la mer, l'ion carbonate s'allie avec le calcium pour donner le carbonate de calcium qui précipite (avec l'aide des êtres vivants). On peut donc concevoir l'ensemble du cycle érosion-sédimentation comme un immense pompage du gaz carbonique de l'atmosphère. Les calcaires sont ainsi le grand réservoir de gaz carbonique terrestre[1].

---

1. Voir R. M. Garrels et F. MacKenzie, 1971.

On voit par là l'interaction chimique considérable entre atmosphère et géologie de surface. Nous l'avions évoquée avec le cycle de l'eau, nous la retrouvons avec le cycle du gaz carbonique.

Généralisons : quel est le rôle géologique de l'enveloppe gazeuse qui entoure notre Terre et que l'on appelle l'atmosphère ?

L'atmosphère actuelle est composée de 80 % d'azote et de presque 20 % d'oxygène, auxquels s'ajoutent des gaz à l'état de traces. L'argon est le plus abondant des gaz rares et atteint presque 1 %. L'eau, dont nous avons évoqué le rôle capital, le gaz carbonique ou l'ozone en sont des composants mineurs et pourtant essentiels.

Nous savons que la composition chimique de cette atmosphère est très particulière si on la compare à celle des autres planètes. Sans évoquer les planètes géantes comme Jupiter ou Saturne, dont nous savons que l'atmosphère est constituée d'hydrogène et d'hélium, les planètes sœurs que sont Vénus et Mars ont des atmosphères sans oxygène, où l'azote est très subordonné au gaz dominant qu'est le gaz carbonique. Pourquoi la Terre est-elle à cet égard si différente de ses sœurs ?

Avant de répondre à cette question fondamentale, revenons au rôle géologique de l'atmosphère. Il est d'abord de fixer les conditions de température et de pression à la surface du globe, et ce par l'intermédiaire de son interaction avec le rayonnement solaire. L'atmosphère est un tampon entre le Soleil et la Terre. En effet, tous les mouvements de l'atmosphère, toute la météorologie, donc tout le cycle de l'eau tirent leur énergie du Soleil sous forme de rayonnements lumineux.

La Terre reçoit du Soleil une énergie de 263 kilocalories par centimètre carré et par an sous forme de radiations. 35 % de ce flux sont réfléchis par les nuages de l'atmosphère et repartent dans l'espace. Des 65 % restants, une partie est absorbée lors de la traversée de l'atmosphère. C'est le cas des rayonnements ultraviolets, qui sont absorbés par une couche dont la teneur en ozone est enrichie située à 50 kilomètres d'altitude. Une partie du rayonnement infrarouge est lui aussi absorbé par les molécules d'eau et de gaz carbonique. Ce qui fait que la majeure partie qui arrive au sol est située dans le spectre visible. Au sol, une partie est réfléchie, une autre partie est absorbée et réchauffe soit la surface de l'océan, soit la surface du continent. La partie qui est réfléchie et qui atteint 20 % sur les continents, alors qu'elle ne dépasse pas 2 % sur les océans — les océans sont noirs sur les photos prises de satellites —, n'a pas la même distribution spectrale que la partie incidente. Son spectre est déplacé vers les grandes longueurs d'onde, c'est-à-dire vers l'infrarouge. Ce déplacement est extrêmement important pour l'équilibre thermique de l'atmosphère. En effet, le gaz carbonique absorbe, donc arrête le rayonnement infrarouge. Si l'atmosphère contient du gaz carbonique en quantité notable, le rayonnement réfléchi ne pourra pas retraverser l'atmosphère. Le rayonnement solaire sera ainsi piégé dans l'atmosphère et l'échauffera intensément.

En ce qui concerne l'énergie absorbée, une partie importante est utilisée à évaporer l'eau, donc à promouvoir le cycle météorologique dont nous avons vu l'importance. Une autre partie réchauffe la surface des océans et des continents, et maintient la température au sol telle que nous la connaissons.

Cette température au sol varie selon les latitudes, c'est bien connu, car la longueur de l'atmosphère traversée est plus grande vers les pôles qu'à l'équateur, et la proportion de rayonnement qui parvient à la surface y est donc plus faible. Ainsi s'établit au sol une zonation climatique géographique manifestée par un fait extrêmement spectaculaire : la présence de deux calottes polaires faites de glace.

Lorsque le flux de rayonnements solaires varie, le climat de la Terre et sa répartition varient. Les variations de rayonnements solaires ont lieu avec les saisons, mais aussi avec des périodicités plus complexes qui tiennent compte des variations des mouvements de la Terre autour du Soleil, des mouvements de rotation de la Terre et des variations de l'activité du Soleil lui-même.

Depuis plus de vingt ans, il a été possible d'étudier les climats de la Terre grâce à l'analyse isotopique des coquilles fossiles et des glaces polaires.

Le rapport isotopique $^{18}O/^{16}O$ de l'eau varie en fonction de divers paramètres du cycle hydrologique. Nous avons déjà vu comment les variations géographiques de ce rapport $^{18}O/^{16}O$ avaient été mises à profit par Harmon Craig pour montrer que les eaux thermales étaient des eaux de pluie recyclées.

On peut aussi mettre à profit ces variations pour déterminer les climats passés. La composition isotopique de glaciers polaires est particulièrement pauvre en oxygène 16. Si ces glaces fondent, en se mélangeant à l'eau de mer, cette dernière verra son rapport $^{18}O/^{16}O$ baisser.

Or, ce rapport est enregistré dans les coquilles de fossiles marins.

Ainsi, on peut, en faisant l'analyse des rapports $^{18}O/^{16}O$ des fossiles, enregistrer les fluctuations climatiques passées. Ces fluctuations sont aussi enregistrées dans la composition isotopique $^{18}O/^{16}O$ des couches de glaces qui se déposent annuellement au Groenland et dans l'Antarctique.

En analysant les fossiles dans les carottes ramenées du fond des océans, et les couches annuelles de glaces des carottes extraites des calottes polaires, on peut reconstituer les climats passés, grâce à l'analyse des rapports $^{18}O/^{16}O$. Ces études minutieuses, faites par Nick Shakleton à Cambridge et Willy Dansgaard à Copenhague, ont permis de reconstituer les climats de l'époque récente du dernier million d'années.

Durant cette période ont alterné des périodes froides — glaciaires —, durant lesquelles les glaciers descendaient jusqu'au nord des États-Unis et presque jusqu'en Hollande, et des périodes plus chaudes — interglaciaires —, comme celle dans laquelle nous sommes.

Ces fluctuations climatiques « récentes » semblent être contrôlées par des variations du cycle solaire, superposées à des phénomènes liés à la rotation de la Terre, suivant une théorie très précise proposé par Milankovitch et que l'astronome belge André Berger a notablement raffinée.

Ces alternances glaciaires-interglaciaires sont associées à des descentes et montées du niveau de la mer, suivant que l'eau est stockée dans la carotte polaire ou non.

Comme les séries géologiques anciennes témoignent de l'existence de grandes transgressions marines — au tertiaire, toute l'Afrique était pratiquement recouverte par les eaux —, on s'est donc interrogé pour savoir si elles n'avaient pas été causées par de gigantesques réchauffements (ainsi, la fusion totale des calottes polaires actuelles ferait monter le niveau de la mer de 100 mètres).

Il semble que les alternances glaciaires-interglaciaires aient existé tout au long des temps géologiques, mais que ces fluctuations aient été modulées par des cycles climatiques de beaucoup plus grande amplitude.

Ainsi, à la fin du précambrien, vers 600 millions d'années, il semble que la Terre ait subi une glaciation d'une ampleur beaucoup plus grande que les glaciations quaternaires.

Les glaciers semblent avoir recouvert plus de la moitié de la planète, laissant seulement une bande équatoriale chaude.

Malheureusement, on est loin de pouvoir reconstituer avec précision ces fluctuations climatiques du passé.

Le thermomètre isotopique $^{18}O/^{16}O$ est peu fiable dès qu'on dépasse 200 ou 300 millions d'années, et l'enregistrement des indices est épars et discontinu.

Franchissant hardiment les milliards d'années, on peut s'interroger : quel était le climat, il y a 4 milliards d'années ? Certains pensent qu'il était beaucoup plus chaud, d'autres estiment au contraire qu'il était identique à celui d'aujourd'hui.

Autant dire qu'il reste beaucoup de recherches à faire avant de concilier des opinions encore très divergentes.

Pour demeurer fidèle à notre approche de planétologie comparée, il est clair que l'étude isotopique d'une carotte prélevée dans la calotte polaire de Mars permettra de distinguer ce qui est terrestre de ce qui est solaire dans les variations climatiques.

Laissons là le climat terrestre pour en revenir à notre question initiale : pourquoi la composition de l'atmosphère terrestre est-elle si particulière ?

Nous avons dit que la conséquence du cycle érosion-sédimentation était de stocker du gaz carbonique sous forme de calcaires. Faisons donc le raisonnement inverse : sachant qu'il existe à la surface terrestre $3,5.10^{23}$ grammes de calcaires, quelle serait la composition de l'atmosphère terrestre si on les détruisait, par exemple en les chauffant ? Le résultat est intéressant : l'atmosphère terrestre aurait alors une pression au sol 30 fois supérieure à la pression actuelle, sa composition serait dominée par le gaz carbonique et ressemblerait donc aux atmosphères de Vénus et de Mars.

Le paradoxe disparaît : les calcaires terrestres sont responsables des différences observées entre la composition des atmosphères des trois planètes. Mais ce gaz carbonique a-t-il disparu très vite, laissant une atmosphère azotée, ou a-t-il été pompé lentement, laissant une atmosphère assez chaude pendant cinq cents millions d'années grâce à l'effet de serre ? Mais l'oxygè-ne ? Il n'existe ni sur Mars ni sur Vénus...

## Biogéologie

On appelle biosphère l'ensemble des êtres vivants existant à la surface de la Terre, l'ensemble des composés carbonés qui constituent les organismes vivants. La masse de cette biosphère ($3.10^{17}$ grammes) est négligeable par rapport à celle du manteau ($4.10^{27}$ g), du noyau ou même des océans. Pourtant, elle se transforme et se reproduit sans cesse, par définition elle naît et elle meurt, si bien que si l'on calcule la masse totale des êtres vivants ayant existé depuis quatre milliards d'années, cela représente une masse supérieure à celle des continents [1] !

Le rôle géologique de la biosphère est considérable. Nous avons déjà évoqué la fabrication des coquilles calcaires ou siliceuses conduisant à des dépôts sédimentaires, dont la craie est l'exemple le plus célèbre. Nous avons évoqué le rôle de la végétation, qui retient les parties altérées lors de l'érosion et constitue l'essence même des sols cultivables. Lorsqu'un phénomène brutal détruit cette végétation ou qu'elle pousse dans les zones côtières marécageuses facilement recouvertes par la mer, ses dépôts mêlés aux sédiments donneront naissance à des couches charbonneuses. Nous aurions pu

---

1. La production annuelle de matière vivante étant de $6.10^{15}$ grammes, cela donne pour 4 milliards d'années $2,4.10^{25}$ grammes. La masse des continents est de $1,4.10^{25}$ g.

mentionner, lors de l'évocation de l'érosion, le rôle d'un être vivant particulier, à savoir l'homme, qui peut charrier autant de sable et de graviers qu'un grand fleuve et dont le rôle géologique s'affirme davantage chaque jour.

Pourtant, ce qui nous concerne ici est différent. C'est le rôle que joue pour l'atmosphère terrestre la vie à la surface du globe, et plus particulièrement l'influence de la synthèse chlorophyllienne.

Les plantes vertes, depuis les algues microscopiques de l'océan jusqu'aux végétaux supérieurs que sont les arbres, absorbent le gaz carbonique et, à l'aide du carbone ainsi réduit, fabriquent de la matière vivante. Chemin faisant, ils rejettent l'excès d'oxygène.

Cette transformation du carbone inerte en carbone vivant est réalisée grâce à une molécule géante de couleur verte, la chlorophylle. On parle pour ce processus de synthèse chlorophyllienne.

L'excès d'oxygène dans l'atmosphère est donc le résultat de la *vie terrestre*. Sans vie, il n'y aurait pas d'oxygène. C'est parce qu'il n'y a pas de vie sur Mars et Vénus qu'il n'y a pas d'oxygène dans l'atmosphère de ces planètes.

Mais la présence d'oxygène a, on le sait, un effet secondaire et pourtant essentiel : il permet aux animaux qui n'ont pas la capacité d'utiliser directement le gaz carbonique de puiser leur énergie en mangeant des plantes et en respirant de l'oxygène. L'oxygène, produit de la vie, est aussi source de vie. C'est donc un élément essentiel de l'évolution terrestre.

Cette constatation appelle immédiatement une remarque logique : si la vie n'existait pas sur Terre il y a 4,55 milliards d'années, il n'y avait donc pas d'oxygène. La composition de l'atmosphère terrestre a donc évolué au cours des temps géologiques. Comment ?

## L'âge et l'origine de l'air et de l'eau

Si l'origine primaire des atmosphères des planètes géantes ne fait pas de doute, celle de la Terre est plus controversée[1]. S'agit-il d'une atmosphère agglomérée autour de la Terre solide à l'époque où la planète s'est formée ? Ou, au contraire, l'atmosphère terrestre résulte-t-elle du dégazage progressif de l'intérieur du globe (ce que l'on appelle l'« origine secondaire » de l'atmosphère) ? Il suffit d'observer un volcan pour constater qu'il dégage une quantité impressionnante de gaz. L'analyse de ces gaz montre qu'ils sont constitués d'un mélange d'eau, d'azote, de gaz carbonique, d'oxyde de soufre, de gaz sulfureux, de gaz rares. On pense qu'une partie de ces gaz provient de l'intérieur du manteau et va s'additionner à l'atmosphère, donc en augmenter continuellement le volume. De là est née l'idée que l'atmosphère est formée par le dégazage de l'intérieur du globe. Ce point de vue s'accorde parfaitement à l'idée que le matériau *Terre primitive* ne contenait qu'une faible proportion d'éléments volatils. Seule une faible quantité de gaz nébulaires avait été incorpo-

---

1. Rubey, 1951.

rée à la Terre par adsorption sur les grains de poussières primitives, le reste avait été perdu[1].

S'il y a eu dégazage de l'intérieur du globe, il est capital d'en connaître le déroulement. Dans un premier scénario, on peut concevoir que la formation de l'atmosphère, le dégazage du manteau, s'est effectuée pour l'essentiel au début de l'histoire de la Terre, et que les apports ultérieurs au cours des temps géologiques ont été insignifiants. A l'inverse, on peut penser que l'atmosphère s'est accumulée graduellement tout au long des temps géologiques, à vitesse à peu près constante. Naturellement, on peut imaginer toutes les combinaisons entre ces deux scénarios extrêmes, admettre qu'une proportion a résulté du dégazage initial alors que le complément s'est accumulé au cours des temps géologiques. Quelle est la réalité ?

C'est encore une fois la mesure des compositions isotopiques d'éléments liés à la radioactivité qui a permis d'élucider cette question. Il s'agit cette fois de gaz rares, l'argon et le xénon. Certains isotopes de ces gaz sont formés par radioactivité : l'argon 40 par celle du potassium 40, le xénon 136 par celle de l'uranium, et, circonstance particulière, le xénon 129 par celle de l'iode 129, isotope aujourd'hui disparu et que nous avons déjà rencontré. Les isotopes radiogéniques de gaz

---

1. C'est d'ailleurs pourquoi la Terre, mais aussi Vénus ou Mars, ont des atmosphères dont la composition est totalement différente de celle des planètes géantes comme Jupiter ou Saturne qui, elles, ont retenu leur gaz primitif (voir le chapitre v).

rares sont produits dans le manteau. Comme ce sont des gaz inertes, ils ont tendance à s'échapper vers l'atmosphère. Là, privés du contact du potassium ou de l'uranium, leur composition isotopique est protégée, gelée. En mesurant la composition isotopique du manteau et de l'atmosphère, on peut, par le calcul, reconstituer l'histoire du phénomène de dégazage. Le principe de ce raisonnement était connu depuis 1950. Pourtant, les résultats sont restés longtemps ambigus. Les mesures étaient douteuses, la modélisation souvent peu assurée. Ce n'est que récemment, grâce à l'utilisation simultanée de l'argon 40 et du xénon 129 sur les échantillons bien choisis de verres basaltiques sous-marins, que le problème a pu être éclairé. Les calculs ont pu alors être précisés sur des bases plus solides[1]. Tous calculs faits, on constate que 85 % de l'atmosphère s'est formée dans les dix premiers millions d'années de l'histoire de la Terre. Les 15 % restants se sont accumulés progressivement au cours des temps géologiques, mais avec une intensité décroissant avec le temps.

La loi de dégazage obtenue pour les gaz rares peut être étendue aux autres composés gazeux, notamment à l'eau, donc à la formation de l'hydrosphère, mais aussi à l'azote et au gaz carbonique. L'hydrosphère, l'océan sont donc des entités apparues très tôt dans l'histoire de la Terre. Cela rejoint les conclusions de Craig, qui n'avait trouvé que très peu d'eau profonde dans les gaz volcaniques actuels.

Mais d'où vient l'eau ? Était-elle enfouie dans la

---

1. C. Allègre *et al.*, 1983.

Terre sous forme d'eau ou résulte-t-elle d'une réaction de l'hydrogène primitif avec l'oxygène des silicates ? Question difficile... Pourtant, depuis peu, on pense que l'eau est d'origine, c'est-à-dire antérieure à la formation de la Terre. Cette hypothèse s'appuie sur des arguments divers. On trouve de l'eau en faible quantité sur d'autres planètes : Vénus, Mars. Il existe de l'eau dans les météorites carbonées, et on en a découvert dans certaines chondrites, piégée sous forme d'inclusions fluides. Enfin, on observe la molécule d'eau dans le cosmos. L'eau était donc enfouie en faible proportion (1 %) dans le matériel solide, et s'est dégazée comme telle pour former ce qui est l'un des joyaux de la Terre : l'océan.

## Atmosphère et océan primitifs

Quelle était la composition de l'atmosphère primitive résultant du dégazage de l'intérieur du globe ? Avait-elle la même composition qu'aujourd'hui ? L'océan était-il aussi salé ?

Pour connaître sa composition il est naturel de chercher à déterminer les gaz qui y sont aujourd'hui encore prisonniers. Cela peut être fait en étudiant avec soin les gaz qui s'échappent des volcans, ou ceux qui sont piégés dans les minéraux d'origine profonde. Dans les deux cas, on constate qu'outre l'eau, gaz majoritaire, le gaz carbonique est le composant dominant, l'azote est secondaire. De plus, les relations d'abondance gaz carbonique-azote sont analogues à celles qui existent sur Vénus ou sur Mars. Coïncidence intéressante ! Notons que ces gaz profonds ne contiennent que peu de compo-

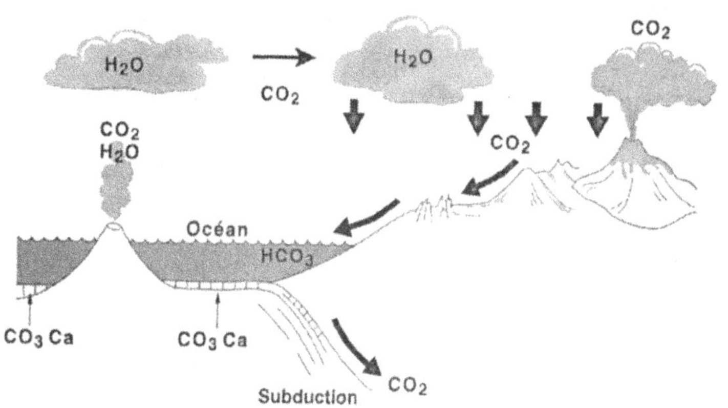



Fig. 49. — Cycle du $CO_2$ montrant comment dans l'océan primitif le $CO_2$ a été piégé à l'état de carbonate puis réinjecté à l'intérieur du globe.

sés hydrogénés, comme le méthane ou l'ammoniac. Ces composés existent, mais en faible abondance.

Pourtant, on a longtemps cru que ces composés hydrogénés étaient les composants essentiels de l'atmosphère primitive, comme ils le sont sur le satellite de Saturne, Titan. Or, si le carbone et l'azote sont liés à l'hydrogène, leur combinaison pour donner de grosses molécules vivantes, elles aussi riches en hydrogène, n'en sera que plus facile. A l'inverse, si, comme on le croit, le carbone est lié à l'oxygène, et l'azote non lié, il faudra que se fabriquent des liaisons carbone-hydrogène pour passer à la matière vivante. On voit là l'importance du problème pour l'origine de la Vie. Nous y reviendrons bientôt.

La thermodynamique nous a aidés à résoudre ce problème. Si l'on calcule toutes les réactions possibles existant entre gaz et silicates en tenant compte de toutes les espèces présentes à la surface de la Terre (y compris le gaz carbonique piégé dans les calcaires), on montre que l'atmosphère primitive de la Terre était — l'eau en plus — analogue à celle de Mars et de Vénus. Elle était riche en gaz carbonique et en azote ; le méthane ($CH_4$) et l'ammoniac ($NH_3$) étaient en faible quantité mais présents, comme dans l'intérieur du globe aujourd'hui. La différence avec Titan vient d'une propriété que nous avons évoquée à propos des météorites, à savoir le degré d'oxydation, la richesse en oxygène. La Terre, contrairement à certaines météorites et à Titan, est assez riche en oxygène pour qu'une partie du fer ne disparaisse pas au centre, dans le noyau, à l'état d'alliage, mais demeure dans le manteau, liée à l'oxygène dans les silicates. Des volcans archaïques se dégageaient, d'autres gaz, notamment des gaz particulièrement corrosifs, comme l'oxyde de soufre et du chlore, qui, réagissant avec l'eau, donnaient naissance à de l'acide sulfurique et à de l'acide chlorhydrique, comme c'est le cas aujourd'hui sur Vénus. Mais bien sûr, dominant en abondance tous les autres gaz, se trouvait l'eau. L'eau, source de tout de la vie comme de la géologie. Si l'ensemble de ces gaz se sont trouvés en même temps à l'état gazeux, la pression au sol de cette atmosphère a dû être 300 fois ce qu'elle est actuellement. Dans ces conditions, si la température n'est pas trop forte, l'eau passe à l'état liquide. Il s'est donc formé immédiatement un océan. La pression résiduelle était alors celle du gaz carbonique : elle était de 50 à 70 atmosphères. Or, à cette distance du Soleil, une telle atmosphère, riche en gaz carbonique, piégeait très efficacement le rayonnement solaire par « effet de serre ». Par ailleurs, la surface de la Terre était chaude pour des raisons d'origine interne, le volcanisme y était abondant, endémique. Ainsi, dans ces époques primitives, l'atmosphère atteignit sans doute des températures de 500 ou 600°.

Pourtant, si de telles températures ont jamais été atteintes, ce ne fut que brièvement. Car aucun océan liquide n'aurait pu alors se maintenir[1], aucun calcaire n'aurait pu piéger le gaz carbonique, et la vie n'aurait pu apparaître dans ces conditions. La Terre serait sans doute aujourd'hui dans un état vénusien : torride et inhabitable !

Il faut donc admettre qu'un mécanisme régulateur a dès le début, et très rapidement, joué un rôle pour empêcher l'accumulation de cette atmosphère considérable et diminuer la chaleur torride qu'elle emprisonnait. Tout ce que nous connaissons des conditions actuelles et que nous avons rappelé en début de chapitre nous indique que cette régulation est à rechercher dans le cycle érosion-sédimentation de l'hydrosphère. L'érosion agit comme un piège à gaz carbonique, la sédimentation complète cette action en le fixant sous forme de calcaire.

Pour cela, il faut que l'eau de mer contienne déjà assez de calcium pour pouvoir s'allier aux carbonates dans les calcaires. L'érosion des roches devait donc être déjà très active, et les eaux devaient apporter des ions

---

1. La température critique de l'eau, où elle se borne à l'état gazeux quelle que soit la pression, est de 350°.

sodium, potassium, calcium à l'océan, lequel devait donc déjà être salé. Imaginons ce que pouvait être cet océan primitif :

Dégazée du manteau en même temps que les autres volatils, mais plus abondante qu'eux, l'eau arrive à la surface. Cette protohydrosphère est sans doute très acide, car elle a dissous une certaine proportion d'acides chlorhydrique et sulfurique. Elle attaque donc les roches volcaniques, alors abondantes, et solubilise le calcium. En d'autres endroits plus basiques, le calcium et le magnésium précipitent sous forme de calcaire et de dolomite, et l'absorption du gaz carbonique commence. La température est sans nul doute élevée, mais point trop : un ordre de grandeur de 70° paraît raisonnable. Une telle température interdit la présence de calottes polaires. Par contre, elle active les réactions chimiques, tant l'altération des roches que la précipitation des calcaires. La chimie de ce proto-océan ressemblait sans doute beaucoup plus aux conditions qui règnent aujourd'hui près des sources chaudes sous-marines qu'à celles de l'océan moyen actuel. Petit à petit, l'océan a fixé ainsi le gaz carbonique et empêche la pression atmosphérique d'atteindre des valeurs trop élevées. Le phénomène s'est poursuivi pendant 10 millions d'années. L'eau a continué de s'accumuler à la surface, pour constituer graduellement l'hydrosphère. Les calcaires précipitant, la température a diminué. Ainsi, au bout de 10 millions d'années, la Terre était-elle recouverte d'un océan analogue à l'océan actuel, et d'une atmosphère riche en azote, dans laquelle le gaz carbonique ne représentait pas plus de 10 %.

Mais comment un tel système pouvait-il exister, puisqu'il n'y avait pas de continents ? Sur quoi tombait la pluie ? Sur quel relief l'érosion pouvait-elle se produire ? D'où provenait le calcium nécessaire à la formation des calcaires ?

Comme nous allons le voir, le Soleil n'était à tout le moins pas beaucoup plus froid que celui d'aujourd'hui. Il créait donc dans l'atmosphère des conditions thermiques analogues à aujourd'hui. Le cycle évaporation-transport-précipitation des molécules d'eau devait être analogue à celui que nous connaissons. Toutefois, puisqu'il n'y avait pas de continent, ce cycle devait être beaucoup plus simple, guidé seulement par la circulation géostrophique et les transferts Pôles-Équateur. Les volcans, qui dépassaient de l'océan primitif, créant des archipels ou des îles isolées, étaient soumis à l'érosion aqueuse. Des sédiments issus de ces volcans commencèrent à se former. Cela est confirmé par ce que nous avons dit des études de Ronov sur l'abondance relative des sédiments, en fonction du temps. Plus on se rapproche de la période primitive, plus les sédiments d'origine volcanique deviennent importants.

Une telle reconstitution semble logique et cohérente, mais elle n'est jusque-là appuyée que sur des déductions théoriques.

Le grand mérite de Dick Holland[1], de l'université Harvard, est d'avoir rassemblé une série d'informations appuyant le scénario proposé et de l'avoir complété sur bien des points.

---

1. D. Holland, 1984.

Tout d'abord, il faut constater que les plus vieilles formations géologiques du monde, celles de Godthab au Groenland, comme celles d'Australie ou du Labrador, montrent l'existence de séries sédimentaires, témoignant par là sans ambiguïté qu'il existait déjà, il y a 3,8 milliards d'années, un océan et un cycle érosion-sédimentation analogue à celui que nous connaissons aujourd'hui.

Étudiant plus en détail les formations sédimentaires anciennes, dont certaines recèlent d'anciens sols continentaux miraculeusement préservés, d'autres des sédiments marins, il a pu montrer que les minéraux et la composition chimique de ces dépôts impliquent que le gaz carbonique était alors plus abondant que dans l'atmosphère actuelle, qu'on n'y atteignait pas de très grandes pressions, que l'oxygène était absent, que ni le méthane ni l'ammoniac n'étaient abondants. Le scénario proposé est donc cohérent avec ce que nous indiquent les premières roches.

L'élément important de ce scénario est l'absence d'oxygène. Cela nous est confirmé par des observations géologiques :

1. Les gisements d'uranium sédimentaires du Witwatersand, en Afrique du Sud, âgés de 3,4 milliards d'années, contiennent des minerais d'uranium (uraninite) dont la forme atteste qu'ils ont été transportés et sédimentés à l'état de particules, de graviers, de manière mécanique. Or, l'uraninite est instable et soluble dans les eaux oxygénées. On trouve de même de la pyrite détritique ($FeS_2$), elle aussi instable en conditions oxydantes. De tels dépôts n'existent pas ultérieurement

dans l'histoire géologique et sont spécifiques des temps anciens. Ces eaux n'étaient donc pas oxygénées.

2. Les gisements de fer chimique : à la surface terrestre, le fer n'est soluble que dans des eaux pauvres en oxygène. A l'état oxydé, il précipite immédiatement sous forme d'hydroxyde ferrique. C'est pourquoi il s'accumule dans les sols tropicaux, leur donnant une couleur rouge. Or, dans l'Archéen, c'est-à-dire avant 2 milliards d'années, on trouve des minerais de fer associés à des précipitations siliceuses dont l'origine par précipitation chimique n'est pas douteuse. Le transport n'a pu se produire qu'à l'état non oxydé. Cela impliquait donc une atmosphère pauvre en oxygène, déterminant à son tour le même caractère pour les eaux douces, agent de transport du fer. L'arrivée dans le milieu marin de nature basique a causé la précipitation de l'hydroxyde ferreux en même temps que celle de la silice ; d'où les gisements de fer chimique.

Tout semble donc concourir à confirmer la pauvreté en oxygène de l'atmosphère primitive. L'oxygène libre n'existant sur aucune autre planète, on est conduit à lier sa présence dans l'atmosphère terrestre à un phénomène ultérieur, secondaire, spécifique de la Terre, à savoir l'assimilation chlorophyllienne, donc à la Vie. Dick Holland a cherché à suivre l'évolution de la teneur en oxygène en étudiant systématiquement les sédiments anciens, leur composition minéralogique et chimique, leurs caractères plus ou moins oxydés. Il a pu ainsi montrer que l'oxygène a crû très brutalement il y a 2 milliards d'années. Son abondance a atteint rapidement 10 %. Depuis 2 milliards, il n'a augmenté que graduellement sans dépasser 25 %, car à cette teneur les forêts tropicales s'enflammeraient spontanément ! La vie végétale à base de synthèse chlorophyllienne s'est donc développée brutalement il y a 2 milliards d'années.

Holland s'est alors tout naturellement posé la question de la composition chimique de l'hydrosphère primitive. A la suite d'une analyse minutieuse et systématique de tous les types de sédiments que l'on trouve pour les périodes antérieures à 3 milliards d'années, il conclut que la composition de l'eau de mer il y a 3,5 milliards d'années devait être identique à ce qu'elle est aujourd'hui. Sauf sa teneur en magnésium, qui devait être supérieure, et naturellement la nature des gaz dissous qui reflétait fidèlement l'évolution de l'atmosphère.

Le système Terre, complexe comme un être vivant, avec ses rétroactions, ses régulations, ses cycles, tel que nous pouvons l'observer aujourd'hui est le résultat d'une longue évolution, d'une longue histoire. Cette histoire débute lorsque, parmi ses sœurs, notre planète s'est formée et s'est singularisée. De cette histoire, nous avons déjà reconstitué maintes étapes, mais nous avons les moyens « techniques » de progresser encore bien davantage dans les années futures.

Certes, la période archaïque fut fertile, puisque s'y sont formés le noyau de la Terre, une partie importante de l'atmosphère et de l'océan. Les mouvements de convection étaient 100 fois plus énergiques qu'aujourd'hui, le Soleil brillait peut-être 10 à 20 fois plus. Des pluies de météorites dont certaines énormes criblaient sa surface. Toutes les conditions étaient intenses. Mais rien n'était alors joué. Il a fallu la lente maturation du temps pour produire les continents, le manteau, l'atmosphère et l'océan tels que nous les connaissons aujourd'hui. La pulsion des débuts fut modelée par le temps géologique.

Cherchons à rassembler toute cette histoire de manière synthétique en un tableau précis, en fixant un cadre chronologique à la formation des grands réservoirs terrestres, car sans chronologie il n'y a pas de véritable histoire.

Avec la datation de la formation des continents, du noyau, de l'atmosphère, avec les indications dont nous disposons sur le Soleil, il doit être possible d'élaborer un schéma plus complet. Pourtant, si nous voulons situer la formation de notre planète dans le contexte plus large de l'accrétion des météorites et de la formation des autres planètes, une information nous manque : l'âge exact de la Terre, un âge plus précis que celui de Patterson. C'est ce que récemment nous avons déterminé.

Cet âge nous est fourni à la fois par la teneur en xénon 129 de l'atmosphère et la composition isotopique du plomb du manteau. En comparant ces compositions isotopiques avec celle des météorites, il est possible de montrer que la Terre a terminé de se former 100 *millions d'années après les météorites*. Les progrès en précision des datations uranium-plomb ont permis de fixer l'âge de formation des météorites à 4,566 milliards d'années.

La Terre a donc fini de se former il y a 4,45 milliards

d'années [1]. A peu près en même temps que se produisait le métamorphisme ou le volcanisme des petits corps parents des météorites, à un moment où le Soleil s'était déjà formé et brillait donc plus qu'aujourd'hui, depuis cinquante millions d'années déjà.

Le noyau de la Terre s'est formé très tôt, son âge moyen est de 4,42 milliards d'années, ce qui veut dire qu'à 4,4 milliards d'années il avait presque atteint sa taille actuelle. Cet âge obtenu d'abord par les isotopes du plomb a été confirmé récemment par l'étude de la composition isotopique du tungstène dans les roches terrestres comparées aux résultats des météorites. Cet élément a un isotope qui provient de la désintégration de l'hafnium 182. Encore une radioactivité éteinte (comme celle de l'iode 129). Or le tungstène, enrichi dans le noyau terrestre, n'a été privé du contact de l'hafnium que très tard, 100 millions d'années plus tard que pour les météorites. D'où une différence de composition isotopique qu'on a détectée. L'atmosphère et l'océan terrestre étaient eux aussi, il y a 4,45 milliards d'années, à 85 % de leur masse actuelle. Pourtant, ils ont continué à s'enrichir et à se modifier au long de leur histoire. Quant aux continents, ils ont commencé à apparaître il y a 4,2 ou 4,3 milliards d'années et ont grossi, continûment, tout au long de l'histoire géologique. Nous pouvons compléter ainsi notre tableau de l'évolution cosmique.

Comme on peut le voir, certaines mégastructures terrestres sont le résultat de phénomènes brutaux, archaï-

---

1. T. Staudacher *et al.*, 1981.

ques, d'autres témoignent d'une lente maturation. Il ne faut concevoir l'histoire de la Terre ni d'une manière cyclique ni d'une manière catastrophique, mais dans le cadre d'une évolution de longue durée, sans oublier dans le tableau la caractéristique essentielle de notre planète : la vie.

## L'apparition de la vie

Ce problème est sans doute le plus fascinant de la science contemporaine, peut-être aussi le plus difficile. Nous avons longtemps hésité à l'aborder, par scrupule de scientifique. On écrit beaucoup sur ce sujet, et l'on confond trop vite, dès qu'on en parle, science et rêve, illusion et démonstration. Nous espérons que les quelques lignes qui suivent n'ajouteront rien à un bêtisier déjà copieux et ne contribueront pas à augmenter la confusion, voire le trouble dans les esprits. Nous tenterons de nous en tenir à quelques faits qui nous paraissent essentiels.

1. Le calendrier

Les êtres vivants étaient déjà présents sur Terre il y a 3,4 milliards d'années. Il s'agissait d'algues, êtres unicellulaires qui fabriquaient des calcaires et que l'on appelle des stromatolites. On en retrouve la trace dans les formations rocheuses d'Australie, d'Afrique du Sud, du Canada. L'origine vivante de ces restes fossiles ne semble pas faire de doute aujourd'hui, comme l'a bien montré Schopft, de l'université de Californie.

La vie est donc apparue sur Terre dans le milliard d'années qui a suivi son identification en tant que planète. Cette vie a lentement, puisque le premier fossile pluricellulaire se rencontre à Ediacara, en Australie, il y a 700 millions d'années : c'est une éponge ou un ver.

Il a donc fallu près de 3 milliards d'années pour passer des êtres unicellulaires aux pluricellulaires. Mais la première niche écologique complète, celle qui contenait déjà tous les embranchements que nous connaissons aujourd'hui date de la base du Cambrien il y a 530 milliards d'années. Ce sont les fameux schistes de Burgess témoins de ce qu'on appelle aujourd'hui l'explosion cambrienne. La vie dans toute sa diversité est apparue dès cette époque. Tous les embranchements que l'on connaît aujourd'hui existaient déjà.

Les premiers mammifères, eux, ne sont apparus que vers 200 millions d'années. Ils ont survécu jusqu'à nous, alors que leur taille et leur force ne semblaient pas les désigner comme vainqueurs dans la compétition avec les reptiles, majestueux et abondants, représentés alors par les fameux dinosaures. Pourtant, les mammifères, et en particulier ceux qui sont les ancêtres de l'homme, les lémuriens, ont survécu à la terrible catastrophe de la fin de l'ère tertiaire, celle qui a éliminé les dinosaures.

L'homme, produit jusqu'ici le plus achevé de l'évolution biologique, n'est apparu qu'il y a 4 (peut-être 5) millions d'années, descendant lui-même de ces grands singes qu'on appelle australopithèques.

La Nature a, semble-t-il, longuement cherché son

chemin ! 3,4 milliards d'années : naissance de la vie ; 530 millions d'années : apparition des êtres organisés « évolués » ; 5 millions d'années : apparition de l'homme. Que de tâtonnements !

## 2. Une expérience décisive

C'est celle que réalise Stanley Miller en 1953 dans le laboratoire de Harold Urey, à Chicago, malgré les réticences de ce dernier [1]. Mélangeant dans une ampoule sous vide du méthane, de l'ammoniac et de l'hydrogène, et soumettant le tout à des décharges électriques, Miller fabrique toute une série de composés typiques de la matière vivante, jusqu'à des acides aminés.

Depuis lors, de nombreuses expériences utilisant divers produits de départ — y compris le mélange hydrogène, oxyde de carbone, eau, azote, avec plus ou moins de méthane et d'ammoniac — et diverses conditions d'expérience — y compris les ondes de choc, les ultraviolets, les décharges multiples — ont permis de synthétiser des molécules complexes du type de celles que l'on trouve dans les êtres vivants.

Pour résumer brièvement ces quarante années d'expériences, on a pu constater qu'il n'était pas nécessaire de disposer de composés comme le méthane et l'ammoniac pour fabriquer des molécules organiques, mais que les composés oxygénés comme l'oxyde de carbone ou le gaz carbonique pouvaient tout aussi bien faire l'affaire. En revanche, aucune avancée dans la complexité

---

1. S. Miller et H. Urey, 1953.

des molécules vers celles du vivant par synthèse directe n'a été réellement enregistrée, malgré des cris de victoire aussi tapageurs que prématurés !

D'un autre côté, les biologistes moléculaires ont réussi à partir d'une molécule d'ADN, à séparer les deux brins, puis à synthétiser *in vitro* les hélices complémentaires. L'ADN recombiné se componte comme une ADN biologique dans tous les phénomènes biologiques. Il y a donc eu là un progrès notable.

## 3. Les argiles et la réplication

La découverte que tous les êtres vivants contiennent une molécule commune complexe appelée ADN, et que c'est à partir d'elle qu'a lieu le phénomène de reproduction, est sans doute une étape essentielle dans la compréhension de la vie. Comme on le sait, l'ADN est formé par une double hélice d'acides nucléiques, ces deux hélices étant reliées entre elles par une série de « barreaux » moléculaires. La reproduction élémentaire des êtres vivants s'effectue en coupant les barreaux, en séparant les deux hélices, chaque hélice isolée trouvant les ressources nutritives et organisationnelles pour reconstituer son complément. C'est le mécanisme de la réplication, considéré comme la propriété la plus importante des molécules vivantes.

On a récemment découvert des phénomènes de réplication inorganiques qui mettent en jeu des argiles. Les argiles, produits typiques de l'altération naturelle, sont constituées par des feuillets de silicates séparés par de gros ions et des molécules d'eau. Lorsqu'on traite certaines argiles par de *l'eau pure*, les feuillets se détachent les uns les autres et donnent naissance à une série de lamelles isolées. Livrées à elles-mêmes, ces lamelles restent isolées, sauf si on alimente la solution d'eau avec des sels dissous. Les lamelles reproduisent alors à l'identique de nouveaux feuillets en assurant à cette réplication les caractères d'une copie parfaite, d'une véritable photocopie. Une nouvelle injection d'eau pure sépare à nouveau les feuillets, et ainsi de suite.

On peut alors imaginer l'alternance de phases de pluie et d'apports salins dans une même zone côtière, et concevoir comment des argiles peuvent se reproduire. De là, certains auteurs déduisent que des molécules organiques absorbées à la surface de telles argiles auraient fait l'apprentissage de la reproduction, puis, au bout d'un certain temps, auraient acquis leur propre autonomie [1].

Il y a pourtant une grande distance entre un phénomène dont la périodicité est guidée de l'extérieur, par les pulsations climatiques, et la reproduction vivante, qui semble receler son horloge interne.

## 4. La vie dans l'Univers

Les radioastronomes ont découvert dans l'Univers des molécules organiques très complexes [2]. Les cosmochimistes ont découvert des molécules encore plus complexes dans les météorites carbonées. Toutes ces

---

1. A. Weiss, 1981.
2. W. W. Duley et D. A. Williams, 1984.

molécules évoquent celles que l'on extrait des êtres vivants ; en particulier, certaines sont de véritables acides aminés.

De là, certains scientifiques et non des moindres ont déduit que la synthèse de molécules organiques complexes se réalise mieux dans les vides interstellaires que sur les planètes, car l'irradiation par les rayonnements y est beaucoup plus intense. D'où l'idée que la vie primitive serait née dans l'espace. Ces êtres primitifs auraient contaminé toutes les planètes, emportés par les véhicules cosmiques naturels que sont les météorites et les comètes. Certaines planètes auraient eu des conditions accueillantes pour ces envahisseurs, d'autres non. Dans le système solaire, seule la Terre aurait accueilli la vie.

Certes, les observations scientifiques établissent que la synthèse de molécules organiques complexes est possible dans des conditions abiotiques, au milieu du grand océan de vide intersidéral. Mais n'est-ce pas finalement le même message qui est contenu dans l'expérience de Stanley Miller ?

## 5. La vie dans les zones hydrothermales des fonds océaniques

Il y a bientôt vingt ans, les plongées en soucoupes effectuées dans l'océan Pacifique par un groupe franco-américain permirent de découvrir des sources chaudes sous-marines. Leur température est supérieure à 300 °C. Pourtant, dans leur environnement immédiat, on a découvert une vie luxuriante, et, au cœur même de ces sources, des bactéries qui semblent se développer à des températures de plus de 250 °C.

Reconstituant les conditions extrêmes qui ont pu régner à la surface du globe, certains y voient l'image du développement de la vie primitive terrestre.

Là encore, l'interpolation est hardie. L'observation est importante, car elle montre que des êtres vivants peuvent se développer dans des conditions beaucoup plus sévères que ce que l'on imaginait jusque-là. Elle permet d'étendre les conditions écologiques de l'apparition de la vie, elle ne résout pas son mystère.

Résumant l'ensemble de ces recherches, nous ne tenterons pas d'ajouter un énième scénario à ceux existants. Ce qui apparaît maintenant bien établi, c'est que l'atmosphère primitive à partir de laquelle ou dans laquelle la vie est apparue était une atmosphère riche en gaz carbonique. Pas une atmosphère réductrice à méthane et ammoniac, comme le pensaient Urey et Miller, et comme on en trouve aujourd'hui sur Titan. Les premiers organismes ont dû inventer la manière de réduire le carbone et de fabriquer de la matière vivante à partir du gaz carbonique. Autrement dit, ils ont dû inventer l'équivalent de la synthèse chlorophyllienne. Il apparaît clairement que cette « invention » a constitué une étape décisive dans le développement de la vie[1].

Tirant les conclusions de plus de quarante années de recherches, on peut dire qu'il est aujourd'hui possible de *concevoir* comment a pu naître la vie, mais que l'on n'en *comprend* toujours pas le mécanisme fondamental.

---

1. M. Calvin, 1969.

La genèse de la vie est un phénomène physico-chimique concevable à l'aide de nos modes de raisonnement, de nos outils intellectuels habituels. Nous pouvons reconstituer la composition chimique du milieu où elle est apparue. Pourtant, il semble que nous n'ayons pas franchi les étapes essentielles qui nous livreraient la clef du phénomène. Par exemple, la synthèse inorganique complète de l'ADN. Par exemple encore, la reproduction, la réplication *in vitro* de l'ADN. Tant que nous n'aurons pas franchi ces étapes, les observations et les expériences scientifiques sur l'origine de la vie continueront d'alimenter les spéculations à la frontière du rêve et du mystère.

## Comportement cyclique des mentalités ou évolution ?

Vers 1830, avec le triomphe des thèses de Hutton et de Lyell, la géologie avait abandonné ses recherches sur l'origine de la Terre et la manière dont ses grandes structures s'étaient formées. Comme l'avait prévu Lyell, cet éloignement de la cosmogonie lui avait assuré la paix avec les autorités religieuses.

Depuis plus de vingt-cinq ans déjà — le débarquement sur la Lune marque une étape décisive —, la géologie se préoccupe à nouveau de ces problèmes, avec les succès et les perspectives que l'on sait. Les ennuis extrascientifiques semblent recommencer...

En 1976, le parlement de l'État du Minnesota a été saisi d'une demande de l'Église baptiste visant à interdire d'enseigner dans les écoles que la Terre a 4,5 milliards d'années.

En 1979, dans l'État de l'Arkansas a eu lieu un procès désormais célèbre. Il opposait une série d'Églises protestantes rigoristes à l'État de l'Arkansas. Sujet du différend : l'âge de la Terre. La requête visait cette fois à ce que fussent enseignées à égalité la chronologie biblique et celle des 4,5 milliards d'années. Événement nouveau : figuraient à la barre des témoins un certain nombre de scientifiques, dont aucun n'était spécialiste de la question, évidemment, mais qui présentèrent des contre-expériences « démontrant » l'inexactitude de la loi de la radioactivité. Plus récemment, un sénateur américain a attaqué la communauté géologique et l'US Geological Survey, l'accusant de mettre en péril la foi des citoyens américains en détruisant les certitudes de la Bible. On croit revivre un cauchemar...

Ce débat s'étend. Il gagne bien sûr certains pays où le fanatisme religieux règne aujourd'hui en maître. Il gagne encore peu l'Europe, bien que dans la zone luthérienne, depuis 1980, des débats sporadiques et animés opposent rigoristes religieux et spécialistes en géologie (dont certains sont d'ailleurs des croyants convaincus).

Le monde des esprits, comme celui de la matière, aurait-il un comportement cyclique ? Le sujet de la Genèse est-il réellement tabou pour la science ? Souhaitons que les recherches passionnantes qui se poursuivent aujourd'hui dans cette direction, en quête de l'origine de la vie ou de la Terre, puissent se poursuivre dans la sérénité nécessaire, sans préjuger de leurs résultats, sans apparaître comme des offenses à qui que ce soit, mais comme le cheminement naturel de la science. Une science séparée de la religion.

# Épilogue

Il y a 4,567 milliards d'années, l'étoile Soleil est née et, avec elle, les premiers corps solides du système solaire, embryons préplanétaires dont les chondrites constituent pour nous les précieuses reliques. Ce n'est que 100 millions d'années plus tard que la Terre a fini de s'assembler. 100 millions d'années pour réunir des centaines d'embryons solides, pour chasser le gaz ambiant de la nébuleuse sous l'effet du vent puissant de l'enfant-Soleil. Cette naissance de la Terre a sans doute été simultanée avec celle de Mercure, Mars ou Vénus, mais a sans doute été précédée de plus de 20 ou 30 millions d'années par la coalescence de planètes gazeuses géantes comme Jupiter ou Saturne, et de leurs satellites. C'est de cette Terre encore embryonnaire, en formation, que, sous l'effet d'un choc plus fort que les autres, se sont extraits des matériaux qui se rassemblèrent en orbite pour donner la Lune. La Lune est fille de la Terre mais plus vieille qu'elle.

La Terre d'abord nue, sans atmosphère, sans océan, dont la surface était criblée de cratères, percée de toutes parts de volcans étincelants, la Terre incandescente et frémissante va évoluer très vite. En moins de 10 millions d'années, elle va sécréter son noyau de fer, exhaler son atmosphère, former son océan. Celui-ci recouvre alors la quasi-totalité de sa surface d'une couche d'eau de 2 500 mètres d'épaisseur, et sa température est proche de l'ébullition. Pourtant, malgré le Soleil très brillant, étincelant même, qui l'éclaire, cette Terre naissante va éviter le piège diabolique de l'effet de serre, qui l'aurait transformée en une jumelle de Vénus, la rendant à tout jamais inhospitalière pour la vie. Elle fixe très vite le gaz carbonique de son atmosphère dans des calcaires sous-marins, elle érode les protubérances volcaniques ; la géologie externe commence.

Puis lentement, très lentement, elle se refroidit. Son intérieur se refroidit, son atmosphère et son océan se refroidissent, le volcanisme se calme un peu, les impacts de météorites se font moins denses, moins fréquents, mais le cycle de l'eau continue inlassablement son travail d'érosion, la teneur en gaz carbonique de l'atmosphère continue à décroître, les acides commencent à être neutralisés, l'océan devient peu à peu neutre, « habitable », accueillant.

Les premiers continents qui ont émergé de l'océan primitif ont sans doute été très vite détruits, soit par le ballet infernal du *sea-floor spreading* « archaïque », soit par les impacts de météorites gigantesques.

Il y a 4,3 milliards d'années, la situation était devenue suffisamment calme pour que des embryons continentaux, en croissant, s'établissent définitivement à la surface. Ces continents mobiles mais insubmersibles, insubductables, car composés de granites, croissent en extrayant du manteau aluminium, silicium et potassium. Un manteau toujours très actif, maître du ballet de surface, mais dont la composition chimique s'appauvrit de jour en jour en éléments nourriciers des autres enveloppes — noyau, atmosphère, et maintenant continents. La croissance continentale se poursuivra tout au long des temps géologiques, jusqu'à il y a 500 millions d'années.

La surface de la Terre, divisée en océans et continents, offre depuis 4 milliards d'années le spectacle d'un théâtre animé d'une activité cyclique, mais aussi en constante transformation. Le cycle géologique érosion-sédimentation, installé dès les premiers jours, tente d'imposer sa logique périodique. Les transformations, les évolutions sont liées à la dérive des continents, à leur taille, aux vitesses constamment décroissantes auxquelles ils se déplacent, à la composition de l'atmosphère, aux va-et-vient des invasions et retraits de la mer, à l'évolution monotone et cyclique des climats.

Sur cet épiderme de la Terre, à l'interface entre le milieu solide du sol et le milieu fluide de l'atmosphère et de l'hydrosphère, est née il y a près de 4 milliards d'années la vie. Comment ? Nous l'ignorons encore, mais nous savons qu'au fil d'une lente évolution, le nombre des espèces a brutalement augmenté, il y a 520 millions d'années. Puis lentement, progressivement, la nature des espèces a changé. La réalité de cette évolution biologique, qu'avait proposée Lamarck, mais que Darwin et Wallace avaient mieux comprise, ne fait pas de doute, mais ses mécanismes et ses modalités sont encore obscurs. Certes, il s'agit sans doute de la combinaison mutation-sélection, mais, dans les processus de sélection naturelle des êtres vivants, les chutes de météorites ou de comètes ou les éruptions volcaniques ont joué un rôle important ? le cosmos ou le volcanisme ont-ils eu un rôle déterminant dans l'évolution biologique, sélectionnant les plus aptes aux changements ?

La contingence, le hasard géologique a guidé la nécessité biologique. L'horloge biologique a été constamment perturbée par les catastrophes. Cuvier finalement avait donc raison. Voilà les nouveaux messages [1].

Grâce à l'étude des pierres, grâce aux messages inscrits en elles, au cœur même de leurs atomes, nous commençons à découvrir une nouvelle histoire de la planète Terre, à percer les mystères de son origine, de nos origines. Un nouveau chapitre de la science commence, dont nous avons parcouru ici une première version.

Pourtant il faut se souvenir que toute cette belle histoire, cette épopée cosmique n'aurait pu être reconstituée pas à pas ni située dans sa chronologie précise si les progrès de l'expérimentation au laboratoire et la technologie moderne ne nous avaient permis de mesurer la composition isotopique des atomes avec une extrême précision, celle du dix-millième. A quelques pour-cent de précision, la composition isotopique des planètes paraît pour la plupart des éléments homogène. Si l'on pénètre dans la précision du millième, les variations isotopiques donc les questions apparaissent, à partir du

---

1. Vincent Courtillot, *La Vie en catastrophes*, Fayard, 1995.

dix-millième, les réponses commencent à arriver et avec elles la gageure de faire revivre le passé très lointain, celui des origines, commence à prendre forme.

Rêvant devant les scénarios cosmiques que nous avons évoqués, on ne comprendrait rien à l'aventure scientifique, si l'on oubliait que tout ceci ne sort pas de l'imagination fertile de théoriciens de cabinet mais du travail quotidien, patient, souvent obscur et méthodique de milliers de chercheurs et de techniciens dispersés de par le monde, réunis en permanence par l'esprit, qui par le va-et-vient incessant et infatigable entre le travail de terrain, l'analyse de laboratoire, l'interprétation s'acharnent jour après jour, dans la constance de l'effort, à lire le message des pierres. C'est à eux, mes compagnons de tous les jours et de toujours, que je voudrais dédier ce livre.

# Notes de lecture

**CHAPITRE PREMIER**

C. G. GILLIPSIE, *Genesis and Geology*, Harper Torch Books, 1959.

A. HALLAM, *Great Geological Controversies*, Oxford University Press, 1983.

S. TOULMIN & J. GOODFIELD, *The Discovery of Time*, The University of Chicago Press, 1965.

V. COURTILLOT, *La Vie en catastrophes*, Fayard, 1995.

**CHAPITRE II**

B. BOLT, *The Interior of the Earth*, San Fransisco, Freeman, 1983.

J. P. POIRIER, *Les Profondeurs de la Terre*, Masson, 1991.

**CHAPITRE III**

J. BURCHFIELD, *Lord Kelvin and the Age of the Earth*, New York, Sciences History.

R. DOTT, R. BATTEN, *Evolution of the Earth*, McGraw Hill, 1981.

H. Faul, « A history of geologic time », *American Scientist*, 159.
A. Hallam, *op. cit.*

**CHAPITRE IV**
J. Wood, *Meteorites and the Origin of Planets*, McGraw Hill, 1968.

**CHAPITRE V**
Alfven, *On the Origin of the Solar System*, Oxford University Press, 1954.
*Le Système solaire*, Bibliothèque pour la Science, Belin.
J. Wood, *The Solar System*, Prentice Hall, 1979.

**CHAPITRE VI**
*Le Système solaire*, Belin, *op. cit.*
A. E. Ringwood, *Origin of the Earth and Moon*, Springer Verlag, 1979.
H. Urey, *The Planets*, Yale University Press, 1952.

**CHAPITRE VII**
H. Reeves, *Patience dans l'Azur*, Paris, Le Seuil, 1982.
*Le Système solaire*, Belin, *op. cit.*
S. Weinberg, *Les Trois Premières Minutes de l'Univers*, Paris, Le Seuil, 1979.

**CHAPITRE VIII**
C. J. Allègre & G. Michard, *Introduction à la géochimie*, PUF, Paris, 1973.
V. Vernadsky, *La Géochimie*, Paris, Alcan, 1935.

**CHAPITRE IX**
C. J. Allègre, *L'Écume de la Terre*, Paris, Fayard, 1983.

*La Dérive des continents*, Bibliothèque pour la Science, Paris, Belin, 1981.

Jacobs, *The Earth's Core*, New York, Academic Press, 1975.

F. Press & R. Siever, *Earth*, Freeman, 1974.

S. Uyeda, *New View of the Earth*, Freeman, 1978.

## CHAPITRE X

Billingham, *Life with Universe*, MIT Press, 1982.

W. Broecker, *Chemical Oceanography*, Harcourt Brace Jovanovich, 1974.

M. Calvin, *Chemical évolution*, Oxford Univ. Press, 1969.

R. M. Garrels & F. F. MacKenzie, *Evolution of Sedimentary Rocks*, Norton et al. Co., 1971.

S. Miller & E. Orgell, *The Origin of Life on the Earth*, Prentice Hall, 1974.

G. Millot, *Géologie des argiles*, Paris, Masson, 1964.

K. K. Turekian, *Oceans*, Prentice Hall, 1968.

## ÉPILOGUE

C. Allègre, *Introduction à une histoire naturelle*, Fayard, 1993.

V. Courtillot, *op. cit.*

# Bibliographie


ALLÈGRE C. J., *Tectonophysics* 81, 109-132, 1982.

ALLÈGRE C. J., MINSTER J. F., HART S. R., *Earth Planetary Sciences Letters*, 66, 191-213, 1983.

ALLÈGRE C. J., *L'Écume de la Terre*, Paris, Fayard, 1983.

ALLÈGRE, C. J., *Introduction à une histoire naturelle*, Fayard, 1993.

ALLÈGRE C. J., STAUDACHER Th., SARDA Ph., KURZ M., *Nature*, 303, n° 5920, 762, 1983.

ALVAREZ W., ASARO F., MICHEL H. V., ALVAREZ L. W., *Science*, 216, 885-888, 1982.

ANDERS E., *Astrophysics*, 9, 134, 1971.

ANDERS E., *Phil. Trans. Royal Society, London*, 23, 1977.

ARGAND E., *Congrès géologique international*, Liège, 1922.

ASTON F. W., *Phil. Mag.*, 6, 38, 707, 1919.

D'AUBUISSON DE VOISINS, *Traité de géognosie*, t. II, Paris, 1819.

AUDOUZE J., VAUCLAIR S., *L'Astrophysique nucléaire*, Paris, Que Sais-je ? PUF, 1977.

BARRELL J., *Geol. Soc. Amer. Bull.*, 28, 745, 904, 1917.

BECKER R. et PEPIN R., *Earth Plan. Sci. Lett.*, 69, 225-242, 1984.

BECQUEREL H., *Comptes rendus Académie des Sciences*, 122, 420-421, 1896.

BIRCH F., *Geophys. J. R. Astr. Soc.*, 4, 295-311, 1961.

BIRCH F., *Journal Geophysical Research*, 76, 6217, 1965.

BLACK L.P., GALE N., MOORBATH S., PANKBURST R. J., McGREGOR V. R., *Earth and Planetary Sciences Letters*, 12, 245, 1971.

BOLT B., *The Interior of the Earth*, Freeman Co., San Francisco.

BOLTWOOD B., *Amer. Journal of Science*, 23, 77, 1907.

BROECKER W. S. & VAN DOUK J., « Chemical Oceanography », *Rev. Geophys. and Space Physics*, 8, 169-198, 1970.

BROECKER W. S., *Chemical oceanography*, Harcourt Brace, 1974.

BUCKLAND W., *Vindicase-Geologicase or the connection of geology with the religion explained*, Oxford, 1820.

BUFFON, LECLERC G. L., *Histoire de la Terre*, Paris, 1749-1783.

BULLARD E. C., GELLMAN H., *Trans. R. Soc.*, 247, 213, 1954.

BURCHFIELD J. D., *Lord Kelvin and the Age of the Earth*, New York, Sciences History, 1975.

CALVIN M., *Chemical Evolution*, Oxford Univ. Press, 1969.

CAMERON A. G. W., « The Origin and Evolution of the Solar System », *Scientific American*, 233, 32-41, 1970.

CAMERON A. G. W., *Formation of the Solar Nebula*, Icarus, 339-342, 1963.

CAROZZI, *The Ohio Journal of Science*, 65, 72-85, 1965.

CHRISTOPHE MICHEL LÉVY, *Bulletin Société française minéralogie cristallographie*, 91, 212-214, 1968.

CLAYTON R. N., GROSSMAN L., MAYEDA T., *Sciences*, 182, 485-488, 1973.

CLAYTON R. N., *Earth and Planetary Sciences Letters*, 30, 10-18, 1976.

CLAYTON R., *Annual Review, Nuclear and Particules, Sciences*, 28, 501, 1978.

CONYBEARE W. D., PHILLIPS, *Outline of the Geology of England and Wales*, London, Phillips, 1822.

Courtillot V., *La Vie en catastrophes*, Fayard, 1995.

Craig H., *Conference on Nuclear Geology*, Torigiorgi, 17-53, 1963.

Craig H., *Earth and Planet. Science Letters*, 31, 369-385, 1976.

Cuvier G., Brongniart A., « Essai sur la géographie minéralogique des environs de Paris », *Journal des Mines*, t. XXIII, 421-458, 1808.

Cyamex, *Naissance d'un Océan*, CNEXO Édition, 1978.

Darwin C., *On the Origin of Species*, John Murray, London, 1859.

Dott R., Batten R., *Evolution of the Earth*, McGraw Hill, 1981.

Duley W. W., Williams D. A., *Interstellar Chemistry*, Academic Press, 1984.

Elsasser W. M., *Physical Review*, 60, 876-880, 1939.

Elsasser W. M., « Early history of the Earth », in *Earth Sciences and Meteoritic,* Amsterdam, North Holland, 1963.

Emiliani C., « Pleistocene Temperature », *Journal of Geology*, 63, 538-578, 1955.

Epstein S., *Research in Geochemistry*, John Wiley, 217-240, 1959.

Epstein S., Mayeda T., *Geoch. Cosmoch. Acta*, 4, 213-224, 1953. *The Earth's Core, its Structure, Evolution and Magnetic Field*, The Royal Society of London, 1982.

Faul H., « A History of Geologic Time », *American Scientist*, 159, 1978.

Fowler W., *Nobel Lecture in physics*, 1983.

Fowler W. A., Hoyle F., « Nuclear Cosmochronology », *Annale Physics New York*, 10, 280, 1960.

Ganapathy R. & Anders R., *Geochemica et Cosmochemica Acta*, 5, 1181-1206, 1974.

Garrels R., MacKenzie F., *Evolution of Sedimentary Rocks*, Norton, 1971.

Gast P. W., *Journal Geophysical Research*, 65, 1254-1256, 1960.

GAST P. W., « Chemical Composition of the Earth », « The Moon and Chondritic Meteorits », *Nature of the Solid Earth*, McGraw Hill, 1972.

GEIKIC A., *The Founders of Geology*, London, MacMillan, 1897.

GEISS J. et REEVES H., *Astron. et Astrophys. J.*, 93-189, 1981.

GILLIPSIE C. G., *Genesis and Geology*, New York, Harper and Row, 1959.

GOLDSCHMIDT V. M., *Geochemistry*, Oxford, Clarendon Press, 1954.

GRAY C. M., PAPANASTASSIOU D. A., WASSERBURG G. J., *Icarus*, 20, 213, 1973.

GRAY C. M., COMPSTON W., *Nature*, 251, 495-497, 1974.

GROSSMAN L., LARIMER J. W., *Review of Geophysics and Space Physics*, 12, 71-101, 1974.

GROSSMAN L., *Geochemica, Cosmochemica Acta*, 36, 597-619, 1972.

GUTENBERG B., *Physics of the Earth's Interior*, New York, Academic Press, 1959.

HALLAM A., *Great Geological Controversies*, Oxford University Press, 1983.

HAMILTON P. J., O'NIONS R. K., BRIDGWATER B., NUTMAN A., *Earth Planetary Sciences Letters*, 62, 263-272, 1983.

HEAD J. W., WOOD C. A., MUTCH T., « Geological Evolution of the Terrestrial Planets », *American Scientist*, 65, 21-29, 1976.

HESS H., *History of Oceans Bassin in Petrological Studies*, volume A, F. Buddington, Geolog. Soc. America, 1962.

HOHENBERG C. M., PODOSEK F. A., REYNOLDS J. H., *Science*, 156, 202, 1967.

HOLLAND H. D., *The Chemical Evolution of the Atmosphere and Oceans*, Princeton Univ. Press, 1984.

HOLMES A., *Proc. Roy. Soc. London*, série 2, 85, 248, 1911.

HOLMES A., *The Age of the Earth*, London, Harper Brothers, 1927.

Holmes A., *Principles of Physical Geology*, London, T. Nelson and Sons, 1945.

Hurley P. M., Hughes H., Faure G., Fairbarvin H., Pinson W., *Journal Geophysical Research*, 67, 5315, 1962.

Hutton J., *Theory of the Earth*, 2 vol., 1795, rééd. Wheldon and Wesley, Codicote Herts, 1959.

Jacobs J. A., *The Earth's Core*, New York, Academic Press, 1975.

Jacobsen S. B., Wasserburg G. J., *Journal Geophysical Research*, 84, 7411, 1979.

Jamieson R., *Element of Geognosy*, 1808, fac-similé rééd. sous le titre : *The Wermian Theory of the Neptunian Origin of Rocks*, New York, Hafner Press, 1976.

Jeffery P. M., Reynolds J. H., *Journal Geophysical Research*, 66, 3582, 1961.

Jeffreys H., *The Earth*, Cambridge Univ. Press, 1970.

Kant E., *Allgemeine Naturgeschichte und Theorie des Himmels*, 1755.

Kaula W. M., *An Introduction to Planetary Physics*, Willey ed., N.Y., 1968.

Kelvin W., Thomson J. J., *Phil. Mag. ser.*, 5, 47, 66, 1899.

Kirwan, *Examination of the Supposed Igneous Origin of Stony Substances*, TRIAV, 1797.

Kolodny Y., Kerridge J. K. et Kaplan J. R., *Earth Plan. Sc. Lett.*, 46, 149-158, 1980.

Kurat G., *Earth Planet Sci. Lett.*, 9, 225-231, 1970.

Laplace P. S., *Exposition du système du monde* (*in* Corpus des Œuvres de philosophie en langue française, Fayard, Paris, 1984).

Lee T., Papanastassiou D. A. & Wasserburg G. J., *Astrophys. J.*, 211, 1977.

Lehman I., « P' » Bureau central séismologique international, série A, Travaux Scientifiques 14, 1936.

Lewis J. S., « Chemistry of the Planets », *Annual Review Physics Chemistry*, 24, 339-352, 1973.

LUCK J. M., BIRCK J. L. & ALLÈGRE C. J., *Nature*, 283, 256, 1980.

LYELL C., *Principles of Geology*, t. I, London, John Murray, 1830.

DE MAILLET, *Telliamed*, Amsterdam, 1748 (et *in* Corpus des Œuvres de philosophie en langue française, Fayard, Paris, 1984).

MARVIN U. B., WOOD J. A. & DICKEY J. S., *Earth and Planet. Sci. Lett.*, 7, 346, 1970.

MICHARD-VITRAC A., LANCELOT J., MOORBATH S. & ALLÈGRE C. J., *Earth Planet Sci. Lett.*, 35, 449, 1977.

MINSTER J. F., BIRCK J. L. & ALLÈGRE C. J., *Nature*, 300, 414-419, 1982.

MURCHISON R., *The Silurian System*, 2 vol., Londres, 1839.

MURTHY V., RAMA H. T. & HALL, *Phys. Earth Planet. Int.*, 6, 123-130, 1972.

MENDELEÏEV D. I., *Principes de chimie*, Paris, 1896.

MENDELEÏEV D. I., *Loi périodique des éléments chimiques*, 1871, trad. française dans *Le Moniteur scientifique*, p. 643, 21 mars 1874.

MILLOT G., *Géologie des argiles*, Paris, Masson, 1964.

MUTCH T. A., *Geology of the Moon*, Princeton Univ. Press, 1970. *The Moon Royal Soc. London*, 1977.

MUTCH T. A., *The Geology of Mars*, Princeton Univ. Press, 1976.

NIER A. O., *J. Amer. Chem. Soc.*, 60, 1571, 1938.

NIER A. O., *Phys. Rev.*, 55, 153, 1939.

NIER A. O., THOMPSON R. W. & MURPHY B. F., *Phys. Rev.*, 66, 112, 1941.

OLDHAM R. D., *Phil. Trans. R. Soc. London*, 194, 135-174, 1900.

OLDHAM R. D., *Quarterly J. Geol. Soc.*, 62, 456-475, 1906.

OLIVER J., *Nature*, 275, 485-488, 1978.

O'NIONS R. K., EVENSEN N. M. & HAMILTON P. J., *J. Geophys. Res.*, 24, 6091, 1979.

*Bibliographie*

O'NIONS R. K., OXBURGH E. R., *Nature*, 306, 429, 1983.

PATTERSON C., *Geochim. Cosmochim. Acta*, 10, 230, 1956.

PATTERSON C., in *Isotopic and Cosmic Chemistry*, North Holland, p. 245, 1963.

PLAYFAIR J., *Illustration of the Huttonian Theory*, Edinburgh, 1802, fac-similé rééd. Univ. Illinois Press, 1956.

POIRIER J.-P., *Les Profondeurs de la Terre*, Masson, 1991.

PRESS F. & SIEVER R., *Earth*, San Francisco, Freeman publish., 1974.

REEVES H., *Patience dans l'Azur*, Paris, Le Seuil, 1981.

REEVES H., *Évolution stellaire et nucléosynthèse*, Gordon et Breach, 1968.

REYNOLDS J. H., *Phys. Rev. Lett.*, 4, 8-10, 1960.

RINGWOOD A. E. & MAJOR A., *Earth and Planet. Sci. Lett.*, 1, 241-245, 1966.

RINGWOOD A. E., *Composition and Petrology of the Earth's Mantle*, New York, McGraw Hill, 1975.

RINGWOOD A. E., *Origin of the Earth and the Moon*, Berlin, Springer Verlag, 1970.

ROBERT F., MERLIVAT L. & JAVOY M., *Nature*, 282, 785, 1979.

ROBERT F. et EPSTEIN S., *Geoch. Cosmo. Acta*, 46, 81-85, 1982.

RONOV A. B., *Geochemistry*, 8, 715-743, 1964.

RUBEY W. W., *Bull. Soc. Amer.*, 62, 1111-1147, 1951.

RUTHERFORD E., *Radioactive Transformations*, New Haven, Connecticut, Yale Univ. Press, 1906.

SAFRONOV U. S., *Evolution of the Protoplanetary Cloud and Formation of the Earth and Planets*, Moscou, Nantza, 1969.

SAINT-CLAIRE DEVILLE C., *Coup d'œil historique sur la géologie et les travaux d'Élie de Beaumont*, Paris, 1878.

SCHMIDT O. Y., *Meteoritic Theory of the Origin of the Earth and Planets*, Dokl Akad. Nantz., URSS, 45245-263, 1944.

« *SCIENCE*, Moon issue », 1970.

« *SCIENCE*, Mercury Issue », juillet 1974.

« *SCIENCE*, Venus Issue », mars 1974.

SILLEN L. G., *The Physical Chemistry of Sea Water, Oceanogra-*

*phy*, M. Sears ed., Amer. Assoc. Adv. Sci., pub. 67, p. 549, 1961.

SMITH W., *Stratigraphical System of Organized Fossils*, London, 1817.

STAUDACHER T. & ALLÈGRE C. J., *Earth Planet. Sci. Lett.*, 60, 389-406, 1982.

STENO N., *Prodromos*, in Toulmin et Goodfield, 1671.

STRUTT, *Proc. R. Soc. London*, 76, 88, 1905.

SURKOV Y. A., *Proc. Eighth Lunar Sci. Conf.*, 3, 2665-2685, 1977.

« Le Système Solaire », *Pour la science*, 1982.

SWART R., BRADY J., PILLINGER R., LEWIS J., ANDERS E., 20, 3202, 1983.

TATSUMOTO M., KNIGHT R. J. & ALLÈGRE C. J., *science*, 180, 1279-1283, 1973.

TAYLOR S. R., *Planetary Science*, Lunar and Planetary Institute, NASA, 1982.

TOULMIN S. & GOODFIELD J., *The Discovery of Time*, Univ. Chicago Press, Chicago, 1965.

TUREKIAN K. K. & CLARK S. P., *Earth Planet. Sci. Lett.*, 6, 346-348, 1969.

TURNER G., *Phil. Trans. R. Soc. London*, 285, 97-103, 1977.

UREY H. C., LOWENSTAM H. A., EPSTEIN S. et MCKINNEY C., *Bull. Soc. Geol. Ames.*, 62, 399-416, 1951.

UREY H. C., *The Planets, Their Origin and Development*, Yale Univ. Press, 1952.

UREY H. C. & CRAIG H., *Geochim. Cosmochim. Acta*, 4, 16-82, 1953.

VAN SCHMUS W. R. & WOOD J. A., *Geochim. Cosmochim. Acta*, 31, 747-765, 1967.

VERHOOGEN J., *Energetics of the Earth*, Nat. Acad. Press, 1980.

VON BUCH L., *Geognostiche Beobachtungen auf Reisen durch Deutschland und Italien*, 2 vol., Berlin, Hande & Spener, 1802.

WÄNKE H., *Proc. Alphach Summer School*, ESA, juillet 1981.

*Bibliographie*

WÄNKE H., *Origin of the Earth in the Solar System*, vol. V/2, Landolt Bornstein, 1983.

WASSERBURG G. J., PAPANASTASSIOU D. A., TERA F. & HUNEKE J. C., *Phil. Trans. R. Soc. London*, 285, 7-22, 1977.

WASSERBURG G. J., PAPANASTASSIOU D. A. & SANZ H. G., *Earth Planet. Sci. Lett.*, 33-43, 1969.

WASSERBURG G. J., PAPANASTASSIOU D. A. & LEE T., « Isotopic heterogeneities in the solar system », in *Les Éléments et leurs isotopes dans l'Univers*, Univ. Liège, 1979.

WASSON J., *Meteorites*, Berlin, Springer Verlag, 1974.

WEGENER A., *The Origin of Continents and Oceans*, 1966, New York, Dover publish., 1929.

WEISS A., *Angewandte Chemie*, 20, 850, 1981.

WEINBERG S., *Les Trois Premières Minutes de l'Univers*, Paris, Le Seuil, 1979.

WETHERILL G. W., *Proc. Sec. Lunar Sci. Conf.*, 1539-1561, 1957.

WETHERILL G. W., *Proc. Seventh Lunar Sci. Conf.*, 3245-3257, 1976.

WINDLEY B., *The Evolving Continents*, J. Wiley, 1977.

WOOD J. A., *Earth Planet. Sci. Lett.*, 70, 11-26, 1984.

WOOD J. A., *Meteorites and the Origin of Planets*, New York, McGraw Hill, 1968.

YODER H., *Generation of Basaltic Magma.*, Nat. Acad. Sci., USA, 1976.

# Table des illustrations

# Table des matières

LE TEMPS DES SCIENCES

Erwin Laszlo, *Aux racines de l'univers.*
André Leroi-Gourhan, *Mécanique vivante. Le crâne des vertébrés, du poisson à l'homme.*
André Leroi-Gourhan, *Le Fil du temps. Ethnologie et préhistoire 1920-1970.*
André Lwoff, *Jeux et combats.*
Paolo Maffei, *La Comète de Halley. Une révolution scientifique.*
Philippe Meyer, *L'Homme et le sel.*
Philippe Meyer, *La Révolution des médicaments. Mythes et réalités.*
Claude Olievenstein, *Destin du toxicomane.*
Jean-Claude Pecker, *Sous l'étoile Soleil.*
Jean-Jacques Petter, *L'Esprit de Sarah.*
Jacques Ruffié, *Traité du vivant.*
Jacques Ruffié et Jean-Charles Sournia, *La Transfusion sanguine.*
Émilio Segré, *Les Physiciens classiques et leurs découvertes. De ma chute des corps aux ondes hertziennes.*
Émilio Segré, *Les Physiciens classiques et leurs découvertes. Des rayons X aux quarks.*
Pierre Thuillier, *D'Archimède à Einstein. Les faces cachées de l'invention scientifique.*
Pierre Thuillier, *Les Passions du savoir. Essais sur les dimensions culturelles de la science.*
Trrinh Xuan Thuan, *La Mélodie secrète.*
Jean-René Vanney, *Le Mystère des abysses. Histoires et découvertes des profondeurs océaniques.*
Daniel Widlöcher, *Les Logiques de la dépression.*
Bernard Pullman, *L'Atome dans l'histoire de la pensée humaine.*